商用微積分

楊精松 著

東華書局

國家圖書館出版品預行編目資料

商用微積分 /, 楊精松編著 . -- 初版 . -- 臺北市：臺灣東
　華，民 100.03
　432 面；19x26 公分

　ISBN 978-957-483-646-8(平裝)

　1. 微積分

314.1　　　　　　　　　　　　　　　　　　100003857

版權所有．翻印必究

中華民國一○○年三月初版
中華民國一○一年六月初版三刷

商用微積分

定價　新臺幣肆佰伍拾元整
（外埠酌加運費匯費）

編著者	楊　　精　　松
發行人	卓　劉　慶　弟
出版者	臺灣東華書局股份有限公司
	臺北市重慶南路一段一四七號三樓
	電話：(02)2311-4027
	傳真：(02)2311-6615
	郵撥：0006 4813
	網址：www.tunghua.com.tw
直營門市 1	臺北市重慶南路一段七十七號一樓
	電話：(02)2371-9311
直營門市 2	臺北市重慶南路一段一四七號一樓
	電話：(02)2382-1762

編輯大意

一、今日科學進步甚速，微積分這門功課早已成為商管學院學生學習相關課程之必備工具．惟國內有關商用微積分的教科書均採用英文本且缺少理論與實務之配合，故有關實用的中文本頗不易得．作者在商管學院從事教學工作多年，深知商管學院學生對於微積分之需求及學習方式與理工學院學生不同，乃憑多年之教學經驗編著此書，俾使學生瞭解微積分在相關課程上之重要性．

二、本書以實用為主，並兼顧理論的部分，編排及論述條理分明，且簡明扼要，易教易學，並刪除三角函數與反三角函數部分．舉凡應用方面的例題或習題儘量生活化或舉一些與商學或經濟學有關的題目．

三、本書共八章可供大學商管學院及科技大學商管學系，每週兩小時一學年教授之用．

四、本書附有自我學習評量、教師手冊以及題庫，以增進教學績效．

五、本書附有全部習題參考答案 (證明題除外)，以增進學習效果．

六、本書雖經編者精心編著，惟謬誤之處在所難免，尚祈學者先進大力斧正，以匡不逮．

七、本書得以順利出版，要感謝東華書局董事長卓劉慶弟女士的鼓勵與支持，並承蒙編輯部全體同仁的鼎力相助，以及崇祐技術學院趙文教授之建言並提出寶貴之意見，在此一併致謝．

Calculus for business iv 商用微積分

目次

第一章　函數與圖形 ……………………………………… 1

1-1　實數的性質 ………………………………………………… 2
1-2　函　數 ……………………………………………………… 6
1-3　函數的圖形 ………………………………………………… 13
1-4　線性函數 …………………………………………………… 24
1-5　函數的結合 ………………………………………………… 28
1-6　經濟學上實用的函數 ……………………………………… 33

第二章　函數的極限與連續 …………………………… 45

2-1　極限的定義 ………………………………………………… 46
2-2　有關極限的一些定理 ……………………………………… 53
2-3　單邊極限 …………………………………………………… 61
2-4　連續性 ……………………………………………………… 66
2-5　無窮極限 …………………………………………………… 72

第三章　微　分 … 91

- 3-1　導函數 … 92
- 3-2　微分的法則 … 104
- 3-3　連鎖法則 … 120
- 3-4　視導數為變化率 … 125
- 3-5　隱微分法 … 136
- 3-6　增量與微分 … 141

第四章　指數函數與對數函數的微分 … 153

- 4-1　指數函數與對數函數 … 154
- 4-2　對數函數的導函數 … 163
- 4-3　指數函數的導函數 … 171
- 4-4　指數函數與對數函數在商學與經濟學上之應用 … 177

第五章　微分的應用 … 195

- 5-1　函數的遞增與遞減 … 196
- 5-2　函數的極值 … 200
- 5-3　凹性，反曲點 … 209
- 5-4　函數圖形的描繪 … 214
- 5-5　極值的應用問題 … 221
- 5-6　均值定理 … 228
- 5-7　羅必達法則 … 233

第六章　不定積分 … 243

- 6-1　不定積分 … 244

6-2　不定積分之代換積分法 253
6-3　與對數函數有關的積分 256
6-4　與指數函數有關的積分 259
6-5　分部積分法 261
6-6　不定積分在經濟理論上的應用 265
6-7　指數的成長模式與衰變模式 268

第七章　定積分及其應用 277

7-1　面積的概念 278
7-2　定積分 284
7-3　定積分的代換積分法 294
7-4　瑕積分 297
7-5　平面區域的面積 302
7-6　函數的平均值 307
7-7　定積分在經濟學上的應用 310

第八章　多變數微積分 319

8-1　多變數函數 320
8-2　偏導函數 323
8-3　偏導數在幾何及經濟學上的應用 330
8-4　最佳化 334
8-5　疊積分 347
8-6　二重積分 351

自我學習評量 361

習題答案 403

函數與圖形

● **本章學習目標**

◎ 實數的性質
◎ 函　數
◎ 函數的圖形
◎ 線性函數
◎ 函數的結合
◎ 經濟學上實用的函數

1-1 實數的性質

在學習微積分以前的數學中，實數就已經使用得相當廣泛了，正整數 1, 2, 3, 4, … 可由實數 1 的連續相加而得，而整數是所有正整數、負整數與實數 0 的集合．有理數是可以表示成 $\dfrac{q}{p}$ 形式的實數，其中 p、q 皆為整數，且 $p \neq 0$. 此外，有限小數與循環小數都可以簡化成分數形式的數，因此，有限小數或循環小數都是有理數，而不能寫成 $\dfrac{q}{p}$ 形式的數，稱為無理數，例如，π、$\sqrt{2}$ 等都是無理數．若有理數全體所成的集合記為 $\mathbb{Q}$，而實數全體所成的集合記為 $I\!R$，整數全體所成的集合記為 $\mathbb{Z}$，自然數全體所成的集合記為 $I\!N$. 顯然得知，

$$\mathbb{N} \subset \mathbb{Z} \subset \mathbb{Q} \subset I\!R$$

今於直線上任取一點，以表實數 0，稱為原點，並另取一點以表實數 1，稱為單位點，直線上以原點為起點，我們規定指向單位點的方向稱為正向，另一方向為負向．以原點和單位點為基準，依相等的間隔取點，將正整數 1, 2, 3, 4, … 等依次排列於原點的右邊，並將各數的加法反元素排列於原點的左邊與各數相對稱的地方，見所有整數均排列於直線上，如圖 1-1 所示：

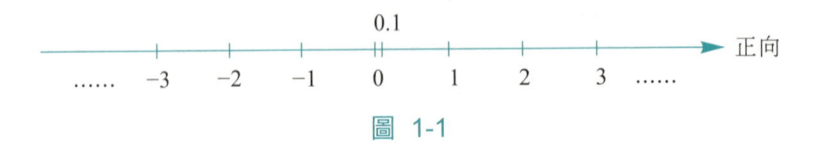

```
            0.1
 ……  -3  -2  -1   0   1   2   3  ……  → 正向
```

圖 1-1

如將上述的每一區間分成十等分，則可將帶有一位小數的有理數排列於直線上，最後我們可將所有實數亦排列到直線上．於是，直線上的每一點恰有一實數代表它，而每一實數亦恰有直線上的一點與之對應，這一佈滿實數的直線就稱之為數線．而上述直線與實數間的一對一對應，稱之為坐標系．對應於直線上一點 p 的數 a 就稱為

該點的坐標，常以 $p(a)$ 表坐標為 a 之點 p. 我們利用數線來定義實數的大小次序. 若 $p(b)$ 在 $p(a)$ 之正向，則稱 a 小於 b 或 b 大於 a，記為 $a<b$ 或 $b>a$. 設實數 $a<b$，則下面數線上的點集合（或各實數的集合）均稱之為區間，a、b 稱為其端點

$$[a, b] = \{x \mid a \leq x \leq b\}$$
$$(a, b) = \{x \mid a < x < b\}$$
$$[a, b) = \{x \mid a \leq x < b\}$$
$$(a, b] = \{x \mid a < x \leq b\}$$

上述所表之集合，皆為 $\mathbb{R}$ 的子集合，我們稱之為有限區間，第一個稱為閉區間，第二個稱為開區間，第三個與第四個稱為半開區間或半閉區間. 同理，我們稱下面的集合為無限區間. 設 $a \in \mathbb{R}$，則

$$[a, \infty) = \{x \mid x \geq a\}$$
$$(a, \infty) = \{x \mid x > a\}$$
$$(-\infty, a] = \{x \mid x \leq a\}$$
$$(-\infty, a) = \{x \mid x < a\}$$
$$(-\infty, \infty) = \{x \mid x \in \mathbb{R}\}$$

例如，$(1, \infty)$ 表示所有大於 1 的實數，符號 ∞ 表示"無限大"，僅為一符號而已，不能說它代表一個實數.

實數是有大小次序的，關於實數的次序關係，有下述重要的基本性質：

1. 三一律：若 a、b 為任意兩實數，下列僅有一個關係成立

$$a<b \quad 或 \quad a=b \quad 或 \quad a>b$$

2. 遞移性：對任意之 a, $b \in \mathbb{R}$ 而言，若 $a<b$, $b<c$，則 $a<c$.

3. 加法性：設 a, $b \in \mathbb{R}$，且 $a<b$，則對任意之 $c \in \mathbb{R}$ 而言，皆有 $a+c<b+c$.

4. 乘法性：設 a, $b \in \mathbb{R}$，當 $c>0$，則 $a<b \Leftrightarrow ac<bc$.

當 $c<0$，則 $a<b \Leftrightarrow ac>bc$.

另外有關絕對值的觀念在微積分上十分有用，必須深熟其技巧，對於任一實數 a 而言，由三一律知，$a \geq 0$ 與 $a < 0$ 兩者之中恰有一者為真．又因 $a < 0$ 則 $-a > 0$，故知，對任一 $a \in \mathbb{R}$ 而言，可存在一非負的實數（或為 a 或為 $-a$）與之對應．因此，定義 a 的 絕對值，記為 $|a|$，如下

$$|a| = \begin{cases} a, & \text{當 } a \geq 0 \\ -a, & \text{當 } a < 0 \end{cases} \tag{1-1}$$

並由此定義得知，對任意 $a \in \mathbb{R}$ 而言，恆有

$$\sqrt{a^2} = |a| \tag{1-2}$$

由幾何之觀點而言，$|a|$ 表實數線上坐標為 a 之點與原點之距離．一般而言，實數線上任意兩點 a、b 之距離，乃為 $|a-b|$．設 $r \geq 0$，則 $|a| \leq r$ 與 $-r \leq a \leq r$ 之幾何意義，皆表 a 與原點之距離不大於 r，故知 $|a| \leq r \Leftrightarrow -r \leq a \leq r$．同理，對任意 $r \geq 0$ 而言，$|a| > r \Leftrightarrow a > r$ 或 $a < -r$．

註　若將兩敘述 p、q，以"若 p 則 q"的形式結合而成的複合敘述稱為 命題，記為 "$p \Rightarrow q$"．此種形式的命題稱為 條件命題，p 稱為命題的 假設，q 稱為命題的 結論．

定理 1-1　絕對值的性質

設 a、$b \in \mathbb{R}$，則

(1) $|a| = |-a|$

(2) $|ab| = |a||b|$

(3) $|a^2| = |a|^2$

(4) $\left|\dfrac{a}{b}\right| = \dfrac{|a|}{|b|}$，$b \neq 0$

(5) $-|a| \leq a \leq |a|$

(6) $|a| \leq r \Leftrightarrow -r \leq a \leq r$ $(r \geq 0)$

(7) $|a| > r \Leftrightarrow a > r$ 或 $a < -r$ $(r \geq 0)$

(8) $|a+b| \leq |a| + |b|$ （三角不等式）

(9) $|a-b| \geq ||a| - |b||$

例題 1 試求不等式 $|2x-7| \geq 1$ 之解，並以區間表示之．

解 不等式可改寫成

$$2x-7 \leq -1 \quad 或 \quad 2x-7 \geq 1$$
$$2x \leq 6 \quad 或 \quad 2x \geq 8$$
$$x \leq 3 \quad 或 \quad x \geq 4$$

其解集合為兩區間之聯集，即 $(-\infty, 3] \cup [4, \infty)$．

例題 2 試求不等式 $|3-2x| \leq |x+4|$ 之解，並以區間表示之．

解 若 $a \in \mathbb{R}$，$\sqrt{a^2} = |a|$．故原不等式可以改寫成

$$\sqrt{(3-2x)^2} \leq \sqrt{(x+4)^2}$$
$$\Leftrightarrow (3-2x)^2 \leq (x+4)^2$$
$$\Leftrightarrow 9-12x+4x^2 \leq x^2+8x+16$$
$$\Leftrightarrow 3x^2-20x-7 \leq 0$$
$$\Leftrightarrow (x-7)(3x+1) \leq 0$$
$$\Leftrightarrow -\frac{1}{3} \leq x \leq 7$$

故得解集合為 $\left[-\frac{1}{3}, 7\right]$．

例題 3 設 a、$b \in \mathbb{R}$，試證：$|ab| = |a||b|$．

解 $|ab| = \sqrt{(ab)^2} = \sqrt{a^2b^2} = \sqrt{a^2}\sqrt{b^2} = |a||b|$．

習題 1-1

1. 試求下列各不等式的解集合．

(1) $|2x+1| > 5$

(2) $-1 < \dfrac{3-7x}{4} \leq 6$

(3) $2x^2 - 9x + 7 < 0$

(4) $2x^2 + 9x + 4 \geq 0$

(5) $2x^2 < 5x - 3$

(6) $\left|\dfrac{x}{2} + 7\right| \geq 2$

(7) $|3x+1| < 2|x-6|$

(8) $\dfrac{2x-1}{x-3} > 1$

2. 試證明：$\left|\dfrac{x-3}{x^2+10}\right| \leq \dfrac{|x|+3}{10}$．

1-2 函數

　　函數的觀念是數學中最有用的觀念之一，也是學習微積分之基礎．我們可以將函數想成是一種規則或者是對應，它使集合 A 中的每一個元素與集合 B 中的一個且為唯一的元素結合起來．我們舉個例子來說明，假設 A 代表書架中書的集合，B 為整數的集合，若將每一本書與其頁數結合，則可得出一個由 A 映到 B 的函數．但讀者應注意，B 中有些元素並未與 A 的元素結合，例如，負數即是，因書的頁數不可能是負數．

定義 1-1

設 A、B 是兩個非空集合，若對每一個 $x \in A$，恰存在一個 $y \in B$ 與它對應，將此對應方式表為

$$f : A \to B$$

則稱 f 為一個由 A 映到 B 的函數．集合 A 稱為函數 f 的定義域，記為 D_f，集合 B 稱為函數 f 的對應域．元素 y 稱為 x 的像，記為 $f(x)=y$，$f(A)$ 稱為函數 f 的值域，記為 R_f．

第一章　函數與圖形

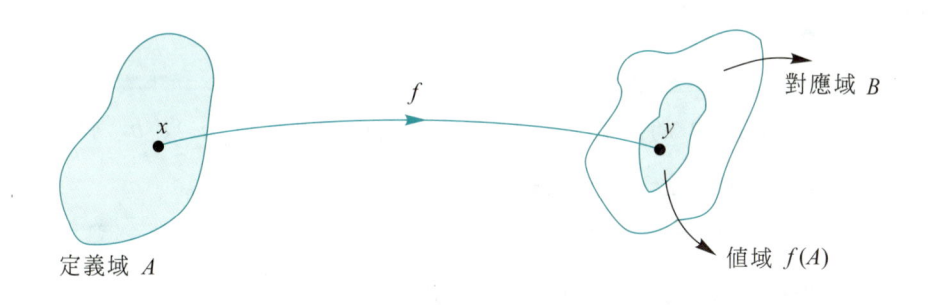

對應域 B

定義域 A

值域 $f(A)$

圖 1-2

此定義的說明如圖 1-2 所示.

在數學或其他科學中，有許多公式可改寫為函數. 舉例來說，半徑為 r 的圓面積公式 $A=\pi r^2$ 將每一正實數 r 與唯一的 A 值結合，故可決定一函數 f，$f(r)=\pi r^2$，r 表示 f 之定義域中的任意數，常被稱為<u>自變數</u>，A 表示 f 之值域中的數，常被稱為<u>因變數</u>，因為 A 的值是由 r 的數值而決定之. 當變數 r 與 A 有上述之關係時，我們習慣上稱 A 是 r 的函數. 由函數的定義，我們知道，在函數定義域中不同的元素可以有相同的像，若所有的像皆不同，則這個函數稱為<u>一對一函數</u>.

例題 1　若 $f(x)=2x^2-4x+2$，試求 $f(-1)$.

解　$f(-1)=2(-1)^2-4(-1)+2=2+4+2=8.$

例題 2　若 $f(x)=x^2+1$，試求 (1) $f(x+2)$，(2) $\dfrac{f(x+2)-f(x)}{2}$.

解　(1) $f(x+2)=(x+2)^2+1=x^2+4x+4+1$
$\qquad\qquad\quad\ =x^2+4x+5.$

(2) $\dfrac{f(x+2)-f(x)}{2}=\dfrac{x^2+4x+5-x^2-1}{2}$

$\qquad\qquad\qquad\ \ =\dfrac{4x+4}{2}$

$\qquad\qquad\qquad\ \ =2x+2.$

定義 1-2

設 f 為由 A 映到 B 的函數，若對 A 中任意兩相異元素 a 與 b，恆有 $f(a) \neq f(b)$，則稱 f 為**一對一函數**．

例題 3 試判斷下列各函數是否為一對一函數：

(1) $f(x) = 2x$ (2) $f(x) = x^2$

解 (1) 是一對一函數，因為若 $x_1 \neq x_2$，則 $2x_1 \neq 2x_2 \Rightarrow f(x_1) \neq f(x_2)$．

(2) 非一對一函數，因 $-2 \neq 2$，但 $f(-2) = 4 = f(2)$．

微積分中所討論函數的定義域及值域通常都是實數系 $\mathbb{R}$ 的子集合，這種函數稱為**實函數**．以等式 $y = f(x)$ 定義一函數，如果定義域沒有明確說明，一般是指 $\mathbb{R}$ 的子集合，而這個集合中的每一個元素 x 都使 $f(x)$ 為一確定的實數．如，

$$f(x) = x^2 + 1, \quad 定義域為\ D_f = \{x \mid x \in \mathbb{R}\}$$

$$g(x) = \frac{x}{x-6}, \quad 定義域為\ D_g = \{x \mid x \neq 6\}$$

$$h(x) = \frac{1}{\sqrt{x-5}}, \quad 定義域為\ D_h = \{x \mid x > 5\}$$

($D_h = \{x \mid x \leq 5\}$ 可以嗎？為什麼？)

例題 4 求 $f(x) = \dfrac{x}{x^2 - 1}$ 的定義域．

解 因分母 $x^2 - 1 \neq 0$，故定義域為 $D_f = \{x \mid x \neq \pm 1\}$．

例題 5 求 $f(x) = \dfrac{2x+1}{(x+2)(x+3)}$ 的定義域．

解 因分母 $(x+2)(x+3) \neq 0$，故定義域為 $D_f = \{x \mid x \neq -2, x \neq -3\}$．

定義 1-3

對任意 $x \in D_f$，若 $f(-x) = -f(x)$，則稱 f 為**奇函數**；又若 $f(-x) = f(x)$，則稱 f 為**偶函數**.

下面兩個圖形 (圖 1-3)，分別表奇函數與偶函數，**奇函數**之圖形對稱於**原點**，**偶函數**之圖形對稱於 **y-軸**.

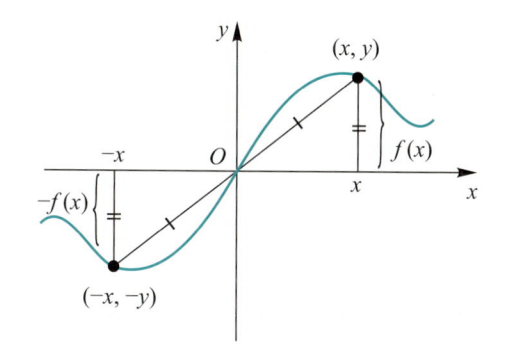

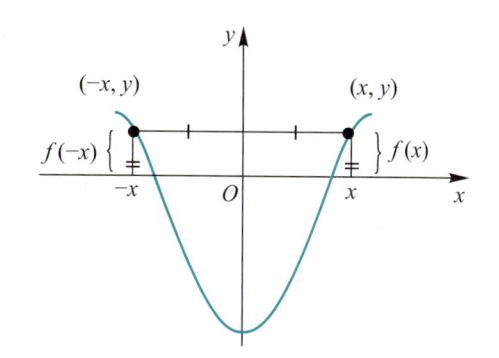

(i) 奇函數圖形對稱於原點　　　　(ii) 偶函數圖形對稱於 y-軸

圖 1-3

例題 6 函數 $f(x) = x^2$ 與 $f(x) = x^3$ 為偶函數抑或奇函數？

解 (1) 在 $f(x)$ 中以 $-x$ 代 x，可得

$$f(-x) = (-x)^2 = x^2 = f(x)$$

故 $f(x) = x^2$ 為偶函數.

(2) 同理，

$$f(-x) = (-x)^3 = -x^3 = -f(x)$$

故 $f(x) = x^3$ 為奇函數.

例題 7 試證函數 $f(x)=3x^4+2x^2+5$ 為一偶函數.

解 在 $f(x)$ 中以 $-x$ 代 x，可得

$$f(-x)=3(-x)^4+2(-x)^2+5=3x^4+2x^2+5=f(x)$$

故 $f(x)$ 為一偶函數.

例題 8 函數 $f(x)=|x|$ 為偶函數抑或奇函數，又其圖形之對稱性如何？

解 在 $f(x)$ 中以 $-x$ 代 x，可得

$$f(-x)=|-x|=|x|=f(x)$$

故 $f(x)=|x|$ 為偶函數，圖形對稱於 y-軸.

我們列出一些簡易型的實函數如下：

1. **常數函數**

    若 $f(x)=c$，此時函數 $f:x \to c$ 將每一元素映至一常數 c，則 f 稱為 常數函數.

2. **恆等函數**

    若 $f(x)=x$，此時函數 $f:x \to x$ 將每一元素映至其本身，則 f 稱為 恆等函數.

3. **多項式函數**

    若 $f(x)=a_0x^n+a_1x^{n-1}+a_2x^{n-2}+\cdots+a_{n-1}x+a_n$ 為一多項式，則函數 $f:x \to f(x)$ 稱為 多項式函數. 若 $a_0 \neq 0$，則 f 稱為 n 次多項式函數.

4. **零函數**

    $f(x)=0$ 稱為 零函數.

5. **線性函數**

    $f(x)=ax+b$ $(a \neq 0)$ 稱為 線性函數. (若 $a=0$，則 $f(x)=b$，故常數函數亦可稱為線性函數).

6. **二次函數**

    $f(x)=ax^2+bx+c$ $(a \neq 0)$ 稱為 二次函數.

7. **平方根函數**

    若 $f(x)=\sqrt{x}$，則稱為 平方根函數，其定義域為 $D_f=\{x \mid x \geq 0\}$，值域為 $R_f=$

$\{y \mid y = f(x) \geq 0\}$.

8. **有理函數**

若 $P(x)$ 與 $Q(x)$ 均為多項式函數，則函數 $f: x \to \dfrac{P(x)}{Q(x)}$ （亦即 $f(x) = \dfrac{P(x)}{Q(x)}$）稱為 **有理函數**，其定義域為 $D_f = \{x \mid Q(x) \neq 0\}$. 例如，$f(x) = \dfrac{x-2}{x^2 + 2x + 1}$ 為一有理函數.

若一函數僅由常數函數與恆等函數透過加法、減法、乘法、除法或開方等五種運算而獲得，則稱為 **代數函數**. 例如，

$$f(x) = 3x^{2/5} = 3\sqrt[5]{x^2}, \qquad g(x) = \dfrac{(x+1)\sqrt{x}}{x^2 + \sqrt[3]{x^2 - 2}}$$

均是代數函數. 不是代數函數的初等函數，如指數函數與對數函數，均屬 **超越函數**.

習題 1-2

1. 若 $f(x) = \sqrt{x-1} + 2x$，求 $f(1)$、$f(3)$ 與 $f(10)$.

2. 試確定下列各函數的定義域.

    (1) $f(x) = x + 1$
    (2) $f(x) = 10$
    (3) $f(x) = 4 - x^2$
    (4) $f(x) = \sqrt{2x - 3}$
    (5) $f(x) = \sqrt{x^2 - 4}$
    (6) $f(x) = |x - 9|$
    (7) $f(x) = |x| - 4$
    (8) $f(x) = \dfrac{x}{|x|}$
    (9) $f(x) = \dfrac{3x - 1}{(x-1)(x-2)}$
    (10) $f(x) = \dfrac{x + 2}{x^2 - 2x - 3}$
    (11) $f(x) = \sqrt{2 - x - x^2}$

3. 試判斷下列各函數是否為一對一函數？

(1) $f(x)=2x+9$　　　(2) $f(x)=\dfrac{1}{5x+9}$　　　(3) $f(x)=5-3x^2$

(4) $f(x)=2x^2-x-3$　　　(5) $f(x)=|x|$

4. 判斷 (1)～(4) 題中的函數圖形是否為一對一？

(1)　　　　　　　　　　　　(2)

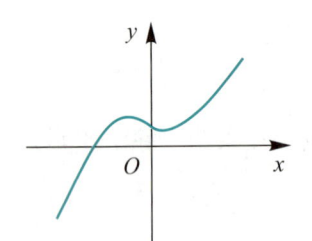

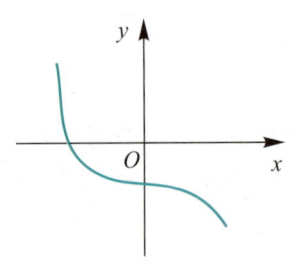

(3) 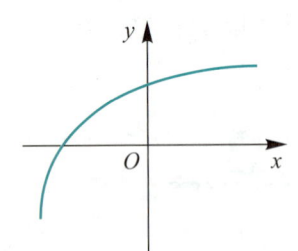　　　　　　　　　　　　(4)

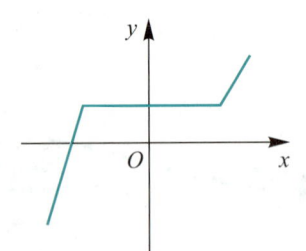

5. 設函數 $f(x)=|x|+|x-1|+|x-2|$，求 $f\left(\dfrac{1}{2}\right)$ 與 $f\left(\dfrac{3}{2}\right)$.

6. 設 $f(x)=ax^2+bx+c$，已知 $f(0)=1$, $f(-1)=2$, $f(1)=3$，求 a、b、c 的值.

7. 試判斷下列各函數為奇函數或偶函數？

(1) $f(x)=0$　　　(2) $f(x)=(x^3+x)^{1/3}$　　　(3) $f(x)=x|x|$

8. 若 $g(x)=x^2-4x$，試求

(1) $\dfrac{g(3+h)-g(3)}{h}$　　　(2) $\dfrac{g(x+2)-g(x)}{2}$

9. 若 $f(x)=\dfrac{1}{x}$，試求 $\dfrac{f(a+2)-f(a)}{2}$.

1-3 函數的圖形

定義 1-4

設 $f: A \to B$ 為一從 $\mathbb{R}$ 的子集合 A 映到 $\mathbb{R}$ 的子集合 B 的函數，則坐標平面上所有以 $(x, f(x))$ 為坐標的點所構成的集合

$$\{(x, f(x)) \mid x \in A\}$$

稱為**函數 f 的圖形**，而函數 f 的圖形也稱為方程式 $y = f(x)$ 的圖形．

若 x 在 f 的定義域中，我們稱 f 在 x 有定義，或稱 $f(x)$ 存在；反之，"f 在 x 無定義"意指 x 不在 f 的定義域中．如以 $(x, f(x))$ 作為一有序數對，即可在坐標平面上描出若干點 $P(x, f(x))$，然後再適當地連接之，則可得函數之概略圖形．

函數圖形之判斷

根據函數與函數圖形之定義，設一函數 $f(x)$，其定義域為 A，$f(x)$ 之圖形為集合 $\{(x, f(x)) \mid x \in A\}$，若 $a \in A$，則有序數對 $(a, f(a))$ 是 $f(x)$ 圖形上的一點，換句話說，如果我們在 x-軸上一點 $(a, 0)$ 作一條垂直線 L，則此垂直線 L 必與 $f(x)$ 之圖形相交於一點，此交點的縱坐標為 $f(a)$，如圖 1-4(i) 所示．但如果在點 $(a, 0)$ 所作之垂直線 L 與 $f(x)$ 之圖形的交點超過一點，此時即不為函數 $f(x)$ 的圖形，如圖 1-4(ii) 所示．

讀者應注意：如果 x 是 y 的函數，即 $x = h(y)$，若在函數定義域內，隨便作一條垂直 y-軸的直線必與圖形相交於一點，否則不為 $x = h(y)$ 的函數圖形．如圖 1-5 所示．

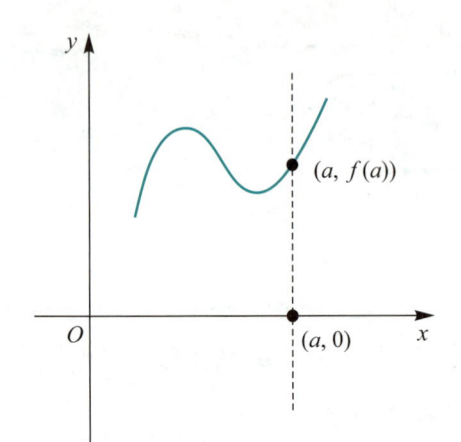

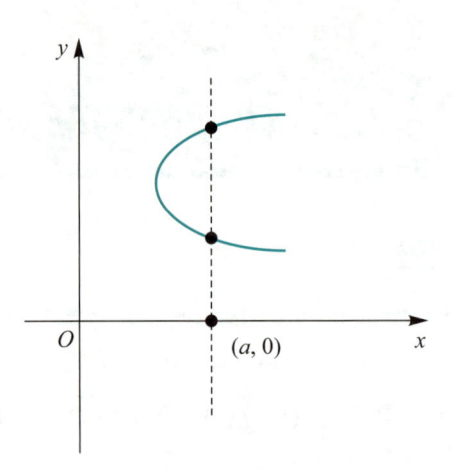

(i) 函數 $f(x)$ 的圖形　　　　　　(ii) 不為函數 $f(x)$ 的圖形

圖 1-4

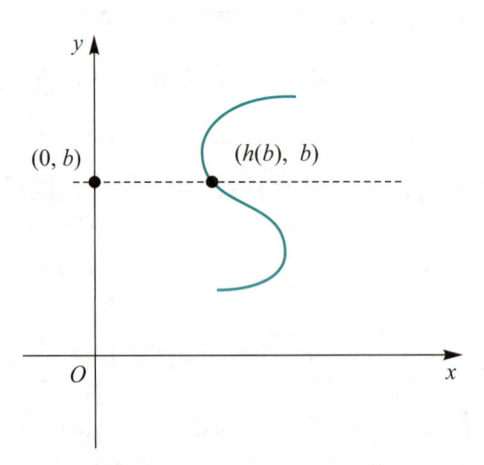

圖 1-5　函數 $h(y)$ 的圖形

例題 | 下列圖形何者是函數圖形？

(1)　　　　　　　　(2) 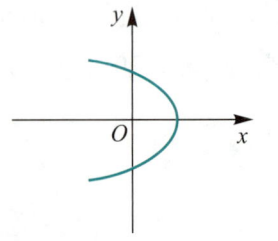　　　　　　　　(3)

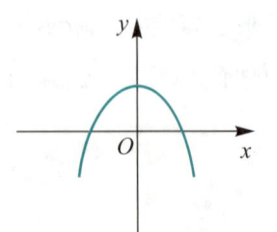

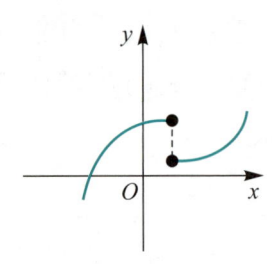

解 (1) 為函數 $f(x)$ 之圖形.
(2) 不為函數 $f(x)$ 之圖形，但為 $x=h(y)$ 之函數圖形.
(3) 不為函數 $f(x)$ 之圖形，也不為 $x=h(y)$ 之函數圖形.

例題 2 試繪 (1) $f(x)=2$ 與 (2) $f(x)=0$ 之圖形.

解 (1) $f(x)=2$ 為常數函數，其圖形為平行於 x-軸且距 x-軸上方 2 個單位之水平直線. 其圖形如圖 1-6(i) 所示.
(2) $f(x)=0$ 為零函數，其圖形為 x-軸. 圖形如圖 1-6(ii) 所示.

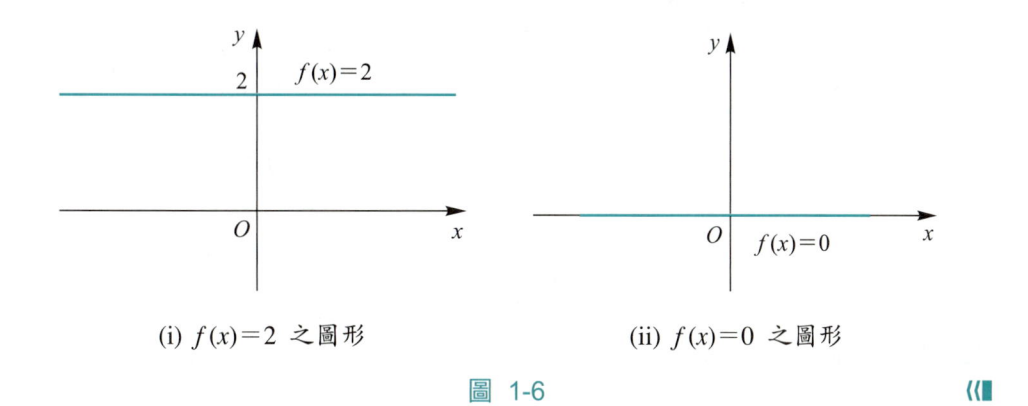

(i) $f(x)=2$ 之圖形　　　　(ii) $f(x)=0$ 之圖形

圖 1-6

例題 3 試繪函數 $f(x)=2x+3$ 之圖形.

解 $f(x)=2x+3$ 為一線性函數，其圖形為通過 y-軸上 $(0, 3)$ 且斜率為 2 之直線，如圖 1-7 所示.

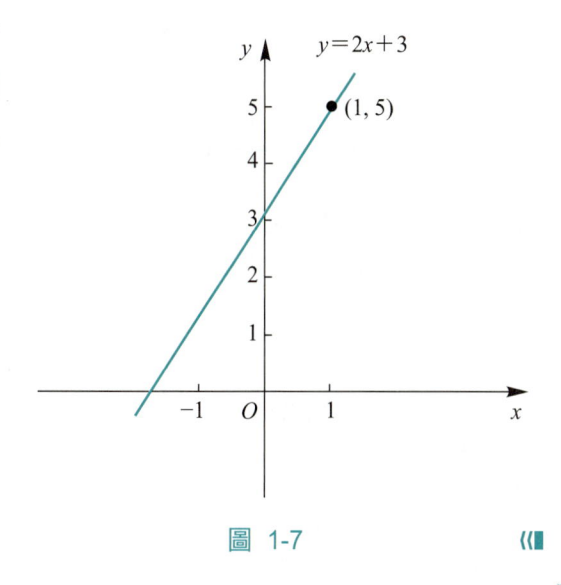

圖 1-7

例題 4 試繪 $f(x)=x^2$ 與 $f(x)=x^4$ 之圖形．

解 圖形如圖 1-8 所示．

(i) $f(x)=x^2$ 之圖形

(ii) $f(x)=x^4$ 之圖形

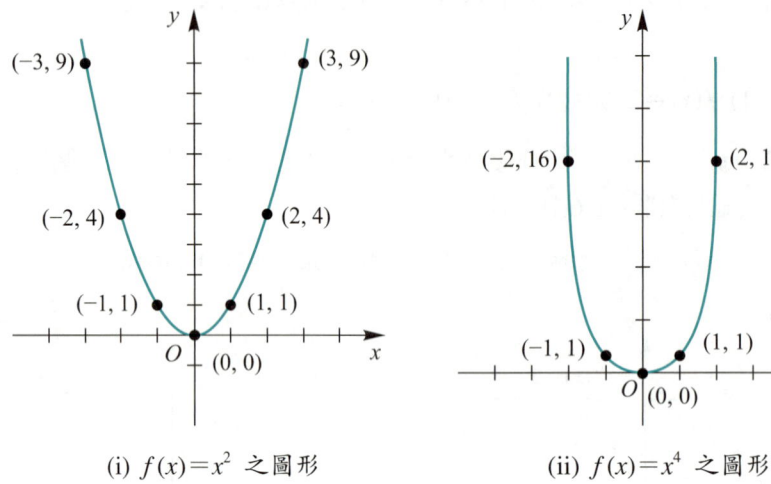

圖 1-8

例題 5 試繪 $f(x)=x^3$ 與 $f(x)=x^5$ 之圖形．

解 圖形如圖 1-9 所示．

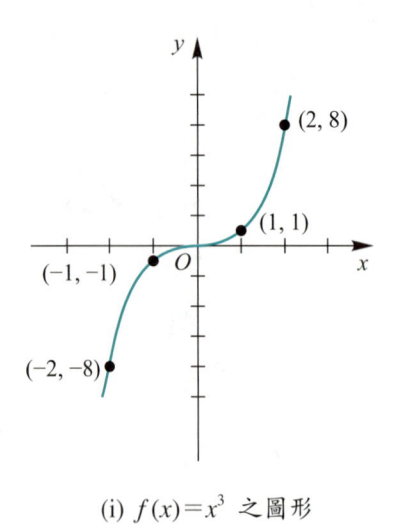

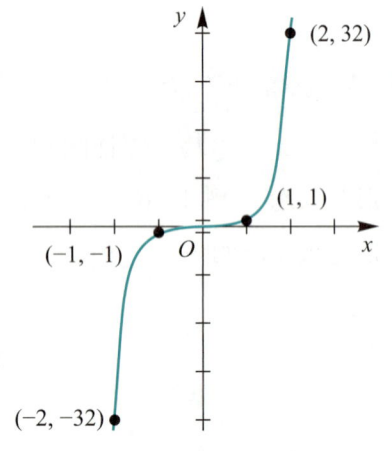

(i) $f(x)=x^3$ 之圖形

(ii) $f(x)=x^5$ 之圖形

圖 1-9

第一章　函數與圖形　17

例題 6　試作絕對值函數 $f(x)=|x|$ 的圖形.

解
$$f(x)=\begin{cases} x, & \text{若 } x \geq 0 \\ -x, & \text{若 } x < 0 \end{cases}$$

先作 $y=x$ 之圖形，再作 $y=-x$ 之圖形，則得 f 之圖形，如圖 1-10 所示.

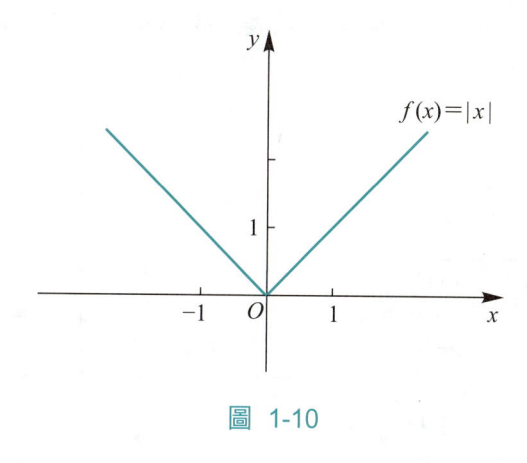

圖 1-10

例題 7　試作函數

$$f(x)=\begin{cases} 1, & \text{若 } x > 0 \\ 0, & \text{若 } x = 0 \\ -1, & \text{若 } x < 0 \end{cases}$$

的圖形.

解　其圖形如圖 1-11 所示. 其中空心點表示圖形不含該點，而實心點表示圖形包含該點.

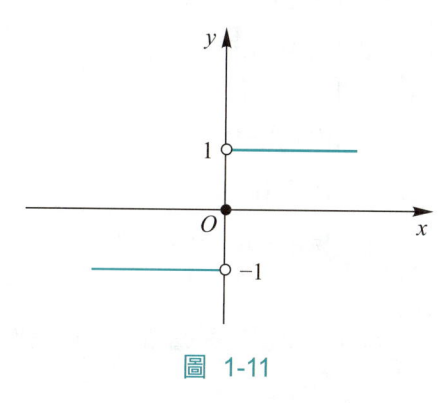

圖 1-11

例題 8 若 x 為任意實數，則存在兩個連續整數 n 與 $n+1$，可使 $n \leq x < n+1$. 令 f 為從 $\mathbb{R}$ 映到 $\mathbb{R}$ 的函數，定義如下：若 $n \leq x < n+1$，則 $f(x)=n$. 試作 f 的圖形.

解 圖形上一些點之橫坐標與縱坐標可列表如表 1-1.

當 x 為兩整數間之數時，f 就如同一常數函數，對應之圖形為一水平線段. f 之圖形如圖 1-12 所示，其中空心點表示圖形不含該點，而實心點表示圖形包含該點.

表 1-1

x	$f(x)$
....	....
$-3 \leq x < -2$	-3
$-2 \leq x < -1$	-2
$-1 \leq x < 0$	-1
$0 \leq x < 1$	0
$1 \leq x < 2$	1
$2 \leq x < 3$	2
$3 \leq x < 4$	3
....	....

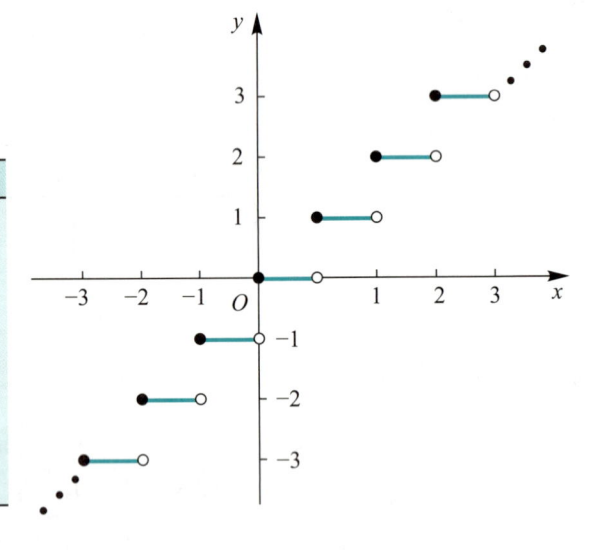

圖 1-12

對於任意實數 x，令 $[[x]]$ 表示小於或等於 x 的最大整數. 例如，

$$[[-2]]=-2,$$
$$[[-0.5]]=-1,$$
$$[[-3.3]]=-4,$$
$$[[0.8]]=0,$$
$$[[\sqrt{3}\,]]=1,$$
$$[[\pi]]=3, \cdots$$

則 $f(x)=[[x]]$ 為一從實數系 $\mathbb{R}$ 映到整數系 $\mathbb{Z}$ 的一個函數，這個函數叫做**高斯函數**

或**最大整數函數**. 一般而言，**高斯函數**定義為

$$f(x)=[[x]]=\begin{cases} n-1, & \text{若 } n-1 \leq x < n \\ n, & \text{若 } n \leq x < n+1 \end{cases}$$

其中 n 為整數.

高斯函數之重要性質如下：

1. 高斯不等式

性質 1：任意 $x \in \mathbb{R}$, $[[x]] \leq x < [[x]]+1$.

性質 2：任意 $x \in \mathbb{R}$, $x-1 < [[x]] \leq x$.

2. 高斯等式

性質 1：任意 $x \in \mathbb{R}$, $m \in \mathbb{Z}$, $[[x+m]]=[[x]]+m$.

性質 2：任意 $x \in \mathbb{R}$, $m \in \mathbb{Z}$, $[[x-m]]=[[x]]-m$.

某些較複雜之函數圖形可由較簡單之函數圖形利用**平移** (translation) 之方法而得之. 例如，對相同的 x 值, $y=x^2+2$ 的 y 值較 $y=x^2$ 的 y 值多 2，故 $y=x^2+2$ 之圖形在形狀上與 $y=x^2$ 之圖形相同，但位於 $y=x^2$ 圖形上方 2 個單位，如圖 1-13 所示.

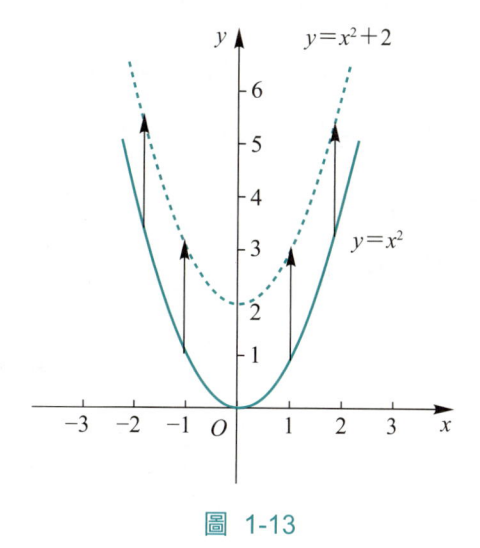

圖 1-13

一般而言，垂直平移 $(c > 0)$ 敘述如下：

$y=f(x)+c$ 的圖形位於 $y=f(x)$ 的圖形上方 c 個單位.

$y=f(x)-c$ 的圖形位於 $y=f(x)$ 的圖形下方 c 個單位.

現在，我們考慮水平平移，例如，平方根函數 $f(x)=\sqrt{x}$ 的定義域為 $\{x \mid x \geq 0\}$. 圖形的"開始"處在 $x=0$，如圖 1-14 所示.

考慮函數 $f(x)=\sqrt{x-1}$ 其定義域為 $\{x \mid x \geq 1\}$，圖形的"開始"處在 $x=1$，如圖 1-15 所示. $y=\sqrt{x-1}$ 之圖形是將 $y=\sqrt{x}$ 之圖形向右平移一個單位而得.

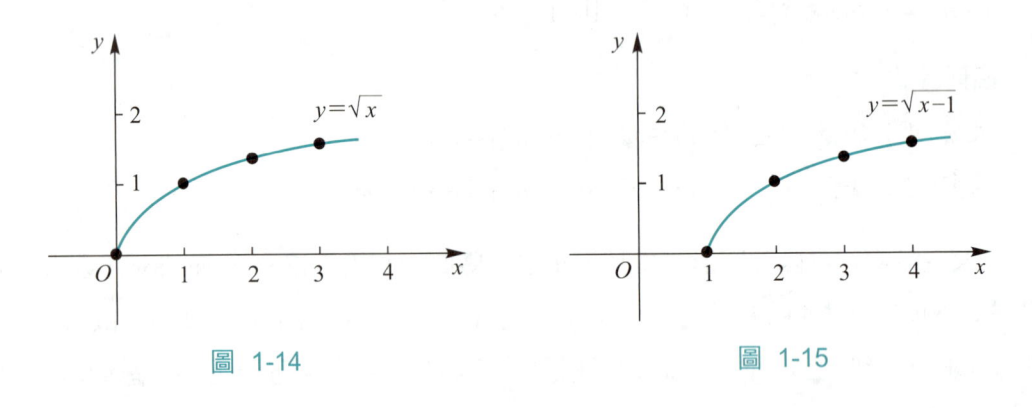

圖 1-14

圖 1-15

一般而言，水平平移 $(c > 0)$ 敘述如下：

$y=f(x-c)$ 的圖形位於 $y=f(x)$ 的圖形右邊 c 個單位.

$y=f(x+c)$ 的圖形位於 $y=f(x)$ 的圖形左邊 c 個單位.

例如，$f(x)=\sqrt{x+4}$ 之圖形是將 $f(x)=\sqrt{x}$ 之圖形向左平移 4 個單位而得，如圖 1-16 所示.

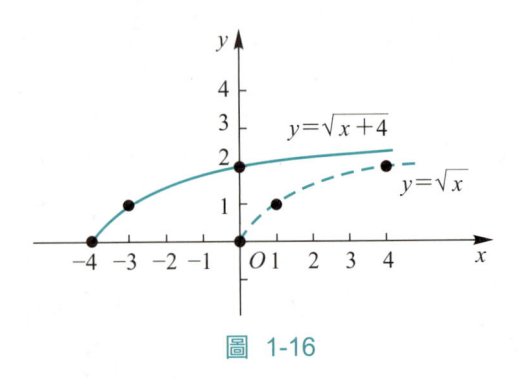

圖 1-16

第一章　函數與圖形

例題 9　試用平移之方法作 $f(x)=x^2+4x+6$ 之圖形.

解　因

$$f(x)=x^2+4x+6=x^2+4x+4+2=(x+2)^2+2$$

首先將 $y=x^2$ 之圖形向左平移 2 個單位，然後再向上平移 2 個單位，則得 $y=x^2+4x+6$ 之圖形. 如圖 1-17 所示.

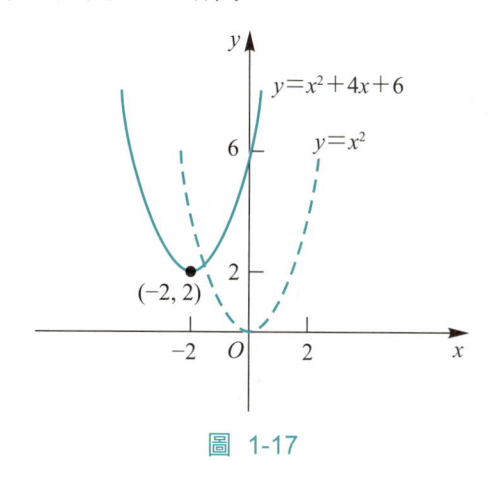

圖 1-17

下面是有關分段定義函數圖形的繪法.

例題 10　試作函數

$$f(x)=\begin{cases} \sqrt{x-1}, & \text{若 } x \geq 1 \\ 1-x, & \text{若 } x < 1 \end{cases}$$

的圖形.

解　因 f 對 $x \geq 1$ 與 $x < 1$ 皆有定義，故函數 f 之定義域為實數集合 $I\!R$. 若 $x < 1$，則 $f(x)=1-x$，這表示，當 $x < 1$ 時，應當用 $1-x$ 去求函數值. 所以，當 $x < 1$ 時，則 f 的圖形與方程式 $y=1-x$ 之圖形一樣，我們將此圖形的此一部分繪於 x-軸之上方，如圖 1-18 所示.

當 $x \geq 1$ 時，則利用 $\sqrt{x-1}$ 去求 f 的函數值，因此 f 之圖形的這一部分與方程式 $y=\sqrt{x-1}$ 的圖形一樣，f 在 $x \geq 1$ 之圖形如圖 1-18 所示.

圖 1-18

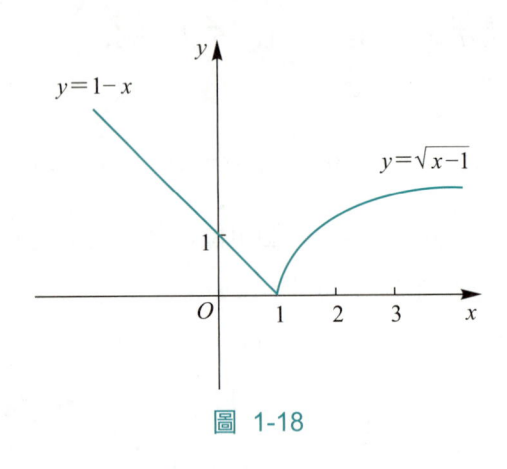

例題 11 試作函數

$$f(x)=\begin{cases} -x+1, & \text{若 } x<0 \\ 3, & \text{若 } 0\leq x<2 \\ x^2, & \text{若 } x\geq 2 \end{cases}$$

之圖形.

解 因 f 對 $x<0$ 與 $x\geq 0$ 皆有定義，現在分別討論如下：

(1) 若 $x<0$，則 $f(x)=-x+1$，故當 $x<0$ 時，則 f 的圖形與直線 $y=-x+1$ 的圖形相同.

(2) 若 $0\leq x<2$，則 $f(x)=3$，故當 $0\leq x<2$ 時，則 f 的圖形與水平直線 $y=3$ 的圖形相同.

(3) 若 $x\geq 2$，則 $f(x)=x^2$，故當 $x\geq 2$ 時，則 f 的圖形與拋物線 $y=x^2$ 的圖形相同.

綜合 (1)、(2) 與 (3) 得下面之圖形，如圖 1-19 所示.

第一章　函數與圖形　23

圖 1-19

習題 1-3

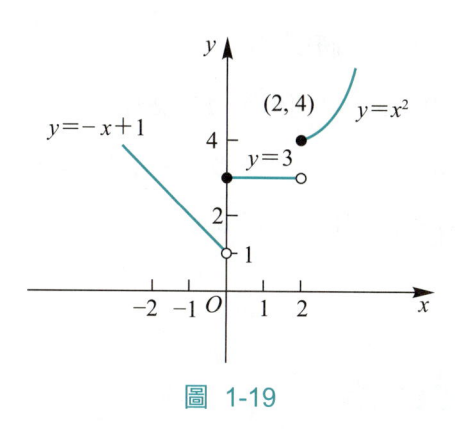

1. 下列之圖形何者是函數圖形？

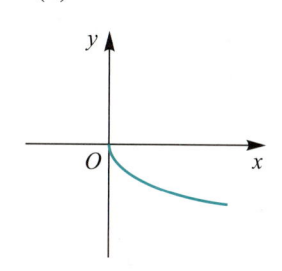

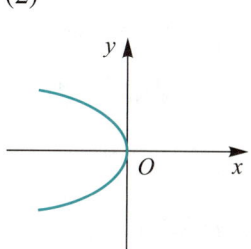

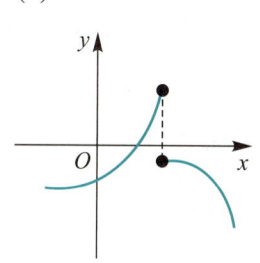

(1)　　　　　　　　(2)　　　　　　　　(3)

試作下列各函數之圖形．

2. $f(x)=\begin{cases} -x, & \text{若 } x<0 \\ 2, & \text{若 } 0\le x<1 \\ -x+1, & \text{若 } x\ge 1 \end{cases}$

3. $f(x)=\begin{cases} x, & \text{若 } x<1 \\ -x+1, & \text{若 } x\ge 1 \end{cases}$

4. $f(x)=\begin{cases} |x|, & \text{若 } -5<x<3 \\ 2x-4, & \text{若 } x\ge 3 \end{cases}$

5. $f(x)=\begin{cases} x^2, & \text{若 } x\le 0 \\ 2x+1, & \text{若 } x>0 \end{cases}$

6. $f(x)=\begin{cases} x, & \text{若 } x\le 1 \\ -x^2, & \text{若 } 1<x<2 \\ x, & \text{若 } x\ge 2 \end{cases}$

7. $f(x)=\begin{cases} -x, & \text{若 } x<-1 \\ 2, & \text{若 } x=-1 \\ -3x+2, & \text{若 } x>-1 \end{cases}$

8. 試作函數 $f(x)=x-[[x]]$ 的圖形.
9. 先作 $g(x)=\sqrt{x}$ 之圖形後，再利用平移方法作出 $f(x)=\sqrt{x-2}-3$ 之圖形.
10. 先作 $h(x)=|x|$ 之圖形後，再利用平移方法作出 $g(x)=|x+3|-4$ 之圖形.
11. 用平移方法作出 $f(x)=(x-2)^2-4$ 之圖形.

1-4 線性函數

定義 1-5

函數 $f(x)=ax+b$ 稱為<u>線性函數</u>.

假定一直線決定於 P、Q 兩點，其坐標分別為 (x_1, y_1) 及 (x_2, y_2)，如圖 1-20 所示。使 x_2-x_1 表橫軸增量，y_2-y_1 表縱軸增量，則直線的<u>斜率</u> (slope) 可以下述公式表之

$$m\,(斜率)=\frac{y_2-y_1}{x_2-x_1}$$

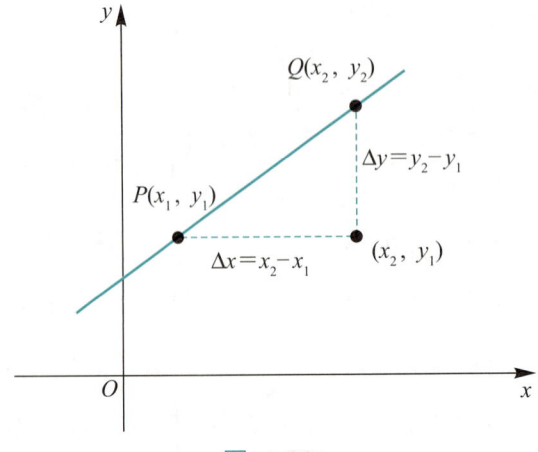

圖 1-20

(i) 斜率為零

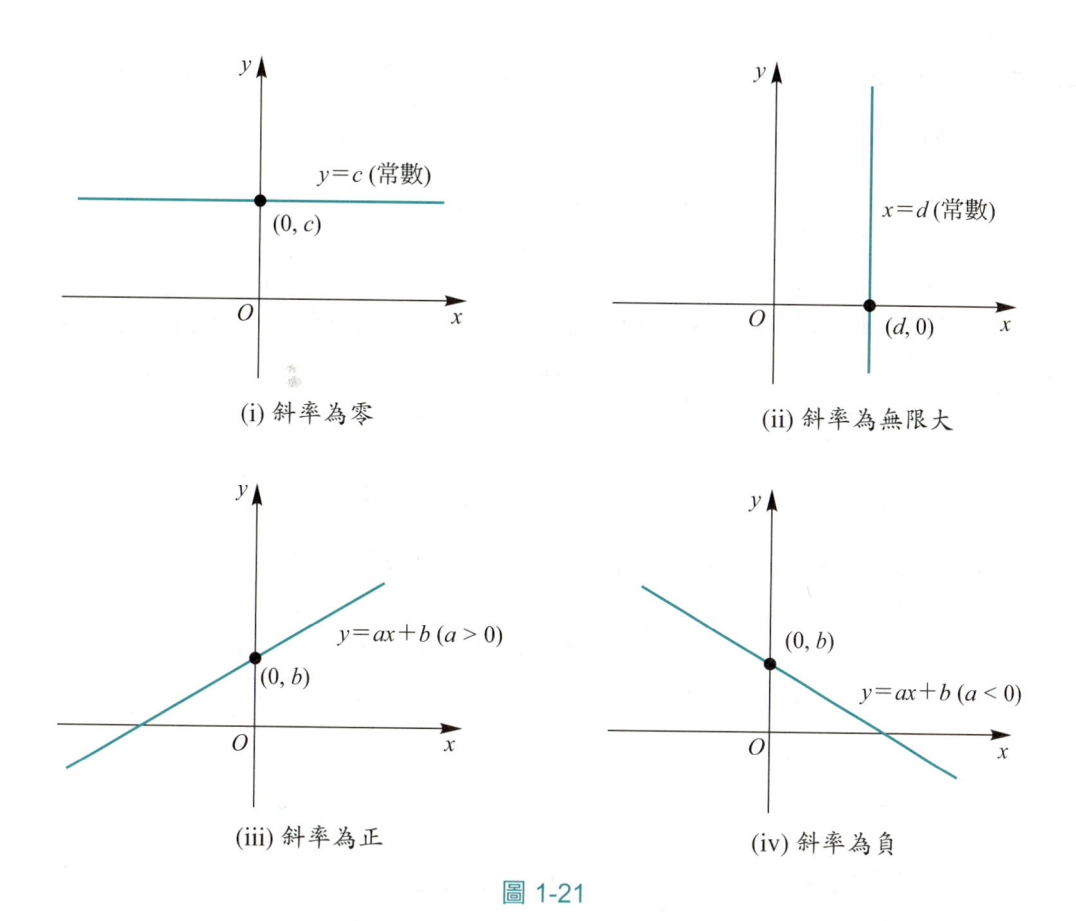

(ii) 斜率為無限大

(iii) 斜率為正

(iv) 斜率為負

圖 1-21

故斜率為因變數增量與自變數增量之比. 以 Δy 表 y 的增量, Δx 表 x 的增量, 則

$$m = \frac{\Delta y}{\Delta x} = \frac{y_2 - y_1}{x_2 - x_1}.$$

如果 $y_1 = y_2$ 且 $x_1 \neq x_2$, 則通過 (x_1, y_1) 及 (x_2, y_2) 之直線與 x-軸平行, 其斜率為零, 如圖 1-21(i) 所示. 如果 $x_1 = x_2$ 且 $y_1 \neq y_2$, 則通過 (x_1, y_1) 及 (x_2, y_2) 之直線與 y-軸平行, 其斜率為無限大, 如圖 1-21(ii) 所示. 如直線向右上方傾斜, 則其斜率為正, 如圖 1-21(iii) 所示. 如直線向左上方傾斜, 則其斜率為負, 如圖 1-21(iv) 所示.

例題 1 試求通過兩點 $A(-4, 8)$ 與 $B(2, -3)$ 之直線的斜率.

解 選擇 $x_1=-4$、$y_1=8$、$x_2=2$ 與 $y_2=-3$ 得 $\Delta y=-3-8=-11$ 與 $\Delta x=2-(-4)=6$，故斜率為

$$m=\frac{\Delta y}{\Delta x}=-\frac{11}{6}.$$

已知直線之斜率為 m，以及通過坐標平面上一點，則可利用下列方法求出直線之方程式.

點斜式

已知一直線之斜率 m 且通過點 (x_1, y_1)，則其方程式為

$$y-y_1=m(x-x_1)$$

此方程式稱為直線之點斜式.

斜截式

已知一直線之斜率 m 且通過點 $(0, b)$，則其方程式為

$$y=mx+b$$

此處 b 稱為直線之 y-截距. 此方程式稱為直線之斜截式，如圖 1-22 所示.

直線方程式的一般式為

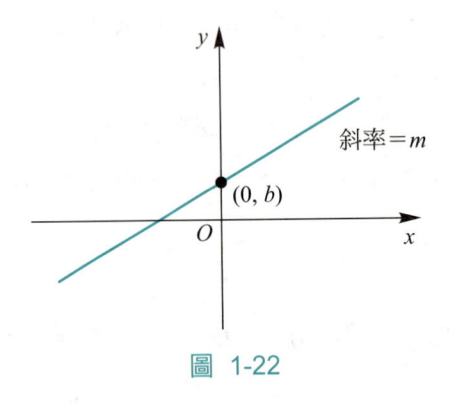

圖 1-22

$$ax+by+c=0$$

其中 a、b、c 均為常數，a、b 不均為零．如 $b=0$，則 $ax+c=0$，$x=-\dfrac{c}{a}$，此為與 y-軸平行的直線．如 $a=0$，則 $by+c=0$，$y=-\dfrac{c}{b}$，此為與 x-軸平行的直線．如 $a\neq 0$，$b\neq 0$，則 $y=-\dfrac{a}{b}x-\dfrac{c}{b}$，此表示斜率為 $-\dfrac{a}{b}$ 且 y-截距為 $-\dfrac{c}{b}$ 的直線方程式．

例題 2 已知一直線通過點 $(3,-3)$ 且垂直於直線 $2x+3y=6$，試求其方程式．

解 因 $2x+3y=6$，可得 $y=-\dfrac{2}{3}x+2$，故所求直線之斜率為 $m=\dfrac{3}{2}$．所求直線之方程式為

$$y-(-3)=\dfrac{3}{2}(x-3)$$

即

$$y=\dfrac{3}{2}x-\dfrac{15}{2}.$$

例題 3 已知一直線通過點 $(3,-3)$ 且平行於通過兩點 $(-1,2)$ 及 $(3,-1)$ 的直線，試求其方程式．

解 所求直線之斜率為 $m=\dfrac{(-1)-2}{3-(-1)}=-\dfrac{3}{4}$，故所求之直線方程式為

$$y-(-3)=-\dfrac{3}{4}(x-3)$$

即

$$y=-\dfrac{3}{4}x-\dfrac{3}{4}.$$

習題 1-4

1. 一直線通過點 (2, 3) 且斜率為 4, 試求其方程式.
2. 一直線之 y-截距為 4 且斜率為 -2, 試求其方程式.
3. 一直線通過兩點 (2, 3) 與 (4, 8), 試求其方程式.
4. 一直線通過點 (3, -3) 且平行於直線 $2x+3y=6$, 試求其方程式.
5. 試求直線 $4x+5y=4$ 的斜率與 y-截距.
6. 一直線平分兩點 (-2, 1) 與 (4, -7) 之間所連線段且垂直於此線段, 試求此直線的方程式.

1-5 函數的結合

兩函數 f 與 g 的和、差、積、商函數，分別記作 $f+g$、$f-g$、fg、$\dfrac{f}{g}$，其意義如下：

設 f 是由 $\mathbb{R}$ 之子集 A 映至 $\mathbb{R}$ 之子集 C, g 是由 $\mathbb{R}$ 之子集 B 映至 $\mathbb{R}$ 之子集 D, 且 $A \cap B \neq \phi$, 則

$$(f+g)(x)=f(x)+g(x), \quad x \in A \cap B$$

$$(f-g)(x)=f(x)-g(x), \quad x \in A \cap B$$

$$(fg)(x)=f(x)g(x), \quad x \in A \cap B$$

$$\left(\dfrac{f}{g}\right)(x)=\dfrac{f(x)}{g(x)}, \quad x \in A \cap B,\ g(x) \neq 0$$

例題 1 若 $f(x)=\sqrt{x}$, $g(x)=\sqrt{1-x^2}$, 試求 $(f+g)$、$f-g$、fg 與 $\dfrac{f}{g}$.

解 函數 f 之定義域為 $[0, \infty)$, 函數 g 之定義域為 $[-1, 1]$. 故 f 與 g 定義域之交集為

$$[0, \infty) \cap [-1, 1] = [0, 1]$$

於是

$$(f+g)(x)=\sqrt{x}+\sqrt{1-x^2}, \quad 0 \le x \le 1$$

$$(f-g)(x)=\sqrt{x}-\sqrt{1-x^2}, \quad 0 \le x \le 1$$

$$(fg)(x)=\sqrt{x}\sqrt{1-x^2}, \quad 0 \le x \le 1$$

$$\left(\frac{f}{g}\right)(x)=\frac{\sqrt{x}}{\sqrt{1-x^2}}, \quad 0 \le x < 1$$

讀者應注意 $\dfrac{f}{g}$ 之定義域為 $[0, 1)$, 因 $g(x) \ne 0$.

兩實值函數除了可作上述的結合外, 另外亦可作一種很有用的結合, 稱之為合成. 現在考慮函數 $y=f(x)=(x^2+1)^3$, 如果我們將它寫成下列的形式

$$y=f(u)=u^3$$

且

$$u=g(x)=x^2+1$$

則依取代的過程, 我們可得到原來的函數, 亦即,

$$y=f(u)=f(g(x))=(x^2+1)^3$$

此一過程稱為合成, 故原來的函數可視為一合成函數.

定義 1-6

給予兩函數 f 與 g，則 g 與 f 的合成函數記作 $f \circ g$ (讀作 " f circle g ") 定義為

$$(f \circ g)(x) = f(g(x))$$

此處 $f \circ g$ 的定義域為函數 g 定義域內所有 x 集合，使得 $g(x)$ 在 f 的定義域內.

合成函數 $f \circ g$ 之對應，示於圖 1-23 中.

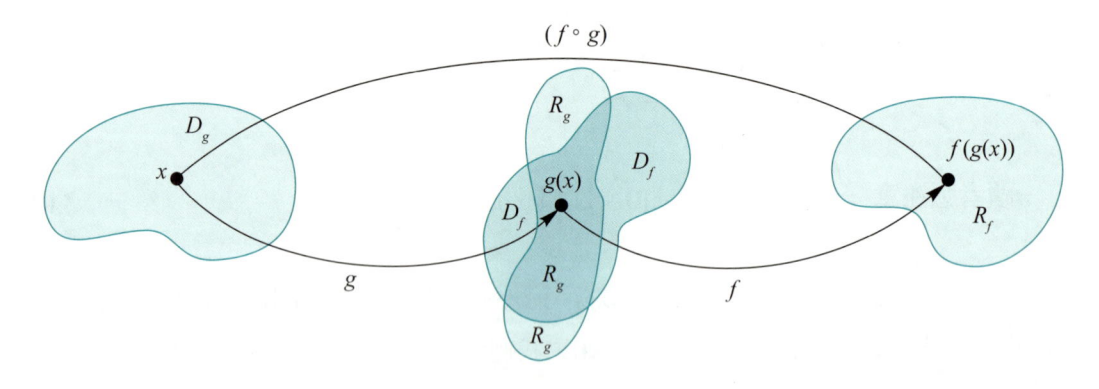

圖 1-23

例題 2 設 $f(x) = 2x+1$ 且 $g(x) = \dfrac{2}{x+3}$，試求 (1) $f(g(2))$, (2) $g(f(2))$.

解 (1) $g(2) = \dfrac{2}{2+3} = \dfrac{2}{5}$，故 $f(g(2)) = f\left(\dfrac{2}{5}\right) = 2 \cdot \dfrac{2}{5} + 1 = \dfrac{9}{5}$.

(2) $f(2) = 2 \cdot 2 + 1 = 5$，故 $g(f(2)) = \dfrac{2}{f(2)+3} = \dfrac{2}{5+3} = \dfrac{1}{4}$.

第一章　函數與圖形　31

例題 3　若 $f(x)=2x-3$，$g(x)=x^2+1$，試求 (1) $f(g(x))$ 與 (2) $g(f(x))$.

解　(1) $f(g(x))=2(g(x))-3$　　　　　　　　　計算函數 f 在 $g(x)$ 的值
　　　　　　　$=2(x^2+1)-3$　　　　　　　　　　$g(x)$ 以 (x^2+1) 代之
　　　　　　　$=2x^2-1$　　　　　　　　　　　　化簡

　　(2) $g(f(x))=(f(x))^2+1$　　　　　　　　　計算函數 g 在 $f(x)$ 的值
　　　　　　　$=(2x-3)^2+1$　　　　　　　　　　$f(x)$ 以 $(2x-3)$ 代之
　　　　　　　$=4x^2-12x+10$　　　　　　　　　化簡

讀者應注意，在例題 3 中，$f(g(x))$ 與 $g(f(x))$ 不同，亦即，$f \circ g \neq g \circ f$.

例題 4　已知 $f(x)$ 與 $g(x)$ 的函數值如下：

x	1	2	3	4	5	6
$f(x)$	1	4	9	16	25	36

x	1	2	3	4	5	6
$g(x)$	3	4	5	6	7	8

求 (1) $(f \circ g)(2)$，　(2) $(f \circ g)(4)$，　(3) $(g \circ f)(1)$，　(4) $(g \circ f)(2)$.

解　(1) 因 $g(2)=4$，所以 $(f \circ g)(2)=f(g(2))=f(4)=16$.
　　(2) 因 $g(4)=6$，所以 $(f \circ g)(4)=f(g(4))=f(6)=36$.
　　(3) 因 $f(1)=1$，所以 $(g \circ f)(1)=g(f(1))=g(1)=3$.
　　(4) 因 $f(2)=4$，所以 $(g \circ f)(2)=g(f(2))=g(4)=6$.

例題 5　若 $g(x)=x-4$，且 $f(x)=3x+\sqrt{x}$，試求 $(f \circ g)(x)$ 的定義域.

解　依 g 與 f 的定義，求得 $(f \circ g)(x)$.

$$(f \circ g)(x) = f(g(x))=f(x-4)=3(x-4)+\sqrt{x-4}$$
$$=3x-12+\sqrt{x-4}$$

由上面最後一個等式顯示，僅當 $x \geq 4$ 時，$(f \circ g)(x)$ 為實數，所以合成函數

$(f \circ g)(x)$ 的定義域必須將 x 限制在區間 $[4, \infty)$。

例題 6 若 $H(x)=\sqrt[3]{2-3x}$，求 f 與 g 使得 $(f \circ g)(x)=H(x)$。

解 令 $\quad f(x)=\sqrt[3]{x}$，$g(x)=2-3x$

所以，$\quad (f \circ g)(x)=f(g(x))=f(2-3x)$
$$=\sqrt[3]{2-3x}$$
$$=H(x).$$

習題 1-5

1. 設 $f(x)=\dfrac{x-3}{2}$，$g(x)=\sqrt{x}$，求 $(f+g)(x)$，$(f-g)(x)$，$(f \cdot g)(x)$，$\left(\dfrac{f}{g}\right)(x)$。

2. 已知 $f(x)=x+3$ 且 $g(x)=x^2$，試求
   (1) $(f \circ g)(1)$　　(2) $(g \circ f)(1)$　　(3) $(f \circ g)(0)$

3. 已知 $f(x)$ 與 $g(x)$ 的函數值如下：

x	1	2	3	4
$f(x)$	2	3	1	4

x	1	2	3	4
$g(x)$	4	3	2	1

   求 $(f \circ g)(2)$，$(f \circ g)(4)$，$(g \circ f)(1)$，$(g \circ f)(3)$。

4. 在下列各函數中，求 $(f \circ g)(x)$ 與 $(g \circ f)(x)$。
   (1) $f(x)=\sqrt{x^2+4}$，$g(x)=\sqrt{7x^2+1}$
   (2) $f(x)=3x^2+2$，$g(x)=\dfrac{1}{3x^2+2}$
   (3) $f(x)=x^3-1$，$g(x)=\sqrt[3]{x+1}$

5. 設 $f(x)=x^2+1$ 且 $g(x)=x+1$，試證明 $(f\circ g)(x) \neq (g\circ f)(x)$.

6. 在下列各小題中，求 f 與 g 使得 $(f\circ g)(x)=H(x)$.

   (1) $H(x)=\sqrt{x^2+x-1}$ (2) $H(x)=\left(1-\dfrac{1}{x^2}\right)^2$

7. 已知 $F(x)=\dfrac{(x+3)^{10}}{(x+3)^{10}+1}$，試求函數 f, g 與 h，使得 $F=f\circ g\circ h$.

1-6 經濟學上實用的函數

成本與損益分析

若以 x 表生產某貨品 (或銷售某貨品) 之單位數，p 表每單位貨品之價格，$C(x)$ 表生產 x 單位貨品之總成本 (total cost)，則

$$C(x)=\text{固定成本}+(\text{平均可變成本})\cdot(\text{產量}) \tag{1-3}$$

$$R(x)=px \tag{1-4}$$

$R(x)$ 表銷售 x 單位貨品之總收益 (total revenue)，又

$$P(x)=R(x)-C(x) \tag{1-5}$$

$P(x)$ 表銷售 x 單位貨品之總利潤 (total profit)。

而利潤為零之銷售水準 (即 $R(x)=C(x)$) 稱之為損益平衡點 (break-even point)，如圖 1-24 所示.

在 (1-5) 式中，當

1. $R(x) > C(x)$ 時，$P(x) > 0$，我們稱之為獲利.
2. $R(x) < C(x)$ 時，$P(x) < 0$，我們稱之為虧損.

圖 1-24

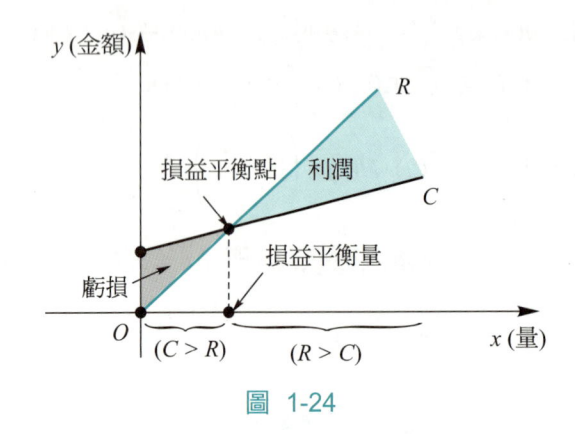

3. $R(x) = C(x)$ 時，$P(x) = 0$，公司之營運呈現損益平衡狀態。此時，使 $R(x) = C(x)$ 之 x 值，就稱之為 **損益平衡量**。

例題 1 某公司生產且銷售 x 千台電腦，其每月之收益與成本（以千元為單位）分別為

$$R(x) = 32x - 0.21x^2 \text{ (千元)}$$
$$C(x) = 195 + 12x \text{ (千元)}$$

試決定該公司之損益平衡點。

解 令 $P(x)$ 為利潤函數，則

$$\begin{aligned} P(x) &= R(x) - C(x) \\ &= (32x - 0.21x^2) - (195 + 12x) \\ &= -0.21x^2 + 20x - 195 \end{aligned}$$

損益平衡點發生於 $P(x) = 0$ 時，故必須解

$$-0.21x^2 + 20x - 195 = 0$$

由一元二次方程式根的公式知，

$$x = \frac{-20 \pm \sqrt{(20)^2 - 4(-0.21)(-195)}}{2 \times (-0.21)} = \frac{-20 \pm \sqrt{236.2}}{-0.42}$$

圖 1-25

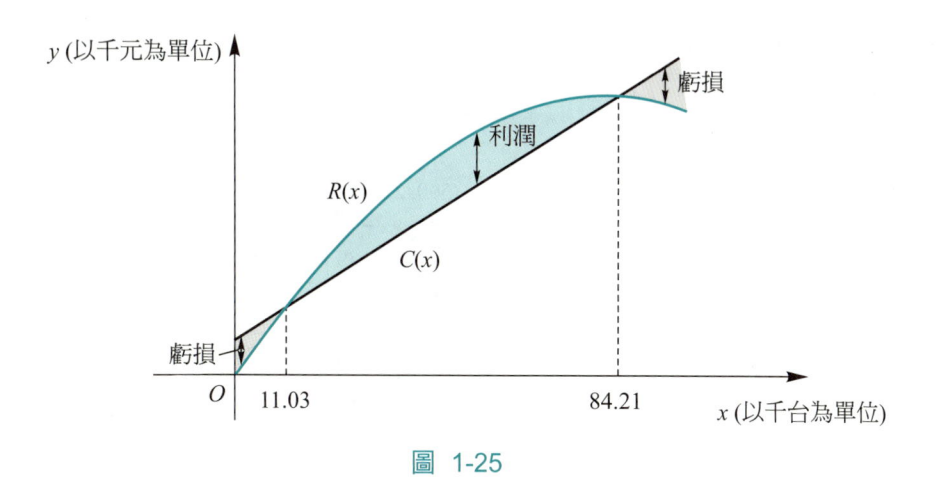

$$\approx 47.62 \pm 36.59 = 11.03 \text{ 或 } 84.21$$

損益平衡點發生於公司每月的生產水準達 11,030 台或 84,210 台電腦，方可使公司之營運維持損益平衡，如圖 1-25 所示．

若 $0 < x < 11{,}030$ 台，則成本大於收益．若 11,030 台 $< x <$ 84,210 台，則收益大於成本．若 $x > 84{,}210$ 台，則成本大於收益．

例題 2 某公司生產且銷售個人電腦，每台電腦的成本為 25 元，且公司每月之固定成本為 10,000 元．試將公司每月之總成本表為銷售 x 台電腦的函數，且計算當 $x = 500$ 台的成本．

解 每月的變動成本為 $25x$ 元，於是

$$C(x) = 固定成本 + 變動成本$$

即

$$C(x) = 10{,}000 + 25x$$

當每月銷售 500 台電腦時，則總成本為

$$C(500) = 10{,}000 + 25(500) = 22{,}500 \text{ (元)}$$

如圖 1-26 所示．

圖 1-26

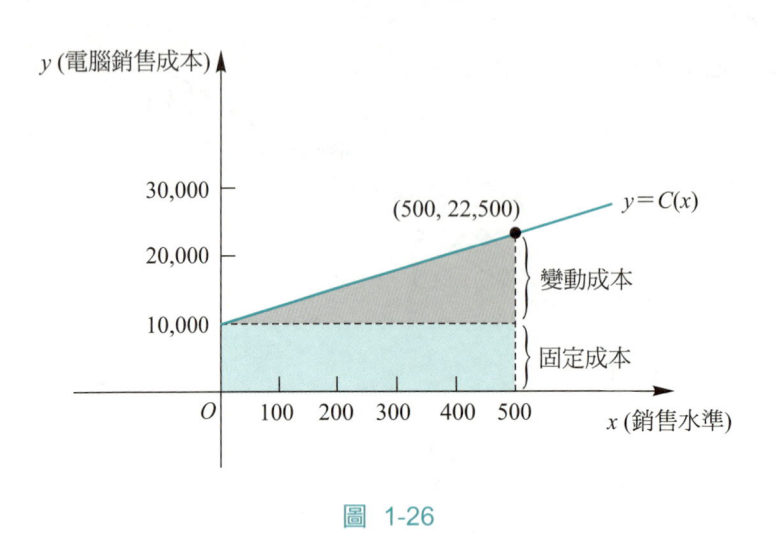

例題 3 假設某公司生產 x 台印表機之總成本可近似於

$$C(x)=10x+120 \text{ (元)}$$

試求生產 0 台印表機之成本與生產第 251 台印表機之實際成本各為多少？

解 (1) 生產 0 台印表機之成本為

$$C(0)=10(0)+120=120 \text{ (元)}$$

120 元即為固定成本.

(2) 生產第 251 台印表機的實際成本，也就等於生產前 251 台印表機之總成本，與生產前 250 台印表機之總成本的差額．因此，實際的成本為

$$C(251)-C(250)=(10 \cdot 251+120)-(10 \cdot 250+120)=10 \text{ (元)}.$$

由上題同理可推得，生產第 501 台印表機的實際成本為

$$C(501)-C(500)=(10 \cdot 501+120)-(10 \cdot 500+120)=10 \text{ (元)}$$

事實上，第 $(n+1)$ 台印表機的實際成本亦為

$$C(n+1)-C(n)=[10(n+1)+120]-(10n+120)=10 \text{ (元)}$$

讀者應注意數字 10 亦為成本函數 $C(x)=10x+120$ 的圖形之斜率.

但在經濟學上, 數字 10 稱之為**邊際成本** (marginal cost), 對直線型的成本函數而言, 產量為 x 單位之邊際成本是再多生產一個單位產品之額外成本. 但就非直線型的成本函數而言, 所謂的邊際成本大約是再多生產一個單位產品的成本, 此留待第三章導函數中再予以介紹.

定理 1-2

在型如 $C(x)=mx+b$ 之成本函數中, m 表每個產品之邊際成本且 b 為固定成本. 反之, 若生產一個產品之固定成本為 b 且邊際成本為 m, 則生產 x 個產品之**線性成本函數**為 $C(x)=mx+b$.

定義 1-7

若 $C(x)$ 為製造 x 個產品之總成本, 則每個產品之**平均成本** (average cost) 定義為

$$\overline{C}(x)=\frac{C(x)}{x}.$$

在例題 3 中, 製造 x 台印表機之平均成本為每台印表機

$$\overline{C}(x)=\frac{C(x)}{x}=\frac{10x+120}{x}=10+\frac{120}{x} \text{ (元)}$$

當生產水準增加, 製造每台印表機之固定成本以 $\dfrac{120}{x}$ 表示之, 此時平均成本應趨近於生產之固定單位成本每台印表機 10 元.

例題 4 某工廠生產腳踏車每台之邊際成本為 12 元，而生產 100 台腳踏車之成本為 1,500 元.

(1) 試求成本函數 $C(x)$ (已知其為線性).
(2) 試求生產 50 台與 300 台之平均成本.

解 (1) 因為成本函數為線性，故可以表示為 $C(x)=mx+b$ 之形式，由於每台腳踏車之邊際成本為 12 元，即 $m=12$，故得 $C(x)=12x+b$. 欲求 b 之值，可利用生產 100 台腳踏車之成本為 1,500 元或 $C(100)=1,500$，將 $x=100$ 代入 $C(x)=12x+b$ 中，

$$C(100)=12(100)+b$$
$$1,500=12(100)+b$$

得
$$b=300$$

故生產腳踏車之成本函數為 $C(x)=12x+300$，其中固定成本為 300 元.

(2) 生產 x 台腳踏車之平均成本為

$$\overline{C}(x)=\frac{C(x)}{x}=\frac{12x+300}{x}=12+\frac{300}{x}$$

若生產 50 台，則平均成本為

$$\overline{C}(50)=12+\frac{300}{50}=18$$

即每台腳踏車 18 元.

若生產 300 台，則平均成本為

$$\overline{C}(300)=12+\frac{300}{300}=13$$

即每台腳踏車 13 元.

銷售分析

若已知兩家公司在連續兩個年度內之銷售金額，我們可藉由銷售變動之變化率來比較兩家公司在銷售上的變化情形.

定義 1-8

對函數 $y=f(x)$，當 x 由 x 變至 $x+\Delta x$ 時，y 對於 x 之**平均變化率**定義為

$$\frac{y \text{ 之變化量}}{x \text{ 之變化量}} = \frac{f(x+\Delta x)-f(x)}{(x+\Delta x)-x} = \frac{f(x+\Delta x)-f(x)}{\Delta x} = \frac{\Delta y}{\Delta x}.$$

註 線性函數之平均變化率為一常數，該常數恰為直線 $y=mx+b$ 之斜率.

例題 5 下表係說明甲、乙兩家公司在不同年度內之銷售金額.

公司	88 年銷售金額	91 年銷售金額
甲	10,000 元	16,000 元
乙	5,000 元	14,000 元

依公司管理部門之研究報告顯示，兩家公司之銷售金額均呈線性遞增 (亦即，銷售可完全用一線性函數去近似模擬).

(1) 試求甲、乙兩家公司銷售之趨勢線方程式並繪其圖形.
(2) 預估甲、乙兩家公司在 92 年之銷售金額.
(3) 甲、乙兩家公司銷售金額之平均變化率 (即成長率) 為何？

解 (1) 欲求甲、乙兩家公司銷售之趨勢線方程式，我們可令 $x=0$ 代表 88 年，所以 91 年對應於 $x=3$. 則依上表所示，通過點 (0, 10,000) 與 (3, 16,000) 之直線，就代表甲公司銷售之趨勢線.

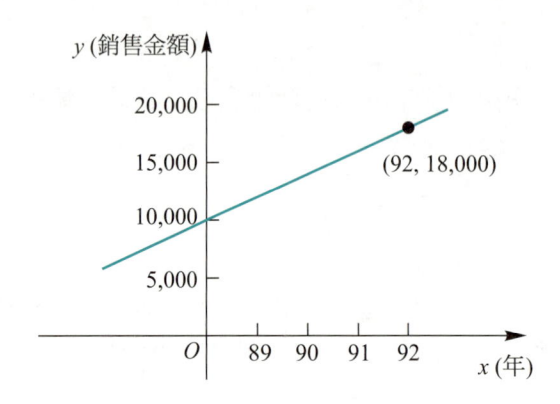

$$\begin{array}{c}\quad\end{array}$$

圖 1-27　甲公司銷售之趨勢線

該直線之斜率為

$$\frac{16{,}000-10{,}000}{3-0}=2{,}000$$

利用點斜式，則可求得甲公司銷售之趨勢線方程式為

$$y-10{,}000=2{,}000(x-0)$$

即
$$y=2{,}000x+10{,}000 \quad\cdots\cdots①$$

如圖 1-27 所示.

同理，依上表所示，通過點 (0，5,000) 與 (3，14,000) 之直線就代表乙公司銷售之趨勢線.

利用點斜式，則可求得乙公司銷售之趨勢線方程式為

$$y-5{,}000=3{,}000(x-0)$$

即
$$y=3{,}000x+5{,}000 \quad\cdots\cdots②$$

如圖 1-28 所示.

(2) 預估甲、乙兩家公司在 92 年之銷售金額，我們以 $x=4$ 分別代入 ① 與 ② 式中，則可求得甲、乙兩公司在 92 年之銷售金額分別為

$$y=18{,}000$$

與
$$y=17{,}000$$

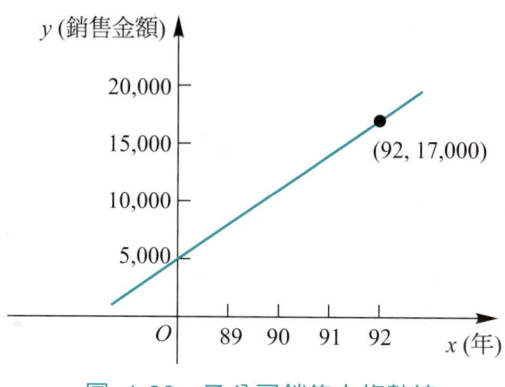

```
         y (銷售金額)
          ▲
   20,000 │
          │              ●
   15,000 │           (92, 17,000)
          │
   10,000 │
          │
    5,000 │
          │
          └────┬────┬────┬────┬──→
          O   89   90   91   92   x (年)
```

圖 1-28　乙公司銷售之趨勢線

即甲公司之銷售金額為 18,000 元，而乙公司之銷售金額為 17,000 元．

(3) 甲公司之銷售金額在 88 年至 91 年的期間中由 10,000 元增至 16,000 元，這表示在 3 年中全部增加 6,000 元．故甲公司銷售金額之平均變化率＝$\dfrac{6,000 \text{元}}{3 \text{年}}$＝2,000 元／年，此恰與甲公司銷售之趨勢線的斜率相同．同理，乙公司銷售金額之平均變化率＝$\dfrac{9,000 \text{元}}{3 \text{年}}$＝3,000 元／年，此恰與乙公司銷售之趨勢線的斜率相同．

習題 1-6

1. 設某一製造商的固定成本為 50,000 元，而且每增加一單位產品需 500 元，試求此製造商的總成本函數及平均總成本函數．

2. 某公司之固定生產成本為 5,000 元，用以生產每單位成本 $\dfrac{22}{9}$ 元且售價 8 元的產品．
   (1) 求生產之總成本函數．
   (2) 求收益函數．
   (3) 求利潤函數．

(4) 試分別計算在 1,800、900 及 450 單位的生產水準之損益情形.

3. 某製造商生產 x 台印表機之總成本為

$$C(x)=500{,}000+4.75x \text{ (元)}$$

(1) 試求生產 100,000 台印表機之總成本.

(2) 試求生產第 100,001 台印表機之邊際成本.

4. 某工廠生產 x 台腳踏車之總成本為

$$C(x)=800+20x \text{ (元)}$$

試求：(1) $x=10$，(2) $x=50$，(3) $x=200$ 之平均成本.

5. 已知某品牌 CD 片之需求方程式為 $p=80-0.2x$，試導出收益函數並求銷售 90 片 CD 所得之總收益.

6. 某公司的成本函數及收益函數分別為 $C(x)=12x+20{,}000$ 與 $R(x)=20x$，試求該公司之損益平衡點.

7. 某公司之固定生產成本為 30,000 元，用以生產每單位成本 6 元且售價 10 元的產品，試求該公司之損益平衡點.

8. 某公司銷售電視機數量滿足下列之關係式

$$S(x)=300x+2{,}000$$

此處 $S(x)$ 代表在 x 年銷售電視機之數量，以台為單位，令 $x=0$ 代表 92 年.

(1) 試求下列各年之銷售數量：① 92 年，② 95 年，③ 96 年.

(2) 試求電視機銷售之每年變化率.

9. 利台公司之管理部門對該公司生產之電冰箱的銷售情況進行一項研究，按以往的銷售情形可近似於一線性函數. 依記錄顯示，81 年銷售金額為 850,000 元，而 86 年之銷售金額為 1,262,500 元. 令 $x=0$ 代表 81 年.

(1) 試求利台公司銷售電冰箱之趨勢線方程式並繪其圖形.

(2) 預估 93 年利台公司之銷售金額.

(3) 若想銷售金額超過 2,170,000 元，預期會發生於何年？

本章重點摘要

1. 設 $f: A \to B$，若對 A 中任意兩相異元素 a 與 b，恆有 $f(a) \neq f(b)$，則稱 f 為一對一函數．

2. 對任意 $x \in D_f$，若 $f(-x) = -f(x)$，則稱 f 為奇函數；又若 $f(-x) = f(x)$，則稱 f 為偶函數．

3. 絕對值函數定義為 $f(x) = |x| = \begin{cases} x, & \text{若 } x \geq 0 \\ -x, & \text{若 } x < 0 \end{cases}$．

4. 兩函數 f 與 g 的合成函數，定義為

$$(f \circ g)(x) = f(g(x))$$

且 $x \in D_g$ 使得 $g(x) \in D_f$．一般而言，$f(g(x)) \neq g(f(x))$．

5. 若以 x 表生產某貨品（或銷售某貨品）之單位數，p 表每單位貨品之價格，$C(x)$ 表生產 x 單位貨品之總成本 (total cost)，則

$$C(x) = \text{固定成本} + (\text{平均可變成本}) \cdot (\text{產量})$$

$$R(x) = px$$

$R(x)$ 表銷售 x 單位貨品之總收益 (total revenue)，又

$$P(x) = R(x) - C(x)$$

$P(x)$ 表銷售 x 單位貨品之總利潤 (total profit)．

函數的極限與連續 2

● **本章學習目標**

◎ 極限的定義
◎ 有關極限的一些定理
◎ 單邊極限
◎ 連續性
◎ 無窮極限

2-1 極限的定義

函數極限的概念為學習微積分的基本觀念之一，但它並不是很容易就能熟悉的. 的確，初學者必須由各種不同的角度，多次研習其定義，始可明瞭其意義.

我們以直觀的方式來介紹極限的觀念.

設 $f(x)=x+2$, $x\in \mathbb{R}$ (實數集合). 當 x 趨近 2 時，看看函數 f 的變化如何？我們選取 x 為接近 2 的數值，作成下表.

x 自 2 的左邊趨近 2　　　　x 自 2 的右邊趨近 2

x	1.8	1.9	1.99	1.999	2	2.001	2.01	2.1	2.2
$f(x)$	3.8	3.9	3.99	3.999	4	4.001	4.01	4.1	4.2

$f(x)$ 趨近 4　　　　$f(x)$ 趨近 4

函數 f 的圖形如圖 2-1 所示.

由上表與圖 2-1 可以看出，若 x 愈接近 2，則函數值 $f(x)$ 愈接近 4. 此時，我們說，"當 x 趨近 2 時， $f(x)$ 的極限為 4"，記為

$$\text{當 } x \to 2 \text{ 時}, f(x) \to 4$$

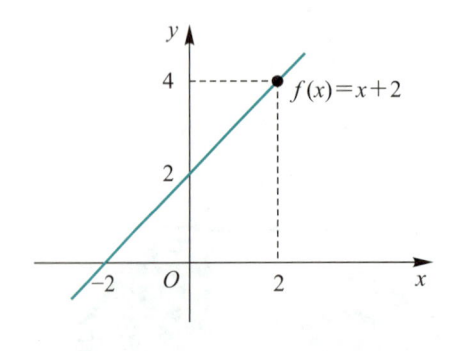

圖 2-1

或
$$\lim_{x \to 2} f(x) = 4.$$

定義 2-1

設函數 f 定義在包含 a 的某開區間 (可能在 a 除外)，且令 L 為一實數，則敘述

$$\lim_{x \to a} f(x) = L$$

的意義為：當 x 充分趨近 a 時，$f(x)$ 充分趨近於 L. 圖形如圖 2-2 所示.

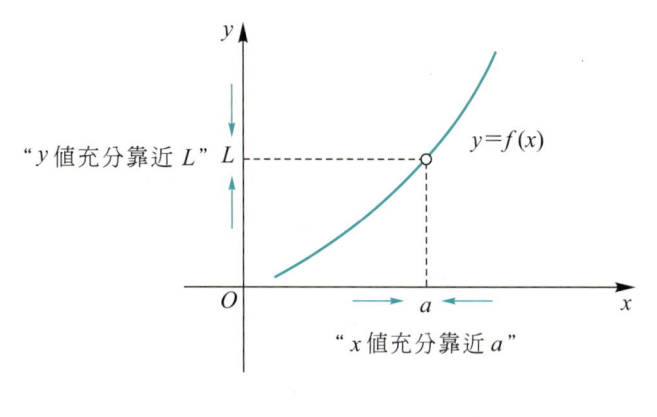

圖 2-2　$\lim_{x \to a} f(x) = L$

讀者應注意，若有一個定數 L 存在，使 $\lim_{x \to a} f(x) = L$，則稱當 x 趨近 a 時，函數 $f(x)$ 的極限存在，或 $\lim_{x \to a} f(x)$ 存在. 否則稱為 $\lim_{x \to a} f(x)$ 不存在.

例題 1　設函數 $g(x)$ 定義為 $g(x) = \dfrac{x^2 - 4}{x - 2}$，$x \neq 2$，求 $\lim_{x \to 2} g(x)$.

解　因為 2 不在函數 g 的定義域內，故 $g(2)$ 不存在. 但在 $x = 2$ 的近旁，函數值皆存在，如圖 2-3 所示.

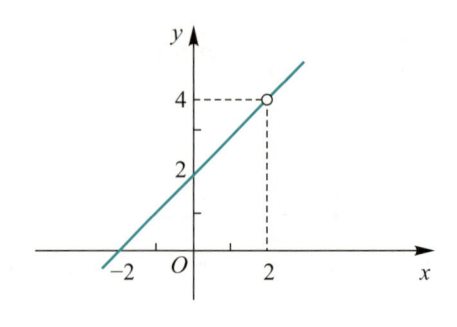

圖 2-3　$g(x) = \dfrac{x^2-4}{x-2}$, $x \neq 2$

若 $x \neq 2$, 則函數 g 可以寫成

$$g(x) = \dfrac{x^2-4}{x-2} = \dfrac{(x-2)(x+2)}{x-2} = x+2 \qquad 消去公因式\ (x-2)$$

故 $\lim\limits_{x \to 2} g(x) = 4.$

例題 2　設函數 $h(x)$ 定義為 $h(x) = \begin{cases} \dfrac{x^2-4}{x-2}, & 若\ x \neq 2 \\ 1, & 若\ x = 2 \end{cases}$, 求 $\lim\limits_{x \to 2} h(x)$.

解　函數 h 的圖形, 如圖 2-4 所示.

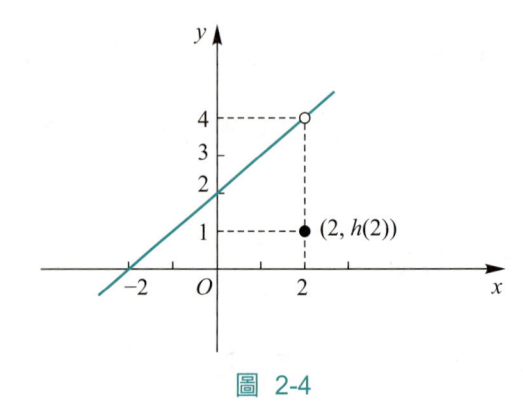

圖 2-4

$$\lim_{x\to 2} h(x) = \lim_{x\to 2} \frac{x^2-4}{x-2} = \lim_{x\to 2} (x+2) = 4$$

$\lim_{x\to 2} h(x)$ 存在，但不等於 $h(2)$.

由前面的討論，函數 g 與 h 除了在 $x=2$ 處有所不同外，在其他實數處皆完全相同，即

$$g(x) = h(x) = x+2, \quad x \neq 2$$

當 x 趨近 2 時，這兩個函數的極限皆為 4，因此，我們可以得出下面的結論：

在 x 趨近 2 時，函數的極限僅與函數在 $x=2$ 之近旁的定義有關，至於 2 是否屬於函數的定義域，或者其函數值為何，完全沒有關係．

在一般函數的極限中，這個結論依然成立，這是函數極限中一個非常重要的概念．
我們再看幾個以直觀的方式來計算函數極限的例子．

例題 3 試求 $\lim_{x\to 4} \dfrac{x^2-16}{x-4}$.

解 $\lim_{x\to 4} \dfrac{x^2-16}{x-4}$ $\leftarrow \lim_{x\to 4}(x^2-16)=0$
        $\leftarrow \lim_{x\to 4}(x-4)=0$

由於分子與分母之極限均為零，稱此極限為不定型．將 $x-4$ 之因式消去，故得

$$\lim_{x\to 4} \frac{x^2-16}{x-4} = \lim_{x\to 4} \frac{(x+4)(x-4)}{x-4} = \lim_{x\to 4}(x+4) = 8.$$

例題 4 試求 $\lim_{x\to 4} \dfrac{x-4}{\sqrt{x}-2}$.

解 $\lim_{x\to 4} \dfrac{x-4}{\sqrt{x}-2}$ $\leftarrow \lim_{x\to 4}(x-4)=0$
        $\leftarrow \lim_{x\to 4}(\sqrt{x}-2)=0$

由於分子與分母之極限均為零，稱此極限為不定型．故以分母之共軛根式 $\sqrt{x}+2$ 同乘以分子與分母，得

$$\lim_{x\to 4}\frac{x-4}{\sqrt{x}-2} = \lim_{x\to 4}\frac{(x-4)(\sqrt{x}+2)}{(\sqrt{x}-2)(\sqrt{x}+2)}$$

$$= \lim_{x\to 4}\frac{(x-4)(\sqrt{x}+2)}{x-4}$$

$$= \lim_{x\to 4}(\sqrt{x}+2) = \sqrt{4}+2$$

$$= 4.$$

例題 5 試求 $\displaystyle\lim_{x\to 0}\frac{x}{1-\sqrt{1+x}}$.

解 $\displaystyle\lim_{x\to 0}\frac{x}{1-\sqrt{1+x}}$ ← $\displaystyle\lim_{x\to 0}x = 0$

← $\displaystyle\lim_{x\to 0}(1-\sqrt{1+x}) = 0$

由於分子與分母之極限均為零，故以分母之共軛根式 $1+\sqrt{1+x}$ 同乘以分子與分母，得

$$\lim_{x\to 0}\frac{x}{1-\sqrt{1+x}} = \lim_{x\to 0}\frac{x(1+\sqrt{1+x})}{(1-\sqrt{1+x})(1+\sqrt{1+x})}$$

$$= \lim_{x\to 0}\frac{x(1+\sqrt{1+x})}{1-(1+x)}$$

$$= \lim_{x\to 0}\frac{x(1+\sqrt{1+x})}{1-1-x}$$

$$= -\lim_{x\to 0}(1+\sqrt{1+x})$$

$$= -2.$$

例題 6 若 $f(x)=x^2+1$，試求 $\lim\limits_{h\to 0}\dfrac{f(x+h)-f(x)}{h}$．

解
$$\begin{aligned}\lim_{h\to 0}\frac{f(x+h)-f(x)}{h}&=\lim_{h\to 0}\frac{(x+h)^2+1-x^2-1}{h}\\&=\lim_{h\to 0}\frac{x^2+2xh+h^2+1-x^2-1}{h}\\&=\lim_{h\to 0}\frac{h(2x+h)}{h}\\&=\lim_{h\to 0}(2x+h)\\&=2x.\end{aligned}$$

例題 7 若 $f(x)=\sqrt{x+1}$，試求 $\lim\limits_{h\to 0}\dfrac{f(x+h)-f(x)}{h}$．

解
$$\begin{aligned}\lim_{h\to 0}\frac{f(x+h)-f(x)}{h}&=\lim_{h\to 0}\frac{\sqrt{x+h+1}-\sqrt{x+1}}{h}\\&=\lim_{h\to 0}\frac{(\sqrt{x+h+1}-\sqrt{x+1})(\sqrt{x+h+1}+\sqrt{x+1})}{h(\sqrt{x+h+1}+\sqrt{x+1})}\\&=\lim_{h\to 0}\frac{x+h+1-x-1}{h(\sqrt{x+h+1}+\sqrt{x+1})}\\&=\lim_{h\to 0}\frac{1}{\sqrt{x+h+1}+\sqrt{x+1}}\\&=\frac{1}{2\sqrt{x+1}}\quad (x>-1).\end{aligned}$$

習題 2-1

求 1～13 題中的極限.

1. $\lim\limits_{x \to -3}(x^3+2x^2+6)$

2. $\lim\limits_{x \to -1}\dfrac{x-2}{x^2+4x-3}$

3. $\lim\limits_{x \to -2}\dfrac{x^3-x^2-x+10}{x+2}$

4. $\lim\limits_{x \to -2}\dfrac{x^3-x^2-x+10}{x^2+3x+2}$

5. $\lim\limits_{x \to 1}\dfrac{x^4-1}{x-1}$

6. $\lim\limits_{x \to 2}\dfrac{\sqrt{x}-\sqrt{2}}{x-2}$ （提示：分子與分母同乘 $\sqrt{x}+\sqrt{2}$）

7. $\lim\limits_{x \to 0}\dfrac{(2+x)^3-8}{x}$ （提示：$a^3-b^3=(a-b)(a^2+ab+b^2)$）

8. $\lim\limits_{x \to 0}\dfrac{\sqrt{1+x}-1}{x}$

9. $\lim\limits_{h \to 0}\dfrac{\dfrac{1}{x+h}-\dfrac{1}{x}}{h}$

10. $\lim\limits_{h \to 0}\dfrac{\dfrac{1}{x^2+h}-\dfrac{1}{x^2}}{h}$

11. $\lim\limits_{x \to 0}\dfrac{x}{\sqrt{1+3x}-1}$

12. $\lim\limits_{x \to 1}\dfrac{4-\sqrt{x+15}}{x^2-1}$ （提示：分子與分母同乘 $(4+\sqrt{x+15})$）

13. $\lim\limits_{x \to 0}\dfrac{\dfrac{1}{x^2+2x+1}-\dfrac{1}{x+1}}{x}$

14. 設 $f(x)=\begin{cases}\dfrac{x-9}{\sqrt{x}-3}, & \text{若 } x \neq 9 \\ 5, & \text{若 } x=9\end{cases}$，求 $f(9)$ 與 $\lim\limits_{x \to 9}f(x)$.

15. 求 $\lim\limits_{x\to 0}\dfrac{\sqrt{x+4}-2}{x}$ (提示：分子與分母同乘 $(\sqrt{x+4}+2)$)

對下列各函數 $f(x)$，求 $\lim\limits_{h\to 0}\dfrac{f(x+h)-f(x)}{h}$.

16. $f(x)=2x^2+x$

17. $f(x)=ax+b$，a、b 為常數.

18. $f(x)=\sqrt{x^2+1}$

2-2　有關極限的一些定理

本節的目的在介紹一些定理，用來求出函數的極限。

定理 2-1　唯一性

若 $\lim\limits_{x\to a}f(x)=L_1$，$\lim\limits_{x\to a}f(x)=L_2$，$L_1$ 與 L_2 皆為實數，則 $L_1=L_2$.

定理 2-2

設 m 與 c 皆為常數，$\lim\limits_{x\to a}f(x)=L$，且 $\lim\limits_{x\to a}g(x)=M$，則

(1) $\lim\limits_{x\to a}c=c$

(2) $\lim\limits_{x\to a}(mx+c)=ma+c$

(3) $\lim\limits_{x\to a}[f(x)+g(x)]=L+M$

(4) $\lim\limits_{x\to a}[f(x)-g(x)]=L-M$

(5) $\lim\limits_{x\to a}[f(x)g(x)]=LM$

(6) $\lim\limits_{x\to a}\dfrac{f(x)}{g(x)}=\dfrac{L}{M}$，$M\neq 0$

定理 2-2 可以推廣為：若 $\lim\limits_{x \to a} f_i(x)$ 存在，$i=1, 2, \cdots, n$，則

1. $\lim\limits_{x \to a} [c_1 f_1(x) + c_2 f_2(x) + \cdots + c_n f_n(x)] = c_1 \lim\limits_{x \to a} f_1(x) + c_2 \lim\limits_{x \to a} f_2(x) + \cdots + c_n \lim\limits_{x \to a} f_n(x)$

其中 $c_1, c_2, \cdots, c_n$ 皆為任意常數.

2. $\lim\limits_{x \to a} [f_1(x) \cdot f_2(x) \cdot \cdots \cdot f_n(x)] = [\lim\limits_{x \to a} f_1(x)][\lim\limits_{x \to a} f_2(x)] \cdots [\lim\limits_{x \to a} f_n(x)]$.

定理 2-3

設 $P(x)$ 為 n 次多項式函數，則對任意實數 a，
$$\lim_{x \to a} P(x) = P(a).$$

證明 設 $P(x) = c_0 + c_1 x + c_2 x^2 + \cdots + c_n x^n$，$c_n \neq 0$，依定理 2-2 的推廣，可得

$$\lim_{x \to a} x^n = (\lim_{x \to a} x)^n = a^n$$

故
$$\lim_{x \to a} P(x) = \lim_{x \to a} (c_0 + c_1 x + c_2 x^2 + \cdots + c_n x^n)$$
$$= c_0 + c_1 \lim_{x \to a} x + c_2 \lim_{x \to a} x^2 + \cdots + c_n \lim_{x \to a} x^n$$
$$= c_0 + c_1 a + c_2 a^2 + \cdots + c_n a^n$$
$$= P(a).$$

例題 1 求 $\lim\limits_{x \to 2} (2x^4 + 3x^3 - x^2 + 2x + 5)$.

解 因 $P(x) = 2x^4 + 3x^3 - x^2 + 2x + 5$ 為一多項式函數，故
$$\lim_{x \to 2} P(x) = P(2) = 2(2)^4 + 3(2)^3 - (2)^2 + 2(2) + 5$$
$$= 61.$$

定理 2-4

設 $R(x)$ 為有理函數，且 a 在 $R(x)$ 的定義域內，則
$$\lim_{x \to a} R(x) = R(a).$$

例題 2 求 $\lim\limits_{x \to 1} \dfrac{x^2-3x+2}{x-1}$.

解 因分子與分母之極限均為零，故消去 $x-1$ 之因式.

$$\lim_{x \to 1} \frac{x^2-3x+2}{x-1} = \lim_{x \to 1} \frac{(x-1)(x-2)}{x-1} = \lim_{x \to 1} (x-2) = -1.$$

例題 3 求 $\lim\limits_{x \to -2} \dfrac{x^3+1}{x^2+2x-2}$.

解 因有理函數之分母於 $x=-2$ 不為零，故利用定理 2-4，知

$$\lim_{x \to -2} \frac{x^3+1}{x^2+2x-2} = \frac{(-2)^3+1}{(-2)^2+2(-2)-2} = \frac{7}{2}. \qquad \text{直接代入}$$

例題 4 求 $\lim\limits_{x \to 4} \dfrac{x^2-16}{x^2-6x+8}$.

解 $\lim\limits_{x \to 4} \dfrac{x^2-16}{x^2-6x+8}$ $\leftarrow \lim\limits_{x \to 4}(x^2-16)=0$
$\leftarrow \lim\limits_{x \to 4}(x^2-6x+8)=0$

因有理函數之分子與分母在 $x=4$ 皆為零，故不可直接代入.

由於，分子與分母當 $x \to 4$ 時之極限均為零，故有 $(x-4)$ 之公因式. 因此對所有 $x \neq 4$，我們可以消去此一公因式，故

$$\lim_{x\to 4}\frac{x^2-16}{x^2-6x+8}=\lim_{x\to 4}\frac{(x-4)(x+4)}{(x-4)(x-2)} \quad\text{因式分解}$$

$$=\lim_{x\to 4}\frac{\cancel{(x-4)}(x+4)}{\cancel{(x-4)}(x-2)} \quad\text{消去公因式 }(x-4)$$

$$=\lim_{x\to 4}\frac{x+4}{x-2}=\frac{8}{2}=4.$$

定理 2-5　合成函數之極限

若兩函數 f 與 g 的合成函數 $f(g(x))$ 存在，且

(1) $\displaystyle\lim_{x\to a}g(x)=b$　　　(2) $\displaystyle\lim_{y\to b}f(y)=f(b)$

則　　　　　　　$\displaystyle\lim_{x\to a}f(g(x))=f(\lim_{x\to a}g(x))=f(b).$

例題 5　設 $g(x)=2x-1$, $f(x)=\dfrac{1}{x-1}$，求 $\displaystyle\lim_{x\to 3}f(g(x))$.

解　因 $\displaystyle\lim_{x\to 3}g(x)=\lim_{x\to 3}(2x-1)=5$

故 $\displaystyle\lim_{x\to 3}f(g(x))=f(\lim_{x\to 3}g(x))=f(5)=\frac{1}{5-1}=\frac{1}{4}.$

【另解】如果，由 $g(x)$、$f(x)$ 先求 $f(g(x))$，再求 $\displaystyle\lim_{x\to 3}f(g(x))$ 的值，則得

$$f(g(x))=\frac{1}{g(x)-1}=\frac{1}{(2x-1)-1}=\frac{1}{2x-2}$$

$$\lim_{x\to 3}f(g(x))=\lim_{x\to 3}\frac{1}{2x-2}=\frac{1}{6-2}=\frac{1}{4}.$$

定理 2-6

(1) 若 n 為正奇數，則 $\lim_{x \to a} \sqrt[n]{x} = \sqrt[n]{a}$．

(2) 若 n 為正偶數，且 $a > 0$，則 $\lim_{x \to a} \sqrt[n]{x} = \sqrt[n]{a}$．

若 m 與 n 皆為正整數，且 $a > 0$，則可得

$$\lim_{x \to a} (\sqrt[n]{x})^m = (\lim_{x \to a} \sqrt[n]{x})^m = (\sqrt[n]{a})^m$$

利用分數指數，上式可表示成

$$\lim_{x \to a} x^{m/n} = a^{m/n}$$

定理 2-6 的結果可推廣到負指數．

例題 6 求 $\lim_{x \to 2} \left(\sqrt{x} + \dfrac{1}{\sqrt{x}}\right)^2$．

解
$$\lim_{x \to 2} \left(\sqrt{x} + \dfrac{1}{\sqrt{x}}\right)^2 = \left(\lim_{x \to 2}\left(\sqrt{x} + \dfrac{1}{\sqrt{x}}\right)\right)^2 = \left(\sqrt{2} + \dfrac{1}{\sqrt{2}}\right)^2$$
$$= \left(\dfrac{3}{\sqrt{2}}\right)^2 = \dfrac{9}{2}.$$

例題 7 求 $\lim_{x \to 16} \dfrac{2\sqrt{x} - x^{3/2}}{\sqrt{x} + 6}$．

解
$$\lim_{x \to 16} \dfrac{2\sqrt{x} - x^{3/2}}{\sqrt{x} + 6} = \dfrac{\lim_{x \to 16}(2\sqrt{x} - x^{3/2})}{\lim_{x \to 16}(\sqrt{x} + 6)} \qquad \text{定理 2-2(6)}$$

$$= \dfrac{\lim_{x \to 16} 2\sqrt{x} - \lim_{x \to 16} x^{3/2}}{\lim_{x \to 16} \sqrt{x} + \lim_{x \to 16} 6}$$

$$= \frac{2\sqrt{16}-(16)^{3/2}}{\sqrt{16}+6} = \frac{8-64}{4+6} = -\frac{56}{10}$$

$$= -\frac{28}{5}.$$

定理 2-7

(1) 若 n 為正奇數，則 $\lim_{x \to a} \sqrt[n]{f(x)} = \sqrt[n]{\lim_{x \to a} f(x)}$.

(2) 若 n 為正偶數，且 $\lim_{x \to a} f(x) > 0$，則 $\lim_{x \to a} \sqrt[n]{f(x)} = \sqrt[n]{\lim_{x \to a} f(x)}$.

例題 8 求 $\lim_{x \to 2} \sqrt[3]{\dfrac{x^3-4x-1}{x+6}}$.

解 $\lim_{x \to 2} \sqrt[3]{\dfrac{x^3-4x-1}{x+6}} = \sqrt[3]{\lim_{x \to 2} \dfrac{x^3-4x-1}{x+6}} = \sqrt[3]{\dfrac{8-8-1}{2+6}}$

$$= -\frac{1}{2}.$$

定理 2-8 夾擠定理

設在一包含 a 的開區間中的所有 x（可能在 a 除外），恆有 $f(x) \leq h(x) \leq g(x)$，如圖 2-5 所示.

若 $\qquad \lim_{x \to a} f(x) = \lim_{x \to a} g(x) = L$

則 $\qquad \lim_{x \to a} h(x) = L.$

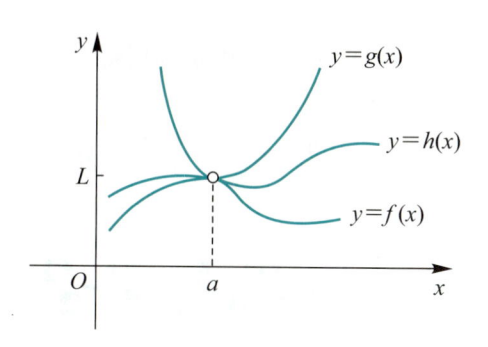

圖 2-5

例題 9 對任意實數 x，若 $x^2 - \dfrac{x^4}{3} \leq f(x) \leq x^2$，試求 $\lim\limits_{x \to 0} \dfrac{f(x)}{x^2}$。

解 因 $x^2 - \dfrac{x^4}{3} \leq f(x) \leq x^2$，可得

$$1 - \dfrac{x^2}{3} \leq \dfrac{f(x)}{x^2} \leq 1$$

而

$$\lim_{x \to 0} \left(1 - \dfrac{x^2}{3}\right) = 1 = \lim_{x \to 0} 1$$

故由夾擠定理可得 $\lim\limits_{x \to 0} \dfrac{f(x)}{x^2} = 1$。

例題 10 試利用夾擠定理求 $\lim\limits_{x \to 0} x^2 \left[\left[\dfrac{1}{x}\right]\right]$ 之值。

解 若 $x \neq 0$，則 $\dfrac{1}{x} - 1 < \left[\left[\dfrac{1}{x}\right]\right] \leq \dfrac{1}{x}$，當 $x \to 0$ 時，$x^2 > 0$，故

$$x^2 \left(\dfrac{1}{x} - 1\right) < x^2 \left[\left[\dfrac{1}{x}\right]\right] \leq x^2 \cdot \dfrac{1}{x}$$

即

$$x - x^2 < x^2 \left[\left[\dfrac{1}{x}\right]\right] \leq x$$

因 $\lim\limits_{x \to 0}(x-x^2)=0$，$\lim\limits_{x \to 0}x=0$，故依夾擠定理可得

$$\lim_{x \to 0} x^2 \left[\left[\frac{1}{x}\right]\right]=0.$$

習題 2-2

求 1～14 題中的極限.

1. $\lim\limits_{x \to 2}(x^2+1)(x^2+4x)$

2. $\lim\limits_{x \to -2}(x^2+x+1)^5$

3. $\lim\limits_{x \to 1}\dfrac{x+2}{x^2+4x+3}$

4. $\lim\limits_{x \to 64}(\sqrt[3]{x}+3\sqrt{x})$

5. $\lim\limits_{x \to -2}\sqrt[3]{\dfrac{4x+3x^3}{3x+10}}$

6. $\lim\limits_{x \to 3}\dfrac{3(8x^2-1)}{2x^2(x-1)^4}$

7. $\lim\limits_{x \to 2}\dfrac{x^4-16}{x^2-x-2}$

8. $\lim\limits_{y \to 4}\dfrac{y^2-16}{\sqrt{y}-2}$

9. $\lim\limits_{x \to 9}\dfrac{\sqrt{x}-3}{x-9}$

10. $\lim\limits_{r \to -3}\dfrac{r^2+2r-3}{r^2+7r+12}$

11. $\lim\limits_{x \to -2}\left(\dfrac{x^2}{x+2}+\dfrac{2x}{x+2}\right)$

12. $\lim\limits_{x \to 1}\dfrac{\sqrt{x+3}-2}{x-1}$

13. $\lim\limits_{x \to -2}\dfrac{\sqrt{4-x}-\sqrt{6}}{x+2}$

14. $\lim\limits_{h \to 0}\dfrac{1}{h}\left(\dfrac{1}{\sqrt{1+h}}-1\right)$

15. 利用夾擠定理證明 $\lim\limits_{x \to 0}\dfrac{|x|}{1+x^2}=0.$

16. 利用夾擠定理證明 $\lim\limits_{x \to a^+}x^5\left[\left[\dfrac{1}{x^3}\right]\right].$

2-3 單邊極限

當我們在定義 $\lim_{x \to a} f(x)$ 時，我們很謹慎地將 x 限制在包含 a 之開區間內 (a 可能除外)，但是函數 f 在點 a 的極限存在與否，與函數 f 在點 a 兩旁之定義有關，而與函數 f 在點 a 之值無關.

如果我們找不到一個定數 L 為 $f(x)$ 所趨近者，那麼我們就稱 f 在點 a 的極限不存在，或者說當 x 趨近 a 時，$f(x)$ 沒有極限.

例題 1 已知 $f(x) = \dfrac{|x|}{x}$，求 $\lim_{x \to 0} f(x)$.

解 因 (i) 若 $x > 0$，則 $|x| = x$.
　　 (ii) 若 $x < 0$，則 $|x| = -x$.

故
$$f(x) = \frac{|x|}{x} = \begin{cases} 1, & \text{若 } x > 0 \\ -1, & \text{若 } x < 0 \end{cases}$$

f 的圖形如圖 2-6 所示. 因此，當 x 分別自 0 的右邊及 0 的左邊趨近於 0 時，$f(x)$ 不能趨近某一定數，所以 $\lim_{x \to 0} f(x)$ 不存在.

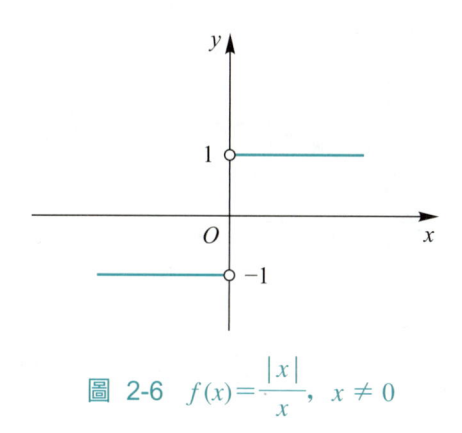

圖 2-6　$f(x) = \dfrac{|x|}{x}$, $x \neq 0$

由上面的例題，我們引進了單邊極限的觀念．

定義 2-2

(1) 當 x 自 a 的右邊充分趨近於 a 時，$f(x)$ 充分趨近唯一實數 M，我們稱 M 為 $f(x)$ 之**右極限**，記為

$$\lim_{x \to a^+} f(x) = M$$

(2) 當 x 自 a 的左邊充分趨近於 a 時，$f(x)$ 充分趨近唯一實數 L．我們稱 L 為 $f(x)$ 之**左極限**，記為

$$\lim_{x \to a^-} f(x) = L$$

右極限與左極限皆稱為**單邊極限**．

如圖 2-7 所示．在定義 2-2 中，符號 $x \to a^+$ 用來表示 x 的值恆比 a 大，而符號 $x \to a^-$ 用來表示 x 的值恆比 a 小．

依極限的定義可知，若 $\lim_{x \to a} f(x)$ 存在，則右極限與左極限皆存在，且

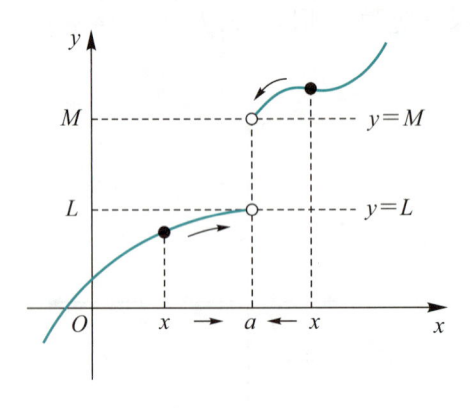

圖 2-7　$\lim_{x \to a} f(x)$ 不存在，但 $\lim_{x \to a^-} f(x) = L$，$\lim_{x \to a^+} f(x) = M$

$$\lim_{x \to a^+} f(x) = \lim_{x \to a^-} f(x) = \lim_{x \to a} f(x)$$

反之，若右極限與左極限皆存在，並不能保證極限存在.

下面定理談到單邊極限與極限之間的關係.

定理 2-9

$\lim_{x \to a} f(x) = L$，若且唯若 $\lim_{x \to a^+} f(x) = \lim_{x \to a^-} f(x) = L$.

例題 2 求 $\lim_{x \to 1} \dfrac{|x-1|}{x-1}$.

解 (i) 當 $x \to 1^+$ 時，$|x-1| = x-1$，故

$$\lim_{x \to 1^+} \frac{|x-1|}{x-1} = \lim_{x \to 1^+} \frac{x-1}{x-1} = \lim_{x \to 1^+} 1 = 1 \qquad \text{絕對值的定義}$$

(ii) 當 $x \to 1^-$ 時，$|x-1| = 1-x$，故

$$\lim_{x \to 1^-} \frac{|x-1|}{x-1} = \lim_{x \to 1^-} \frac{1-x}{x-1} = \lim_{x \to 1^-} (-1) = -1 \qquad \text{絕對值的定義}$$

故 $\lim_{x \to 1} \dfrac{|x-1|}{x-1}$ 不存在.

例題 3 求 $\lim_{x \to 3^-} \dfrac{\sqrt{(x-3)^2}}{x-3}$.

解 因 $\sqrt{(x-3)^2} = |x-3|$

故 $\lim_{x \to 3^-} \dfrac{\sqrt{(x-3)^2}}{x-3} = \lim_{x \to 3^-} \dfrac{|x-3|}{x-3} = \lim_{x \to 3^-} \dfrac{3-x}{x-3} = \lim_{x \to 3^-} (-1) = -1.$

例題 4 求 $\lim\limits_{x \to 3^+} \dfrac{\sqrt{(x-3)^2}}{x-3}$.

解 $\lim\limits_{x \to 3^+} \dfrac{\sqrt{(x-3)^2}}{x-3} = \lim\limits_{x \to 3^+} \dfrac{|x-3|}{x-3} = \lim\limits_{x \to 3^+} \dfrac{x-3}{x-3} = \lim\limits_{x \to 3^+} 1 = 1.$

例題 5 設 $f(x) = \begin{cases} 3x, & \text{若 } x \leq -2 \\ mx^2, & \text{若 } x > -2 \end{cases}$，若 $\lim\limits_{x \to -2} f(x)$ 存在，試求 $m = ?$

解
$$\lim\limits_{x \to -2^-} 3x = -6$$
$$\lim\limits_{x \to -2^+} mx^2 = 4m$$

若 $\lim\limits_{x \to -2} f(x)$ 存在，則 $-6 = 4m$，

故 $m = -\dfrac{3}{2}.$

例題 6 令 $f(x) = \begin{cases} x^2 - 2x + 2, & \text{若 } x < 1. \\ 3 - x, & \text{若 } x \geq 1. \end{cases}$

(1) 求 $\lim\limits_{x \to 1^+} f(x)$ 與 $\lim\limits_{x \to 1^-} f(x)$.

(2) $\lim\limits_{x \to 1} f(x)$ 為何？

(3) 繪 f 的圖形.

解 (1) $\lim\limits_{x \to 1^+} f(x) = \lim\limits_{x \to 1^+} (3-x) = 3 - 1 = 2$

$\lim\limits_{x \to 1^-} f(x) = \lim\limits_{x \to 1^-} (x^2 - 2x + 2) = 1 - 2 + 2 = 1.$

(2) 因 $\lim\limits_{x \to 1^+} f(x) \neq \lim\limits_{x \to 1^-} f(x)$，故 $\lim\limits_{x \to 1} f(x)$ 不存在.

(3) f 的圖形如圖 2-8 所示.

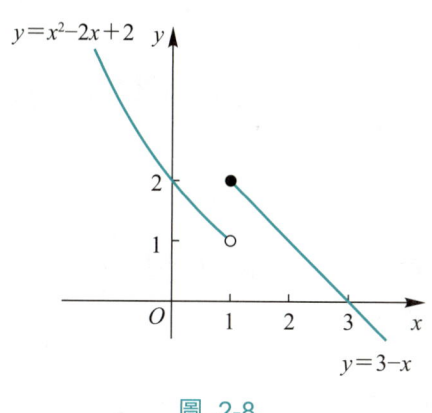

圖 2-8

習題 2-3

求 1～14 題中的極限.

1. $\lim_{x \to 2^+} \dfrac{x-2}{x^2-4}$

2. $\lim_{x \to 2^-} \dfrac{x^2-5x+6}{x^2-3x+2}$

3. $\lim_{x \to 0^+} \dfrac{x}{\sqrt{x+1}-1}$

4. $\lim_{x \to 3^+} \dfrac{x^2-9}{|x-3|}$

5. $\lim_{x \to 3^-} \dfrac{x^2-9}{|x-3|}$

6. $\lim_{x \to 9^-} \dfrac{\sqrt{x}-3}{x-9}$

7. $\lim_{x \to 3^+} \dfrac{x-3}{\sqrt{x^2-9}}$

8. $\lim_{x \to -10^+} \dfrac{x+10}{\sqrt{(x+10)^2}}$

9. $\lim_{x \to -4^+} \dfrac{2x^2+5x-12}{x^2+3x-4}$

10. $\lim_{x \to 0} \dfrac{x}{x^2+|x|}$ （提示：$|x| = \begin{cases} x, & \text{若 } x \geq 0 \\ -x, & \text{若 } x < 0 \end{cases}$，利用單邊極限.）

11. $\lim_{x \to 3^-} \dfrac{|x-3|}{x-3}$

12. $\lim_{x \to 0} \dfrac{|x^3-x|}{x^2+2x}$ （提示：$|x^3-x| = |x(x^2-1)| = |x||x^2-1|$）

13. $\lim_{x \to 0^-} \dfrac{[[x+1]]+|x|}{x}$

14. $\lim_{x \to 0^-} x\sqrt{1+\dfrac{4}{x^2}}$

15. 設 $f(x)=\begin{cases} 3-x & \text{,若 } x<2 \\ \dfrac{x}{2}+1 & \text{,若 } x>2 \end{cases}$，試繪 f 的圖形，並求 $\lim\limits_{x\to 2} f(x)$.

16. 設 $f(x)=\begin{cases} x^2-2x & \text{,若 } x<2 \\ 1 & \text{,若 } x=2 \\ x^2-6x+8 & \text{,若 } x>2 \end{cases}$，試繪 f 的圖形，並求 $\lim\limits_{x\to 2} f(x)$.

17. 若 $f(x)=\begin{cases} 3x+5, & \text{若 } x\le 2 \\ 13-x, & \text{若 } x>2 \end{cases}$，試計算下列的極限.

    (1) $\lim\limits_{x\to 2^-} \dfrac{f(x)-f(2)}{x-2}$　　(2) $\lim\limits_{x\to 2^+} \dfrac{f(x)-f(2)}{x-2}$

18. 若 $f(x)=\begin{cases} \dfrac{1}{3}x+2, & \text{若 } x\le 2 \\ x^2, & \text{若 } x>2 \end{cases}$

    (1) 試求 $\lim\limits_{x\to 2} f(x)$.

    (2) 試計算 ① $\lim\limits_{x\to 2^-} \dfrac{f(x)-f(2)}{x-2}$　② $\lim\limits_{x\to 2^+} \dfrac{f(x)-f(2)}{x-2}$

19. 試求 $\lim\limits_{x\to 0^+} x^2 \left[\!\left[\dfrac{1}{x^2}\right]\!\right]$.

2-4 連續性

在介紹極限 $\lim\limits_{x\to a} f(x)$ 定義的時候，我們強調 $x\ne a$ 的限制，而並不考慮 a 是否在 f 的定義域內；縱使 f 在 a 沒有定義，$\lim\limits_{x\to a} f(x)$ 仍可能存在. 若 f 在 a 有定義，且 $\lim\limits_{x\to a} f(x)$ 存在，則此極限可能等於，也可能不等於 $f(a)$.

現在，我們用極限的方法來定義函數的連續．

定義 2-3

若下列條件：

(1) $f(a)$ 有定義　　(2) $\lim\limits_{x \to a} f(x)$ 存在　　(3) $\lim\limits_{x \to a} f(x) = f(a)$

皆滿足，則稱函數 f 在 a 為連續．

若在此定義中有任何條件不成立，則稱 f 在 a 為不連續，a 稱為 f 的不連續點，如圖 2-9 所示．

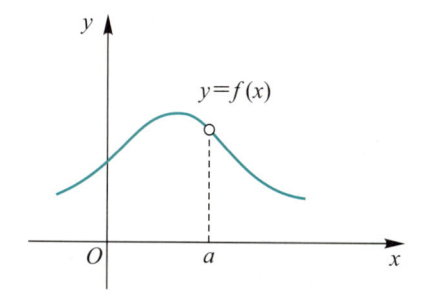

(i) $f(x)$ 在 $x = a$ 為不連續，因為 $f(a)$ 無定義．

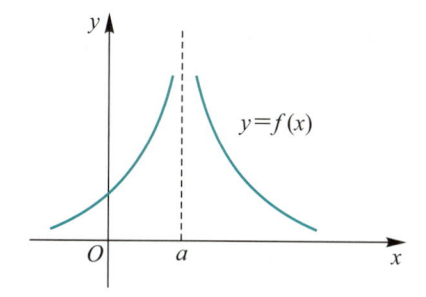

(ii) $f(x)$ 在 $x = a$ 為無窮不連續，因為 $f(a)$ 無定義．

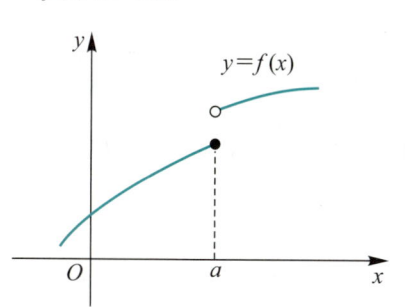

(iii) $f(x)$ 在 $x = a$ 為跳躍不連續，因為 $\lim\limits_{x \to a} f(x)$ 不存在．
($\lim\limits_{x \to a^-} f(x) \neq \lim\limits_{x \to a^+} f(x)$)

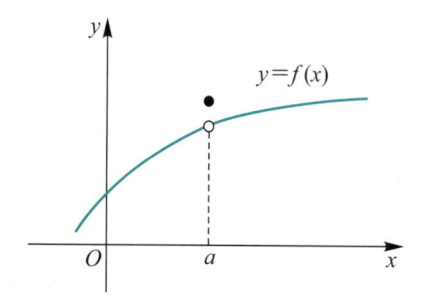

(iv) $f(x)$ 在 $x = a$ 為不連續，因為 $\lim\limits_{x \to a} f(x) \neq f(a)$．

圖 2-9

如果函數 f 在開區間 (a, b) 中的所有點皆連續，則稱 **f 在 (a, b) 為連續**，在 $(-\infty, \infty)$ 為連續的函數稱為**處處連續**或簡稱為**連續**。

例題 1 設 $f(x) = \dfrac{1}{x-5}$，因 $f(x)$ 在 $x=5$ 不可定義，故 f 在 $x=5$ 為不連續.

例題 2 設 $f(x) = \dfrac{x^2-9}{x-3}$，$g(x) = \begin{cases} \dfrac{x^2-9}{x-3}, & x \neq 3 \\ 6, & x = 3 \end{cases}$

因 $f(3)$ 無定義，故 f 在 $x=3$ 為不連續 (圖 2-10(i)).

又，$\displaystyle\lim_{x \to 3} g(x) = \lim_{x \to 3} \dfrac{x^2-9}{x-3} = \lim_{x \to 3} (x+3) = 6 = g(3)$

故 g 在 $x=3$ 為連續 (圖 2-10(ii)).

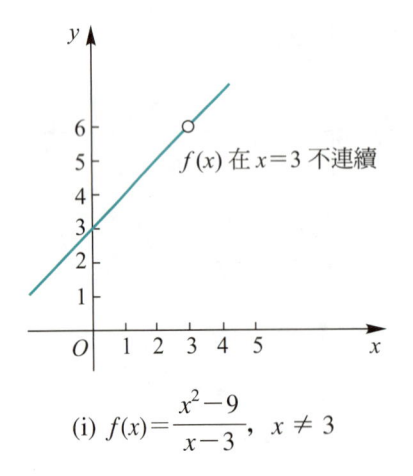

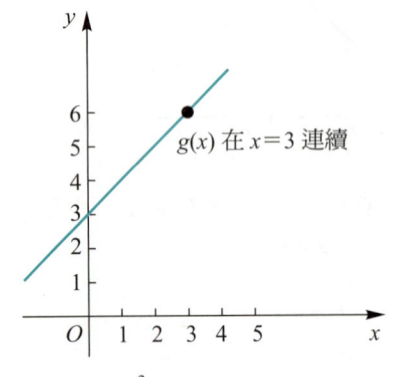

(i) $f(x) = \dfrac{x^2-9}{x-3}$，$x \neq 3$

(ii) $g(x) = \dfrac{x^2-9}{x-3}$，$x \neq 3$；$g(3) = 6$

圖 2-10

例題 3 若函數定義為 $f(x) = \begin{cases} 4x^2-2, & \text{若 } x \geq 0 \\ 2x+2, & \text{若 } x < 0 \end{cases}$，試問函數 $f(x)$ 在 $x=0$ 處是否連續？

解 $\lim\limits_{x\to 0^+} f(x) = \lim\limits_{x\to 0^+}(4x^2-2) = -2$；$\lim\limits_{x\to 0^-} f(x) = \lim\limits_{x\to 0^-}(2x+2) = 2$

由於 f 在 $x=0$ 的左極限與右極限不相等，故 $\lim\limits_{x\to 0} f(x)$ 不存在，由連續的定義知 f 在 $x=0$ 不連續，此種不連續稱之為跳躍不連續．如圖 2-11 所示．

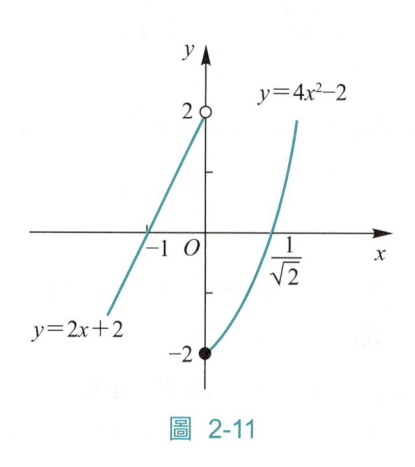

圖 2-11

例題 4 設函數 h 定義為 $h(x) = \dfrac{9x^2-4}{3x+2}$，$x \neq -\dfrac{2}{3}$．若要使 h 在 $x = -\dfrac{2}{3}$ 為連續，則 $h\left(-\dfrac{2}{3}\right)$ 應為何值？

解 因 $\lim\limits_{x\to -2/3} h(x) = \lim\limits_{x\to -2/3} \dfrac{9x^2-4}{3x+2} = \lim\limits_{x\to -2/3}(3x-2) = -4$

故 $h\left(-\dfrac{2}{3}\right) = -4$．

例題 5 設 $f(x) = |x|$，試證：f 在所有實數 a 均為連續．

解 $\lim\limits_{x\to a} f(x) = \lim\limits_{x\to a} |x| = \lim\limits_{x\to a} \sqrt{x^2} = \sqrt{\lim\limits_{x\to a} x^2} = \sqrt{a^2} = |a| = f(a)$

故 f 在所有實數 a 為連續．

定理 2-2 可用來建立下面的基本結果.

定理 2-10

若兩函數 f 與 g 在 a 皆為連續，則 cf、$f+g$、$f-g$、fg 與 f/g $(g(a)\neq 0)$ 在 a 也為連續.

定理 2-11

(1) 多項式函數為連續函數.

(2) 有理函數在除了使分母為零的點以外皆為連續.

例題 6 函數 $f(x)=\dfrac{x^2-9}{x^2-x-6}$ 在何處連續？

解 因 $x^2-x-6=0$ 的解為 $x=-2$ 與 $x=3$，故 f 在這些點以外皆為連續.

習題 2-4

1～7 題中的函數在何處不連續？試說明其理由.

1. $f(x)=\dfrac{x^2-1}{x+1}$

2. $f(x)=\dfrac{3x^2-5x-2}{x-2}$

3. $f(x)=\dfrac{x-3}{x^2-5x+6}$

4. $f(x)=\dfrac{\sqrt{x-2}}{\sqrt{x^2-5x+6}}$

5. $f(x)=\sqrt{\dfrac{x-2}{x^2-4x+4}}$

6. $f(x)=-\dfrac{1}{(x-1)^2}$

7. $f(x)=\begin{cases} \dfrac{x^2-1}{x+1} &, \text{若 } x \neq -1 \\ 6 &, \text{若 } x=-1 \end{cases}$

8. 設 $f(x)=\begin{cases} \dfrac{x-2}{\sqrt{x+2}-2} &, x \neq 2 \\ k &, x=2 \end{cases}$ ，若 $f(x)$ 在 $x=2$ 時連續，試求 k 值.

(提示：求極限時，分子與分母同乘以 $(\sqrt{x+2}+2)$)

9. 設 $f(x)=\begin{cases} \dfrac{4-\sqrt{x+15}}{x^2-1} &, \text{若 } x \neq 1 \\ -\dfrac{1}{16} &, \text{若 } x=1 \end{cases}$ ，試問 $f(x)$ 在 $x=1$ 是否連續？

10. 設 $g(x)=\begin{cases} x &, \text{若 } x<0 \\ a+x^2 &, \text{若 } 0 \leq x < 1 \\ bx &, \text{若 } x \geq 1 \end{cases}$ 為連續函數，試求 a、b 之值.

在 11～14 題中，證明 f 在所予實數 a 為連續.

11. $f(x)=\sqrt{2x-5}+3x$; $a=4$

12. $f(x)=\dfrac{\sqrt[3]{x}}{2x+1}$; $a=8$

13. $f(x)=\begin{cases} 4-3x^2 &, x<0 \\ 4 &, x=0 \\ \sqrt{16-x^2} &, 0<x<4 \end{cases}$; $a=0$ $\left(\text{提示：} \lim\limits_{x \to 0} f(x) \text{ 存在} \Leftrightarrow \lim\limits_{x \to 0^-} f(x) = \lim\limits_{x \to 0^+} f(x)\right)$

14. $f(x)=\begin{cases} 5-x &, -1 \leq x \leq 2 \\ x^2-1 &, 2 < x \leq 3 \end{cases}$; $a=2$

15. 設 $f(x)=\begin{cases} \dfrac{x-4}{\sqrt{x}-2}, & \text{若 } x \neq 4 \\ k, & \text{若 } x=4 \end{cases}$，若 $f(x)$ 在 $x=4$ 為連續，試求 k 值.

16. 函數 $f(x)=\begin{cases} x^2-2x, & \text{若 } x<2 \\ 1, & \text{若 } x=2 \\ x^2-6x+8, & \text{若 } x>2 \end{cases}$，在 $x=2$ 是否連續？

2-5 無窮極限

在微積分中，除了所涉及的數是實數之外，常採用兩個符號 ∞ 與 $-\infty$，分別讀作 (正) 無限大與負無限大，但它們並不是數.

首先，考慮函數 $f(x)=\dfrac{1}{(x-1)^2}$，如圖 2-12 所示. 若 x 趨近 1 (但 $x \neq 1$)，則分母 $(x-1)^2$ 趨近 0，故 $f(x)$ 會變得非常大. 的確，藉選取充分接近 1 的 x，可使 $f(x)$ 大到所需的程度，$f(x)$ 的這種變化以符號記為

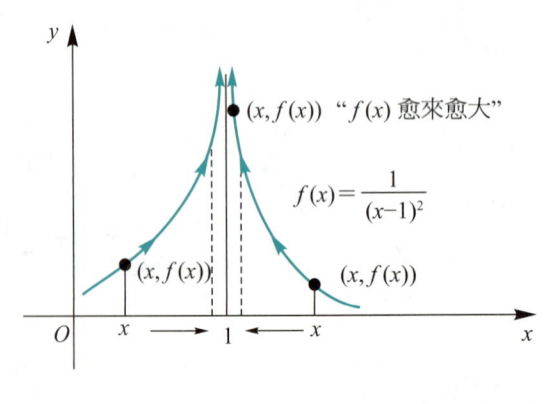

圖 2-12　$\lim\limits_{x \to 1} f(x)=\infty$

$$\lim_{x \to 1} \frac{1}{(x-1)^2} = \infty$$

此種極限稱之為無窮極限.

無窮極限

定義 2-4

設函數 f 定義在包含 a 的某開區間，但可能在 a 除外. 敘述

$$\lim_{x \to a} f(x) = \infty$$

的意義為：當 x 充分趨近 a 時，$f(x)$ 變成無限大 (或無限遞增).

定義 2-5

設函數 f 定義在包含 a 的某開區間，但可能在 a 除外. 敘述

$$\lim_{x \to a} f(x) = -\infty$$

的意義為：當 x 充分趨近 a 時，$f(x)$ 變成負無限大 (或無限遞減)，如圖 2-13 所示.

依照單邊極限的意義，讀者不難瞭解下列單邊極限的意義.

$$\lim_{x \to a^+} f(x) = \infty \qquad \lim_{x \to a^-} f(x) = \infty$$

$$\lim_{x \to a^+} f(x) = -\infty \qquad \lim_{x \to a^-} f(x) = -\infty$$

下面的定理用於求某些極限時相當好用，我們僅敘述而不加以證明.

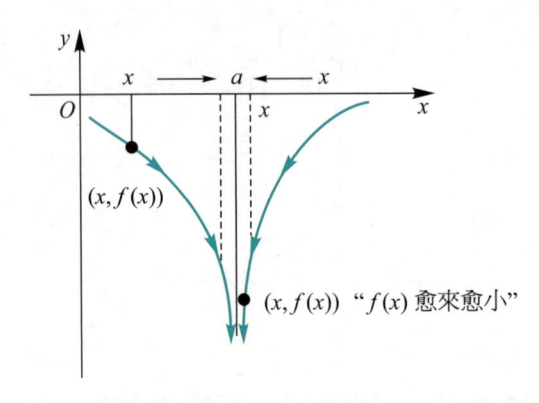

圖 2-13 $\lim\limits_{x \to a} f(x) = -\infty$

定理 2-12

(1) 若 n 為正偶數，則
$$\lim_{x \to a} \frac{1}{(x-a)^n} = \infty$$

(2) 若 n 為正奇數，則
$$\lim_{x \to a^+} \frac{1}{(x-a)^n} = \infty, \quad \lim_{x \to a^-} \frac{1}{(x-a)^n} = -\infty.$$

讀者應特別注意，由於 ∞ 與 $-\infty$ 並非是數，因此，當 $\lim\limits_{x \to a} f(x) = \infty$ 或 $\lim\limits_{x \to a} f(x) = -\infty$ 時，我們稱 $\lim\limits_{x \to a} f(x)$ 不存在．

例題 1 設 $f(x) = \dfrac{1}{(x-1)^3}$，試討論 $\lim\limits_{x \to 1^+} f(x)$ 與 $\lim\limits_{x \to 1^-} f(x)$．

解 依定理 2-12 (2)，
$$\lim_{x \to 1^+} f(x) = \lim_{x \to 1^+} \frac{1}{(x-1)^3} = \infty$$

$$\lim_{x\to 1^-} f(x) = \lim_{x\to 1^-} \frac{1}{(x-1)^3} = -\infty.$$

定理 2-13

若 $\lim_{x\to a} f(x) = \infty$，$\lim_{x\to a} g(x) = M$，則

(1) $\lim_{x\to a} [f(x) \pm g(x)] = \infty$

(2) $\lim_{x\to a} [f(x)g(x)] = \infty$，$\lim_{x\to a} \dfrac{f(x)}{g(x)} = \infty$ (若 $M > 0$)

(3) $\lim_{x\to a} [f(x)g(x)] = -\infty$，$\lim_{x\to a} \dfrac{f(x)}{g(x)} = -\infty$ (若 $M < 0$)

(4) $\lim_{x\to a} \dfrac{g(x)}{f(x)} = 0$

上面定理中的 $x \to a$ 改成 $x \to a^+$ 或 $x \to a^-$ 時，仍可成立．對於 $\lim_{x\to a} f(x) = -\infty$，也可得出類似的定理．

例題 2 求 $\lim_{x\to 1^-} \dfrac{|x^2-1|+1}{x^2-1}$．

解 當 $x \to 1^-$ 時，$|x^2-1|+1 \to 1$ 且 $x^2-1 \to 0^-$，故

$$\lim_{x\to 1^-} \frac{|x^2-1|+1}{x^2-1} = -\infty.$$

例題 3 設 $f(x) = \dfrac{x+3}{x^2-4}$，試求 $\lim_{x\to 2^+} f(x)$ 與 $\lim_{x\to 2^-} f(x)$．

解 首先將 $f(x)$ 寫成

$$f(x)=\frac{x+3}{(x-2)(x+2)}=\frac{1}{x-2}\cdot\frac{x+3}{x+2}$$

因
$$\lim_{x\to 2^+}\frac{1}{x-2}=\infty,\quad \lim_{x\to 2^+}\frac{x+3}{x+2}=\frac{5}{4}$$

故由定理 2-13(2) 可知

$$\lim_{x\to 2^+}f(x)=\lim_{x\to 2^+}\left(\frac{1}{x-2}\cdot\frac{x+3}{x+2}\right)=\infty$$

因
$$\lim_{x\to 2^-}\frac{1}{x-2}=-\infty,\quad \lim_{x\to 2^-}\frac{x+3}{x+2}=\frac{5}{4}$$

故
$$\lim_{x\to 2^-}f(x)=\lim_{x\to 2^-}\left(\frac{1}{x-2}\cdot\frac{x+3}{x+2}\right)=-\infty.$$

定義 2-6　函數圖形之垂直漸近線

當 x 由 a 的右邊或左邊趨近於 a 時，若 $f(x)$ 趨近於無限大 (或負無限大)，亦即，下列中有一者成立，

(1) $\lim_{x\to a^+}f(x)=\infty$　　　(2) $\lim_{x\to a^-}f(x)=\infty$

(3) $\lim_{x\to a^+}f(x)=-\infty$　　(4) $\lim_{x\to a^-}f(x)=-\infty$

則稱直線 $x=a$ 為函數 f 之圖形的垂直漸近線.

例題 4　試求下列函數圖形之垂直漸近線.

$$f(x)=\frac{x+4}{x+2}$$

解　因為
$$\lim_{x\to -2^+}f(x)=\lim_{x\to -2^+}\frac{x+4}{x+2}=\infty$$

$$\lim_{x \to -2^-} f(x) = \lim_{x \to -2^-} \frac{x+4}{x+2} = -\infty$$

故 $x = -2$ 為垂直漸近線. 圖形如圖 2-14 所示.

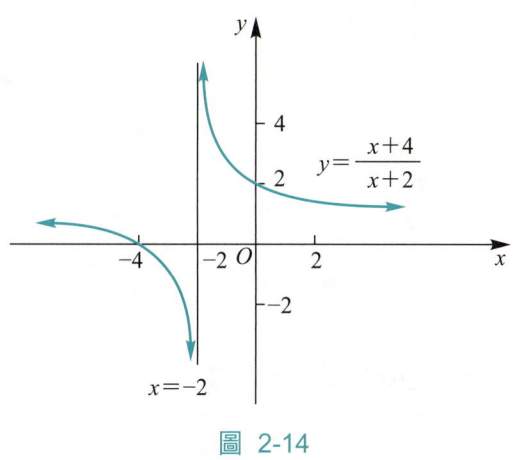

圖 2-14

例題 5 試求下列函數圖形的垂直漸近線.

$$f(x) = \frac{x^2 + 2x - 8}{x^2 - 4}$$

解

$$f(x) = \frac{x^2 + 2x - 8}{x^2 - 4} = \frac{(x-2)(x+4)}{(x-2)(x+2)} \qquad \text{因式分解}$$

$$= \frac{x+4}{x+2}, \quad x \neq 2 \qquad \text{消去公因式 } (x-2)$$

對所有異於 $x = 2$ 之 x 值, f 之圖形與 $g(x) = \dfrac{x+4}{x+2}$ 之圖形一致. 又因

$$\lim_{x \to -2^-} \frac{x^2 + 2x - 8}{x^2 - 4} = -\infty \quad \text{且} \quad \lim_{x \to -2^+} \frac{x^2 + 2x - 8}{x^2 - 4} = \infty$$

故 $x = -2$ 為 $f(x)$ 圖形之垂直漸近線, 但 $x = 2$ 並非垂直漸近線 (為什麼?) 圖形如圖 2-15 所示.

$$f(x) = \frac{x^2 + 2x - 8}{x^2 - 4}$$

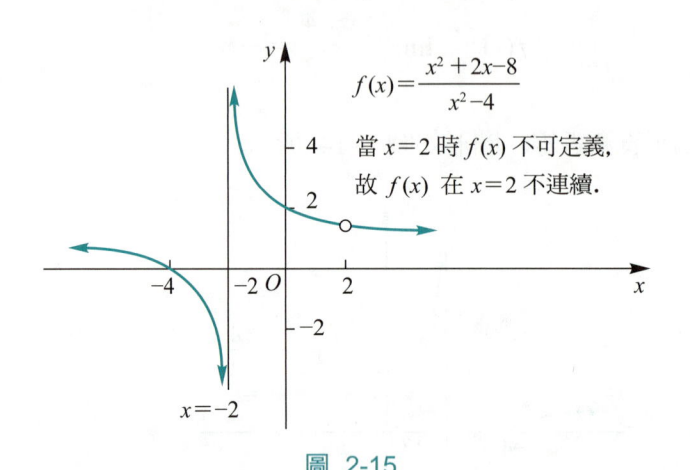

當 $x = 2$ 時 $f(x)$ 不可定義，故 $f(x)$ 在 $x = 2$ 不連續.

圖 2-15

例題 6 試求下列函數圖形之所有垂直漸近線.

$$f(x) = \frac{x^2}{9 - x^2}$$

解 (i) 因 $\lim\limits_{x \to 3^+} f(x) = \lim\limits_{x \to 3^+} \frac{x^2}{9 - x^2} = \lim\limits_{x \to 3^+} \frac{x^2}{3 + x} \cdot \lim\limits_{x \to 3^+} \frac{1}{3 - x}$

$= \frac{9}{6} \cdot (-\infty) = -\infty$

$\lim\limits_{x \to 3^-} f(x) = \lim\limits_{x \to 3^-} \frac{x^2}{9 - x^2} = \lim\limits_{x \to 3^-} \frac{x^2}{3 + x} \cdot \lim\limits_{x \to 3^-} \frac{1}{3 - x}$

$= \frac{9}{6} \cdot (\infty) = \infty$

故 $x = 3$ 為垂直漸近線.

(ii) 因 $\lim\limits_{x \to -3^+} f(x) = \lim\limits_{x \to -3^+} \frac{x^2}{9 - x^2} = \lim\limits_{x \to -3^+} \frac{x^2}{3 - x} \cdot \lim\limits_{x \to -3^+} \frac{1}{3 + x}$

$= \frac{9}{6} \cdot (\infty) = \infty$

$$\lim_{x \to -3^-} f(x) = \lim_{x \to -3^-} \frac{x^2}{9-x^2} = \lim_{x \to -3^-} \frac{x^2}{3-x} \cdot \lim_{x \to -3^-} \frac{1}{3+x}$$

$$= \frac{9}{6} \cdot (-\infty) = -\infty$$

故 $x=-3$ 為垂直漸近線.

在正無限大處或負無限大處之極限

現在，考慮 $f(x)=1+\dfrac{1}{x}$，可知

$$f(100)=1.01$$
$$f(1000)=1.001$$
$$f(10000)=1.0001$$
$$f(100000)=1.00001$$
$$\vdots \quad \vdots$$

換句話說，當 x 為正且夠大時，$f(x)$ 趨近 1，記為

$$\lim_{x \to \infty}\left(1+\frac{1}{x}\right)=1$$

同理，

$$f(-100)=0.99$$
$$f(-1000)=0.999$$
$$f(-10000)=0.9999$$
$$f(-100000)=0.99999$$
$$\vdots \quad \vdots$$

當 x 為負且 $|x|$ 夠大時，$f(x)$ 趨近 1，記為

$$\lim_{x \to -\infty} \left(1 + \frac{1}{x}\right) = 1.$$

定義 2-7

設函數 f 定義在開區間 (a, ∞)，且令 L 為一實數．敘述

$$\lim_{x \to \infty} f(x) = L$$

的意義為：當 x 充分大時 (無限遞增)，$f(x)$ 之值可任意趨近於 L．如圖 2-16 所示．此一極限稱之為 *f(x)* 在 ∞ 處的極限．

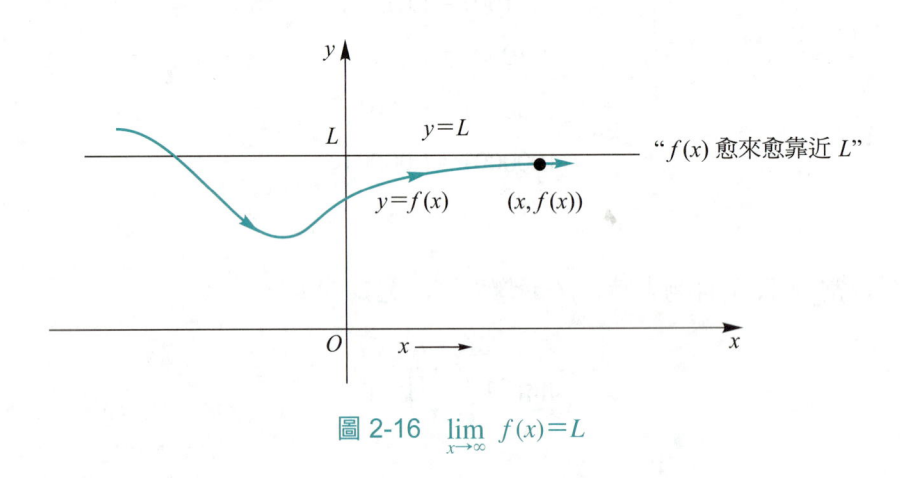

圖 2-16 $\lim\limits_{x \to \infty} f(x) = L$

定義 2-8

設函數 f 定義在開區間 $(-\infty, a)$，且令 L 為一實數．敘述

$$\lim_{x \to -\infty} f(x) = L$$

的意義為：當 x 充分小時 (無限遞減)，$f(x)$ 之值可任意趨近於 L．如圖 2-17 所示．此一極限稱之為 *f(x)* 在 $-\infty$ 處的極限．

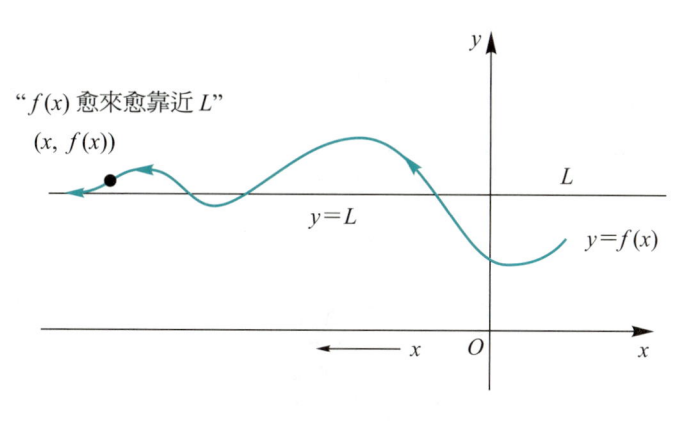

圖 2-17 $\lim_{x \to -\infty} f(x) = L$

定理 2-2 對 $x \to \infty$ 或 $x \to -\infty$ 的情形仍然成立．同理，定理 2-7 對 $x \to \infty$ 或 $x \to -\infty$ 的情形也成立．我們不用證明也可得知一常數函數之極限為其本身，即

$$\lim_{x \to \infty} c = c, \quad \lim_{x \to -\infty} c = c.$$

定理 2-14

若 r 為正有理數，c 為任意實數，則

(1) $\lim_{x \to \infty} \dfrac{c}{x^r} = 0$ 　　　(2) $\lim_{x \to -\infty} \dfrac{c}{x^r} = 0$

此處假設 x^r 有定義．

例題 7 求 $\lim_{x \to \infty} \dfrac{x^2 + x + 1}{3x^2 - 4x + 5}$．

解 $\lim_{x \to \infty} \dfrac{x^2 + x + 1}{3x^2 - 4x + 5}$ 　　$\leftarrow \lim_{x \to \infty} (x^2 + x + 1) = \infty$
$\leftarrow \lim_{x \to \infty} (3x^2 - 4x + 5) = \infty$

$$\lim_{x\to\infty}\frac{x^2+x+1}{3x^2-4x+5}=\lim_{x\to\infty}\frac{1+\dfrac{1}{x}+\dfrac{1}{x^2}}{3-\dfrac{4}{x}+\dfrac{5}{x^2}}\qquad\text{以 }x^2\text{ 同除分子與分母}$$

$$=\frac{\lim\limits_{x\to\infty}\left(1+\dfrac{1}{x}+\dfrac{1}{x^2}\right)}{\lim\limits_{x\to\infty}\left(3-\dfrac{4}{x}+\dfrac{5}{x^2}\right)}\qquad\text{利用定理 2-2 (6)}$$

$$=\frac{\lim\limits_{x\to\infty}1+\lim\limits_{x\to\infty}\dfrac{1}{x}+\lim\limits_{x\to\infty}\dfrac{1}{x^2}}{\lim\limits_{x\to\infty}3-\lim\limits_{x\to\infty}\dfrac{4}{x}+\lim\limits_{x\to\infty}\dfrac{5}{x^2}}\qquad\text{利用定理 2-2 (3)}$$

$$=\frac{1}{3}.\qquad\text{利用定理 2-14}$$

例題 8 求 $\lim\limits_{x\to\infty}\sqrt[3]{\dfrac{8x-5}{27x+1}}$.

解
$$\lim_{x\to\infty}\sqrt[3]{\frac{8x-5}{27x+1}}=\sqrt[3]{\lim_{x\to\infty}\frac{8x-5}{27x+1}}\qquad\text{利用定理 2-7}$$

$$=\sqrt[3]{\lim_{x\to\infty}\frac{8-\dfrac{5}{x}}{27+\dfrac{1}{x}}}\qquad\text{以 }x\text{ 同除分子與分母}$$

$$=\sqrt[3]{\frac{\lim\limits_{x\to\infty}\left(8-\dfrac{5}{x}\right)}{\lim\limits_{x\to\infty}\left(27+\dfrac{1}{x}\right)}}\qquad\text{利用定理 2-2 (6)}$$

$$=\sqrt[3]{\frac{8}{27}}=\frac{2}{3}.$$

例題 9 求 $\lim_{x\to\infty}(\sqrt{x^2+x}-x)$.

解
$$\lim_{x\to\infty}(\sqrt{x^2+x}-x)=\lim_{x\to\infty}\frac{(\sqrt{x^2+x}-x)(\sqrt{x^2+x}+x)}{\sqrt{x^2+x}+x}$$

$$=\lim_{x\to\infty}\frac{(x^2+x)-x^2}{\sqrt{x^2+x}+x}$$

$$=\lim_{x\to\infty}\frac{x}{\sqrt{x^2+x}+x}$$

$$=\lim_{x\to\infty}\frac{1}{\sqrt{1+\frac{1}{x}}+1}$$

以 $x=\sqrt{x^2}$ （因 $x>0$）同除分子與分母

$$=\frac{1}{\lim_{x\to\infty}\left(\sqrt{1+\frac{1}{x}}+1\right)}$$

$$=\frac{1}{\sqrt{\lim_{x\to\infty}\left(1+\frac{1}{x}\right)}+1}$$

$$=\frac{1}{1+1}$$

$$=\frac{1}{2}.$$

定理 2-15

設 $R(x) = \dfrac{f(x)}{g(x)}$，其中

$$f(x) = a_n x^n + a_{n-1} x^{n-1} + a_{n-2} x^{n-2} + \cdots + a_1 x + a_0 \quad (a_n \neq 0)$$
$$g(x) = b_m x^m + b_{m-1} x^{m-1} + b_{m-2} x^{m-2} + \cdots + b_1 x + b_0 \quad (b_m \neq 0)$$

則 $\displaystyle\lim_{x \to \pm\infty} \dfrac{f(x)}{g(x)} = \begin{cases} \pm\infty, & 若\ n > m \\ \dfrac{a_n}{b_m}, & 若\ n = m \\ 0, & 若\ n < m \end{cases}$

例題 10 求 $\displaystyle\lim_{x \to \infty} \dfrac{2x^4 - 3x^2 + 4x + 6}{3x^4 + x^3 - x^2 + 2x + 1}$．

解 $\displaystyle\lim_{x \to \infty} \dfrac{2x^4 - 3x^2 + 4x + 6}{3x^4 + x^3 - x^2 + 2x + 1} = \dfrac{2}{3}$ 　　　　利用定理 2-15

例題 11 求 $\displaystyle\lim_{x \to \infty} \dfrac{3x^3 + x^2 + 2x + 4}{4x^4 + x^3 + x}$．

解 $\displaystyle\lim_{x \to \infty} \dfrac{3x^3 + x^2 + 2x + 4}{4x^4 + x^3 + x} = 0$ 　　　　利用定理 2-15

例題 12 求 $\displaystyle\lim_{x \to \infty} \dfrac{5x^4 + 3x^2 + 6x + 1}{x^2 + 2x + 3}$．

解 $\displaystyle\lim_{x \to \infty} \dfrac{5x^4 + 3x^2 + 6x + 1}{x^2 + 2x + 3} = \lim_{x \to \infty} \dfrac{5 + \dfrac{3}{x^2} + \dfrac{6}{x^3} + \dfrac{1}{x^4}}{\dfrac{1}{x^2} + \dfrac{2}{x^3} + \dfrac{3}{x^4}} = \dfrac{趨近正常數\ 5}{趨近\ 0^+} = \infty$

定義 2-9 函數圖形之水平漸近線

若 (1) $\lim\limits_{x \to \infty} f(x) = L$ (2) $\lim\limits_{x \to -\infty} f(x) = L$

中有一者成立，則稱直線 $y = L$ 為函數 f 之圖形的水平漸近線.

例題 13   求 $f(x) = \dfrac{2x^2}{x^2+1}$ 之圖形的水平漸近線.

解   因 $\lim\limits_{x \to \pm\infty} f(x) = \lim\limits_{x \to \pm\infty} \dfrac{2x^2}{x^2+1} = \lim\limits_{x \to \pm\infty} \dfrac{2}{1+\dfrac{1}{x^2}} = 2$

故直線 $y = 2$ 為 f 圖形的水平漸近線，如圖 2-18 所示.

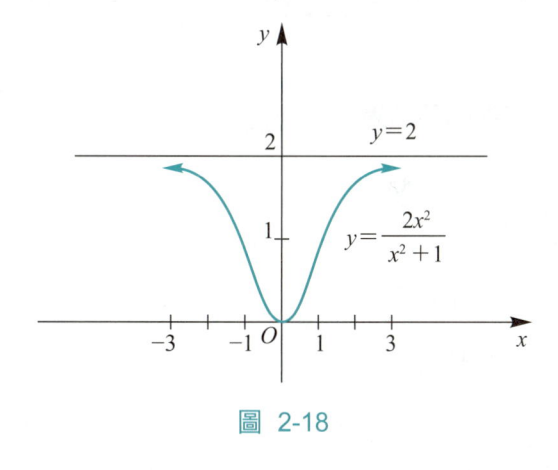

圖 2-18

例題 14   試求下列函數圖形之水平漸近線.

$$y = \dfrac{x^3+1}{x^3+x}$$

解 (i) $\lim\limits_{x\to\infty}\dfrac{x^3+1}{x^3+x}=\lim\limits_{x\to\infty}\dfrac{1+\dfrac{1}{x^3}}{1+\dfrac{1}{x^2}}=\dfrac{1}{1}=1$

(ii) $\lim\limits_{x\to-\infty}\dfrac{x^3+1}{x^3+x}=\lim\limits_{x\to-\infty}\dfrac{1+\dfrac{1}{x^3}}{1+\dfrac{1}{x^2}}=\dfrac{1}{1}=1$

故 $y=1$ 為曲線 $y=\dfrac{x^3+1}{x^3+x}$ 之水平漸近線.

例題 15 利台公司製造電冰箱，預估製造 x 台電冰箱之總成本為每年 $C(x)=100x+200{,}000$ 元，已知每台電冰箱之平均成本為

$$\overline{C}(x)=\dfrac{C(x)}{x}=\dfrac{100x+200{,}000}{x}=100+\dfrac{200{,}000}{x}\ (元)$$

試計算 $\lim\limits_{x\to\infty}\overline{C}(x)$ 並說明其結果.

解 $\lim\limits_{x\to\infty}\overline{C}(x)=\lim\limits_{x\to\infty}\left(100+\dfrac{200{,}000}{x}\right)$

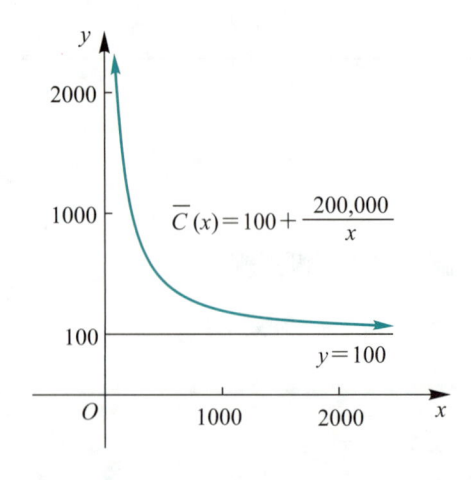

圖 2-19 當生產水準增加，平均成本趨近於每台電冰箱 100 元

$$= \lim_{x \to \infty} 100 + \lim_{x \to \infty} \frac{200{,}000}{x} = 100$$

$\overline{C}(x)$ 之圖形如圖 2-19 所示.

我們若考慮其經濟涵義,當生產水準增加時,每台電冰箱之固定成本以 $\frac{200{,}000}{x}$ 元表示之,平均成本下降且趨近於每台電冰箱之固定單位成本 100 元.

習題 2-5

求 1～10 題中的極限.

1. $\lim\limits_{x \to \infty} \dfrac{3x^3 - x + 1}{6x^3 + 2x^2 - 7}$
2. $\lim\limits_{x \to \infty} \dfrac{2x^2 - x + 3}{x^3 + 1}$
3. $\lim\limits_{x \to \infty} \dfrac{2x^3 + x^2 + 1}{2x + 6}$

4. $\lim\limits_{x \to -\infty} \dfrac{4x - 3}{\sqrt{x^2 + 1}}$ (提示:分子與分母同除以 x,因 $x < 0$, $\sqrt{x^2} = |x| = -x$.)

5. $\lim\limits_{x \to \infty} (x - \sqrt{x^2 - 3x})$ $\left(\text{提示:乘以 } \dfrac{x + \sqrt{x^2 - 3x}}{x + \sqrt{x^2 - 3x}}\right)$

6. $\lim\limits_{x \to \infty} \dfrac{x^{1/3}}{x^3 + 1}$ (提示:分子與分母同除以 x^3)

7. $\lim\limits_{x \to -\infty} \dfrac{(2x - 5)(3x + 1)}{(x + 7)(4x - 9)}$

8. $\lim\limits_{x \to -\infty} \dfrac{-5x^2 + 6x + 3}{\sqrt{x^4 + x^2 + 1}}$ (提示:分子與分母同除以 x^2)

9. $\lim\limits_{x \to \infty} (\sqrt{1 + x^2} - x)$

10. $\lim\limits_{x\to\infty} x(\sqrt{x+1}-\sqrt{x})$ $\left(\text{提示：乘以 }\dfrac{\sqrt{x+1}+\sqrt{x}}{\sqrt{x+1}+\sqrt{x}}\right)$

11. $f(x)=\begin{cases}\dfrac{1}{x}, & \text{若 } x>0 \\ -x^2, & \text{若 } x\leq 0\end{cases}$，求 $\lim\limits_{x\to 0} f(x)$.

求 12～17 題中各函數圖形的所有漸近線.

12. $f(x)=\dfrac{3x+2}{2x+4}$

13. $f(x)=\dfrac{2x^2}{9-x^2}$

14. $f(x)=\dfrac{x^2+3x+2}{x^2+2x-3}$

15. $f(x)=\dfrac{3x^2}{(2x-9)^2}$

16. $f(x)=\dfrac{x}{\sqrt{x^2-4}}$

17. $f(x)=\dfrac{x}{x-2}$

本章重點摘要

1. **極限定理**

    設 m 與 c 皆為常數，$\lim\limits_{x \to a} f(x) = L$，且 $\lim\limits_{x \to a} g(x) = M$，則

    (1) $\lim\limits_{x \to a} c = c$

    (2) $\lim\limits_{x \to a} (mx + c) = ma + c$

    (3) $\lim\limits_{x \to a} [f(x) + g(x)] = L + M$

    (4) $\lim\limits_{x \to a} [f(x) - g(x)] = L - M$

    (5) $\lim\limits_{x \to a} [f(x)g(x)] = LM$

    (6) $\lim\limits_{x \to a} \dfrac{f(x)}{g(x)} = \dfrac{L}{M}$，$M \neq 0$

2. **夾擠定理**

    設在一包含 a 的開區間中的所有 x (可能在 a 除外)，恆有 $f(x) \leq h(x) \leq g(x)$，若 $\lim\limits_{x \to a} f(x) = \lim\limits_{x \to a} g(x) = L$，則 $\lim\limits_{x \to a} h(x) = L$.

3. $\lim\limits_{x \to a} f(x) = L \Leftrightarrow \lim\limits_{x \to a^+} f(x) = \lim\limits_{x \to a^-} f(x) = L$

4. 若 $\lim\limits_{x \to a^-} f(x) \neq \lim\limits_{x \to a^+} f(x)$，則 $\lim\limits_{x \to a} f(x)$ 不存在.

5. f 在 a 處為<u>連續</u> $\Leftrightarrow$
    $\begin{cases} (1)\ f(a)\ \text{有定義} \\ (2)\ \lim\limits_{x \to a} f(x)\ \text{存在} \\ (3)\ \lim\limits_{x \to a} f(x) = f(a) \end{cases}$

6. 若 r 為正有理數，c 為任意實數，則

    (1) $\lim\limits_{x \to \infty} \dfrac{c}{x^r} = 0$

    (2) $\lim\limits_{x \to -\infty} \dfrac{c}{x^r} = 0$，此處假設 x^r 有定義.

7. 若 $\lim\limits_{x \to a^+} f(x) = \pm\infty$ 或 $\lim\limits_{x \to a^-} f(x) = \pm\infty$，則稱直線 $x = a$ 為 f 之圖形的<u>垂直漸近線</u>.

8. 若 $f: \mathbb{R} \to \mathbb{R}$ 為一連續函數，則 f 必無垂直漸近線.

9. 若 $\lim\limits_{x \to \infty} f(x) = L$ 或 $\lim\limits_{x \to -\infty} f(x) = L$，則直線 $y = L$ 為 f 圖形的**水平漸近線**.

10. 多項式函數 $f(x)$ ($f(x)$ 之次數 ≥ 2) 必無垂直與水平漸近線.

微分 3

● **本章學習目標**

◎ 導函數
◎ 微分的法則
◎ 連鎖法則
◎ 視導數為變化率
◎ 隱微分法
◎ 增量與微分

3-1 導函數

在介紹過極限與連續的觀念之後，從本章開始，正式進入微分學的範疇．在本章中，我們將詳述導函數——它是研究變化率的基本數學工具——的觀念．

我們複習一下前面所遇到過的觀念．若 $P(a, f(a))$ 與 $Q(x, f(x))$ 為函數 f 之圖形上的相異兩點，則連接 P 與 Q 之割線的斜率為

$$m_{\overleftrightarrow{PQ}} = \frac{f(x)-f(a)}{x-a} \tag{3-1}$$

(見圖 3-1(i))．若令 x 趨近 a，則 Q 將沿著 f 的圖形趨近 P，且通過 P 與 Q 的割線將趨近在 P 的切線 L．於是，當 x 趨近 a 時，割線的斜率將趨近切線的斜率 m，所以，由 (3-1) 式

$$m = \lim_{x \to a} \frac{f(x)-f(a)}{x-a} \tag{3-2}$$

另外，若令 $h = x-a$，則 $x = a+h$，而當 $x \to a$ 時，$h \to 0$．於是，(3-2) 式又可寫成

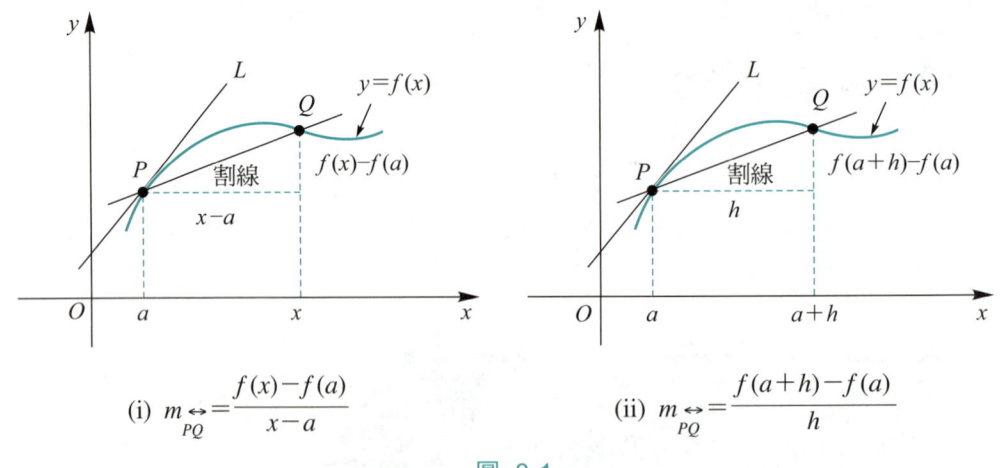

(i) $m_{\overleftrightarrow{PQ}} = \dfrac{f(x)-f(a)}{x-a}$ (ii) $m_{\overleftrightarrow{PQ}} = \dfrac{f(a+h)-f(a)}{h}$

圖 3-1

$$m = \lim_{h \to 0} \frac{f(a+h)-f(a)}{h} \qquad (3\text{-}3)$$

見圖 3-1(ii).

定義 3-1

若 $P(a, f(a))$ 為函數 f 的圖形上一點，則在點 P 之切線的斜率為

$$m = \lim_{h \to 0} \frac{f(a+h)-f(a)}{h}$$

倘若上面的極限存在．

例題 1 設 $f(x) = x^2$，試求在 f 的圖形上點 $(2, 4)$ 之切線的斜率及切線方程式．

解 利用定義 3-1，可得

$$\begin{aligned}
m &= \lim_{h \to 0} \frac{f(2+h)-f(2)}{h} = \lim_{h \to 0} \frac{(2+h)^2 - 2^2}{h} \\
&= \lim_{h \to 0} \frac{4 + 4h + h^2 - 4}{h} = \lim_{h \to 0} \frac{4h + h^2}{h} \\
&= \lim_{h \to 0} \frac{h(4+h)}{h} = \lim_{h \to 0} (4+h) \\
&= 4
\end{aligned}$$

故利用點斜式可得切線方程式為

$$y - 4 = 4(x - 2)$$

或

$$4x - y - 4 = 0$$

如圖 3-2 所示．

圖 3-2

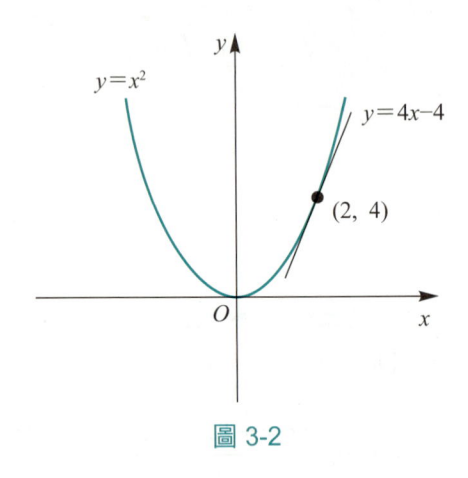

定義 3-2

函數 f 在 a 的**導數**，記為 $f'(a)$，定義如下

$$f'(a)=\lim_{h\to 0}\frac{f(a+h)-f(a)}{h}$$

或

$$f'(a)=\lim_{x\to a}\frac{f(x)-f(a)}{x-a}$$

倘若極限存在.

例題 2 試利用導數之定義求 $f(x)=\dfrac{2}{x}$ 在 $x=1$ 的導數.

解

$$f'(1)=\lim_{h\to 0}\frac{f(1+h)-f(1)}{h}=\lim_{h\to 0}\frac{\frac{2}{1+h}-2}{h}=\lim_{h\to 0}\frac{\frac{2-2-2h}{1+h}}{h}$$

$$=\lim_{h\to 0}\frac{-2}{1+h}=-2.$$

或

$$f'(1)=\lim_{x\to 1}\frac{f(x)-f(1)}{x-1}=\lim_{x\to 1}\frac{\frac{2}{x}-2}{x-1}$$

$$=\lim_{x\to 1}\frac{\frac{2(1-x)}{x}}{x-1}=\lim_{x\to 1}\frac{-2}{x}=-2.$$

例題 3 設 $f(x)=(x-4)(x-3)(x-2)(x-1)$，求 $f'(1)$ 之值。

解 因 $f(x)$ 中含有 $(x-1)$，故使用 $f'(a)=\lim\limits_{x\to a}\dfrac{f(x)-f(a)}{x-a}$ 去求 $f'(1)$ 較為方便。

$$f'(1)=\lim_{x\to 1}\frac{f(x)-f(1)}{x-1}=\lim_{x\to 1}\frac{(x-4)(x-3)(x-2)(x-1)-0}{x-1}$$

$$=\lim_{x\to 1}(x-4)(x-3)(x-2)$$

$$=-6.$$

例題 4 試求一函數 f 及一實數 a，使得 $\lim\limits_{h\to 0}\dfrac{(2+h)^6-64}{h}=f'(a)$。

解 令 $f(x)=x^6$，則

$$\lim_{h\to 0}\frac{f(2+h)-f(2)}{h}=\lim_{h\to 0}\frac{(2+h)^6-64}{h}=f'(2)$$

故 $f(x)=x^6$，$a=2$。

定義 3-3

若 $f'(a)$ 存在，則稱**函數 f 在 a 可微分或有導數**。若在開區間 (a, b)（或 (a, ∞) 或 $(-\infty, a)$ 或 $(-\infty, \infty)$）中之每一數皆為可微分，則稱在該區間為**可微分**。

特別注意，若函數 f 在 a 為可微分，則由定義 3-1 與定義 3-2 可知

$$f'(a)=\lim_{h\to 0}\frac{f(a+h)-f(a)}{h}=m$$

換句話說，$f'(a)$ 為曲線 $y=f(x)$ 在點 $(a, f(a))$ 的切線的斜率.

定義 3-4

函數 f' 稱為函數 f 的**導函數**，定義如下：

$$f'(x)=\lim_{h\to 0}\frac{f(x+h)-f(x)}{h}$$

倘若上面的極限存在.

在定義 3-4 中，f' 的定義域是由使得該極限存在之所有 x 所組成的集合，但與 f 之定義域不一定相同.

例題 5 若 $f(x)=\sqrt{x}$，求 $f'(x)$ 與 $f'(2)$.

解 (1) $f'(x)=\lim_{h\to 0}\dfrac{f(x+h)-f(x)}{h}$

$=\lim_{h\to 0}\dfrac{\sqrt{x+h}-\sqrt{x}}{h}$ 　　　乘以 $\dfrac{\sqrt{x+h}+\sqrt{x}}{\sqrt{x+h}+\sqrt{x}}$

$=\lim_{h\to 0}\dfrac{x+h-x}{h(\sqrt{x+h}+\sqrt{x})}$

$=\lim_{h\to 0}\dfrac{h}{h(\sqrt{x+h}+\sqrt{x})}$ 　　　消去 h

$=\lim_{h\to 0}\dfrac{1}{\sqrt{x+h}+\sqrt{x}}$

$$= \frac{1}{2\sqrt{x}}.$$

(2) $f'(2)$ 可以視為導函數 $f'(x)$ 在 $x=2$ 的值，故

$$f'(2) = \frac{1}{2\sqrt{2}}.$$

求導函數的過程稱為微分，其方法稱為微分法．通常，在自變數為 x 的情形下，常用的微分算子有 D_x 與 $\dfrac{d}{dx}$，當它作用到函數 f 上時，就產生了新函數 f'．因而常用的導數符號如下：

$$f'(x) = y' = \frac{dy}{dx} = \frac{df}{dx} = \frac{d}{dx}f(x) = Df(x) = D_x f(x)$$

$D_x f(x)$ 或 $\dfrac{d}{dx}f(x)$ 唸成 "f 對 x 的導函數" 或 "f 對 x 微分"，上面例題 5 中的 $f'(x)$ 若用符號 D_x 與 $\dfrac{d}{dx}$ 來表示，則可寫成

$$D_x \sqrt{x} = \frac{1}{2\sqrt{x}} \quad \text{或} \quad \frac{d}{dx}\sqrt{x} = \frac{1}{2\sqrt{x}}.$$

註　符號 $\dfrac{dy}{dx}$ 是由萊布尼茲所提出．

又，我們對函數 f 在 a 的導數 $f'(a)$ 常常寫成如下：

$$f'(a) = f'(x)\big|_{x=a} = D_x f(x)\big|_{x=a} = \frac{d}{dx}f(x)\big|_{x=a}.$$

我們在前面曾討論到，若 $\lim\limits_{h \to 0} \dfrac{f(a+h)-f(a)}{h}$ 存在，則定義此極限為 $f'(a)$．如

果我們只限制 $h \to 0^+$ 或 $h \to 0^-$，此時就產生單邊導數的觀念了．

定義 3-5

(1) 若 $\lim\limits_{h \to 0^+} \dfrac{f(a+h)-f(a)}{h}$ 或 $\lim\limits_{x \to a^+} \dfrac{f(x)-f(a)}{x-a}$ 存在，則稱此極限為 f 在 a 的右導數，記為 $f'_+(a)$，定義如下：

$$f'_+(a) = \lim_{h \to 0^+} \frac{f(a+h)-f(a)}{h}$$

或

$$f'_+(a) = \lim_{x \to a^+} \frac{f(x)-f(a)}{x-a}.$$

(2) 若 $\lim\limits_{h \to 0^-} \dfrac{f(a+h)-f(a)}{h}$ 或 $\lim\limits_{x \to a^-} \dfrac{f(x)-f(a)}{x-a}$ 存在，則稱此極限為 f 在 a 的左導數，記為 $f'_-(a)$，定義如下：

$$f'_-(a) = \lim_{h \to 0^-} \frac{f(a+h)-f(a)}{h}$$

或

$$f'_-(a) = \lim_{x \to a^-} \frac{f(x)-f(a)}{x-a}.$$

由定義 3-5，讀者應注意到，若函數 f 在 (a, ∞) 為可微分且 $f'_+(a)$ 存在，則稱函數 f 在 $[a, \infty)$ 為可微分．同理，函數 f 在 $(-\infty, a)$ 為可微分且 $f'_-(a)$ 存在，則稱函數 f 在 $(-\infty, a]$ 為可微分．又，若函數 f 在 (a, b) 為可微分，且 $f'_+(a)$ 與 $f'_-(b)$ 皆存在，則稱 f 在 $[a, b]$ 為可微分．很明顯地，

$$f'(c) \text{ 存在} \Leftrightarrow f'_+(c) \text{ 與 } f'_-(c) \text{ 皆存在且 } f'_+(c) = f'_-(c).$$

第三章 微 分

(i) 折角　　(ii) 具有垂直切線的點

(iii) 具有垂直切線的點　　(iv) 斷點

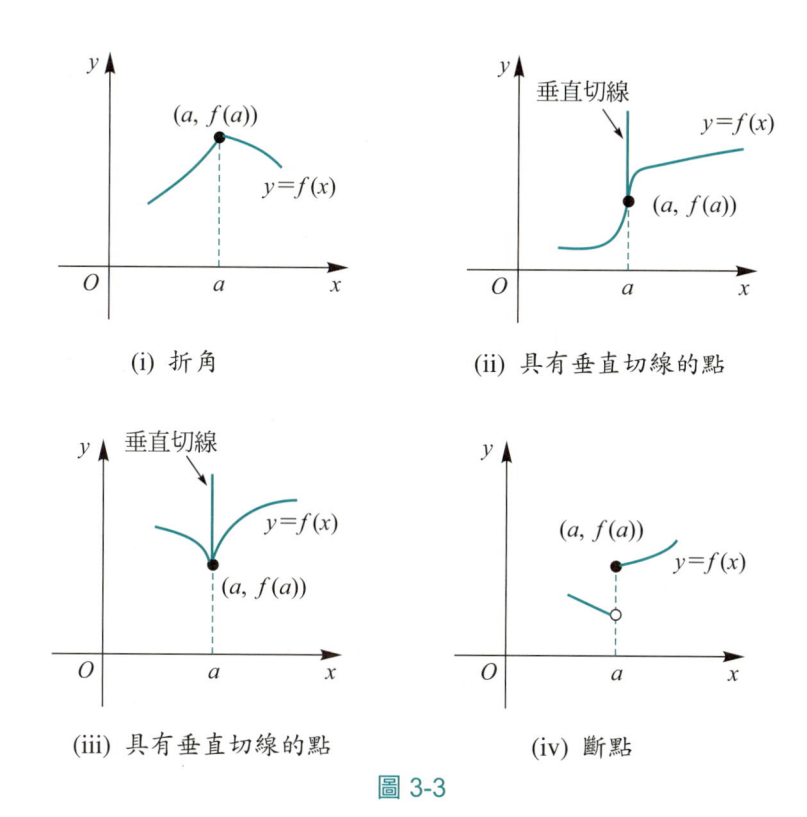

圖 3-3

一般，我們所遇到的不可微分點有三類 (見圖 3-3)：

1. 尖點 (含折角).
2. 具有垂直切線的點.
3. 斷點 (切線不存在).

圖 3-3 的四個函數在 a 的導數均不存在，所以它們在 a 當然不可微分.

例題 6　判斷絕對值函數 $f(x)=|x|$ 在 $x=0$ 是否可以微分，並說明理由.

解　$f(x)=|x|$ 在 $x=0$ 不可微分，因為

$$f'_+(0)=\lim_{x\to 0^+}\frac{f(x)-f(0)}{x-0}=\lim_{x\to 0^+}\frac{|x|-0}{x-0}$$

右導數的定義

$$=\lim_{x\to 0^+}\frac{|x|}{x}$$

$$= \lim_{x \to 0^+} \frac{x}{x}$$ 絕對值的定義

$$= \lim_{x \to 0^+} 1$$

$$= 1$$

又 $$f'_-(0) = \lim_{x \to 0^-} \frac{f(x)-f(0)}{x-0} = \lim_{x \to 0^-} \frac{|x|-0}{x-0}$$ 左導數的定義

$$= \lim_{x \to 0^-} \frac{|x|}{x}$$

$$= \lim_{x \to 0^-} \frac{-x}{x}$$ 絕對值的定義

$$= \lim_{x \to 0^-} (-1)$$

$$= -1$$

由於 $f'_-(0) \neq f'_+(0)$，故 $f'(0)$ 不存在，亦即 f 在 $x=0$ 為不可微分。但 f 在 $x=0$ 為連續。

下面定理說明連續性與可微分性的關係。

定理 3-1

若函數 f 在 a 為可微分，則 f 在 a 為連續。

定理 3-1 之逆敘述不一定成立，即，雖然函數 f 在 a 為連續，但不能保證 f 在 a 為可微分。例如，函數 $f(x)=|x|$ 在 $x=0$ 為連續但不可微分。

讀者應注意下列的敘述：

函數 f 在 a 為可微分 $\Rightarrow$ f 在 a 為連續 $\Rightarrow$ $\lim_{x \to a} f(x)$ 存在。

例題 7 設 $g(x)=\begin{cases} -2x+2, & \text{若 } x<1 \\ 2x+5, & \text{若 } x\geq 1 \end{cases}$，試問 $g(x)$ 在 $x=1$ 是否連續？是否可以微分？

解
$$\lim_{x\to 1^-} g(x) = \lim_{x\to 1^-}(-2x+2) = 0$$

$$\lim_{x\to 1^+} g(x) = \lim_{x\to 1^+}(2x+5) = 7$$

因 $\lim_{x\to 1^-} g(x) \neq \lim_{x\to 1^+} g(x)$，所以，$\lim_{x\to 1} g(x)$ 不存在．故 $g(x)$ 在 $x=1$ 為不連續．

又因 $g'_-(1) = \lim_{x\to 1^-}\dfrac{g(x)-g(1)}{x-1} = \lim_{x\to 1^-}\dfrac{-2x+2-7}{x-1}$

$= \lim_{x\to 1^-}\dfrac{-2x-5}{x-1} = \infty$

$g'_+(1) = \lim_{x\to 1^+}\dfrac{g(x)-g(1)}{x-1} = \lim_{x\to 1^+}\dfrac{2x+5-7}{x-1}$

$= \lim_{x\to 1^+}\dfrac{2x-2}{x-1} = \lim_{x\to 1^+} 2 = 2$

因 $g'_-(1) \neq g'_+(1)$，故 $g(x)$ 在 $x=1$ 不可微分．由以上之討論得知，若一函數在 $x=a$ 不連續，則 $x=a$ 不可微分．

例題 8 設 $f(x)=\begin{cases} -2x^2+4, & \text{若 } x<1 \\ x^2+1, & \text{若 } x\geq 1 \end{cases}$，試問 $f(x)$ 在 $x=1$ 是否連續？是否可以微分？

解 先討論連續．

(1) $f(1)=2$

(2) $\lim_{x\to 1^-} f(x) = \lim_{x\to 1^-}(-2x^2+4) = 2$

$\lim_{x\to 1^+} f(x) = \lim_{x\to 1^+}(x^2+1) = 2$

所以，$\lim_{x \to 1} f(x) = 2$.

(3) $\lim_{x \to 1} f(x) = f(1) = 2$

故 $f(x)$ 在 $x = 1$ 為連續.

再討論 $f(x)$ 在 $x = 1$ 不可微分.

因 $f'_-(1) = \lim_{x \to 1^-} \dfrac{f(x) - f(1)}{x - 1} = \lim_{x \to 1^-} \dfrac{(-2x^2 + 4) - 2}{x - 1} = \lim_{x \to 1^-} \dfrac{-2(x^2 - 1)}{x - 1} = -4$

又因 $f'_+(1) = \lim_{x \to 1^+} \dfrac{f(x) - f(1)}{x - 1} = \lim_{x \to 1^+} \dfrac{x^2 + 1 - 2}{x - 1} = \lim_{x \to 1^+} (x + 1) = 2$

由於 $f'_-(1) \neq f'_+(1)$，故 $f'(1)$ 不存在，亦即 $f(x)$ 在 $x = 1$ 不可微分. 如圖 3-4 所示. 因此, 若一函數在 $x = a$ 為連續, 但 $x = a$ 不一定可微分.

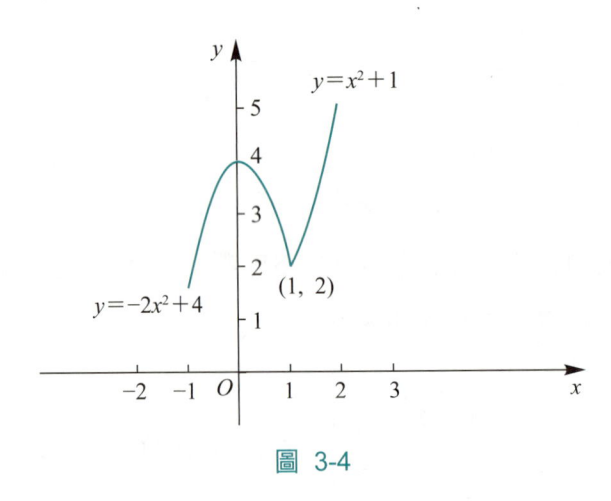

圖 3-4

例題 9 設 $f(x) = \begin{cases} x^2, & \text{若 } x \leq 1 \\ ax - 1, & \text{若 } x > 1 \end{cases}$，試求 a 之值使得 $f'(1)$ 存在.

解 若 $f'(1)$ 存在，則 $f(x)$ 在 $x = 1$ 必連續，故 $\lim_{x \to 1} f(x)$ 存在.

$$\lim_{x \to 1^-} f(x) = \lim_{x \to 1^-} x^2 = 1$$

$$\lim_{x \to 1^+} f(x) = \lim_{x \to 1^+} (ax - 1) = a - 1$$

$$1 = a - 1, \quad \therefore a = 2$$

故當 $a = 2$ 時，

$$f'_+(1) = \lim_{x \to 1^+} \frac{f(x) - f(1)}{x - 1} = \lim_{x \to 1^+} \frac{2x - 1 - 1}{x - 1} = \lim_{x \to 1^+} 2 = 2$$

$$f'_-(1) = \lim_{x \to 1^-} \frac{f(x) - f(1)}{x - 1} = \lim_{x \to 1^-} \frac{x^2 - 1}{x - 1} = \lim_{x \to 1^-} (x + 1) = 2$$

所以，$f'(1) = 2$.

習題 3-1

1. 求 $f(x) = \sqrt{x}$ 的圖形在點 $(4, 2)$ 之切線的斜率.

2. 設 $f(x) = \dfrac{2}{x - 2}$，求 $f'(0)$.

3. 求曲線 $y = \dfrac{1}{2x}$ 在點 $\left(\dfrac{1}{2}, 1\right)$ 之切線與法線的方程式.

$\left(\text{提示：切線方程式為 } y - 1 = f'\left(\dfrac{1}{2}\right)\left(x - \dfrac{1}{2}\right),\right.$

$\left.\quad\quad\text{法線方程式為 } y - 1 = -\dfrac{1}{f'\left(\dfrac{1}{2}\right)}\left(x - \dfrac{1}{2}\right).\right)$

4. 設 $f(x) = \sqrt{x - 1}$，試求 $f'(x) = ?$

5. 已知拋物線 $y = -x^2 + 5x - 6$ 交 x-軸於兩點，試求在該兩點之切線的斜率.
（提示：求拋物線與 x-軸之兩交點，令 $-x^2 + 5x - 6 = 0$.）

6. 在曲線 $y = x^2 - 2x + 5$ 上哪一點之切線垂直於直線 $y = x$？

在 7～9 題中，求各函數的導函數．

7. $f(x)=7x^2-5$　　**8.** $f(x)=\dfrac{1}{x-2}$　　**9.** $f(x)=\dfrac{7}{\sqrt{x}}$

10. 判斷函數 $f(x)=|x^2-4|$ 在 $x=2$ 是否可微分？(提示：求 $f'_-(2)$ 與 $f'_+(2)$．)

11. 試證 $f(x)=x^{1/3}$ 在 $x=0$ 處不可微分，並說明其幾何意義．

3-2 微分的法則

在求一個函數的導函數時，若依導函數的定義去做，則相當繁雜．在本節中，我們要導出一些法則，而利用這些法則，可以很容易地將導函數求出來．

定理 3-2

若 f 為常數函數，即，$f(x)=k$，則

$$\frac{d}{dx}f(x)=\frac{d}{dx}k=0.$$

證明　依導函數的定義，

$$\frac{d}{dx}k=\lim_{h\to 0}\frac{k-k}{h}=\lim_{h\to 0}0=0.$$

定理 3-3　乘冪法則

若 n 為正整數，則

$$\frac{d}{dx}x^n=nx^{n-1}.$$

證明 依定義 3-3，

$$\frac{d}{dx}x^n = \lim_{h\to 0}\frac{(x+h)^n - x^n}{h}$$

利用二項式定理展開 $(x+h)^n$，可得

$$\frac{d}{dx}x^n = \lim_{h\to 0}\frac{\left[x^n + nx^{n-1}h + \frac{n(n-1)}{2!}x^{n-2}h^2 + \cdots + nxh^{n-1} + h^n\right] - x^n}{h}$$

$$= \lim_{h\to 0}\frac{nx^{n-1}h + \frac{n(n-1)}{2!}x^{n-2}h^2 + \cdots + nxh^{n-1} + h^n}{h}$$

$$= \lim_{h\to 0}\left[nx^{n-1} + \frac{n(n-1)}{2!}x^{n-2}h + \cdots + nxh^{n-2} + h^{n-1}\right]$$

$$= nx^{n-1}.$$

在定理 3-3 中，若 n 為任意實數時，結論仍可成立，即

$$\frac{d}{dx}x^n = nx^{n-1}, \quad n \in \mathbb{R}.$$

例題 1 $\dfrac{d}{dx}x^3 = 3x^2, \quad \dfrac{d}{dx}\left(\dfrac{1}{x^3}\right) = \dfrac{d}{dx}(x^{-3}) = -3x^{-4} = \dfrac{-3}{x^4}$

$\dfrac{d}{dx}x^{-6} = -6x^{-7}, \quad \dfrac{d}{dx}\sqrt{x} = \dfrac{d}{dx}(x^{1/2}) = \dfrac{1}{2}x^{-1/2} = \dfrac{1}{2\sqrt{x}},$

$\dfrac{d}{dx}x^{\pi} = \pi x^{\pi - 1}.$

例題 2 試利用導數之定義求 $\lim_{x\to 1}\dfrac{x^9-1}{x-1}$ 之值.

解 令 $f(x)=x^9$，而

$$\lim_{x\to 1}\frac{f(x)-f(1)}{x-1}=\lim_{x\to 1}\frac{x^9-1}{x-1}=f'(1)$$

$$f'(1)=\frac{d}{dx}(x^9)\bigg|_{x=1}=9x^8\bigg|_{x=1}=9.$$

定理 3-4　常數積的導數

若 f 為可微分函數，且 c 為常數，則 cf 也為可微分函數，且

$$\frac{d}{dx}[cf(x)]=c\frac{d}{dx}f(x)$$

或

$$(cf)'=cf'.$$

證明

$$\frac{d}{dx}[cf(x)]=\lim_{h\to 0}\frac{cf(x+h)-cf(x)}{h}$$

$$=c\lim_{h\to 0}\frac{f(x+h)-f(x)}{h}$$

$$=c\frac{d}{dx}f(x).$$

例題 3 $\dfrac{d}{dx}(-2x^4)=-2\dfrac{d}{dx}(x^4)=-2(4x^3)=-8x^3$

定理 3-5　兩函數和的導數

若 f 與 g 皆為可微分函數，則 $f+g$ 也為可微分函數，且

$$\frac{d}{dx}[f(x)+g(x)] = \frac{d}{dx}f(x) + \frac{d}{dx}g(x)$$

或

$$(f+g)' = f' + g'.$$

證明
$$\frac{d}{dx}[f(x)+g(x)] = \lim_{h \to 0} \frac{[f(x+h)+g(x+h)] - [f(x)+g(x)]}{h}$$

$$= \lim_{h \to 0} \frac{[f(x+h)-f(x)] + [g(x+h)-g(x)]}{h}$$

$$= \lim_{h \to 0} \frac{f(x+h)-f(x)}{h} + \lim_{h \to 0} \frac{g(x+h)-g(x)}{h}$$

$$= \frac{d}{dx}f(x) + \frac{d}{dx}g(x).$$

利用定理 3-4 與定理 3-5 可得下列的結果：

1. 若 f 與 g 皆為可微分函數，則 $f-g$ 也為可微分函數，且

$$\frac{d}{dx}[f(x)-g(x)] = \frac{d}{dx}f(x) - \frac{d}{dx}g(x).$$

2. 若 $f_1, f_2, \cdots, f_n$ 皆為可微分函數，$c_1, c_2, \cdots, c_n$ 皆為常數，則 $c_1f_1 + c_2f_2 + \cdots + c_nf_n$ 也為可微分函數，且

$$\frac{d}{dx}[c_1f_1(x) + c_2f_2(x) + \cdots + c_nf_n(x)]$$

$$= c_1\frac{d}{dx}f_1(x) + c_2\frac{d}{dx}f_2(x) + \cdots + c_n\frac{d}{dx}f_n(x). \qquad (3\text{-}4)$$

例題 4 曲線 $y=x^4-2x^2+2$ 於何處有水平切線？

解 $f(x)=x^4-2x^2+2$，則

$$f'(x)=\frac{d}{dx}(x^4-2x^2+2)=4x^3-4x=4x(x^2-1)$$

由於 $f'(x)$ 表曲線上任一點之斜率，

故令 $f'(x)=0$，即 $4x(x^2-1)=0$，得 $x=0$，1，-1.

當 $x=0$ 時，$y=2$.

當 $x=1$ 時，$y=1^4-2\cdot 1^2+2=1$.

當 $x=-1$ 時，$y=(-1)^4-2(-1)^2+2=1$.

故曲線在點 $(0, 2)$、$(1, 1)$ 與 $(-1, 1)$ 有水平切線，其圖形如圖 3-4 所示.

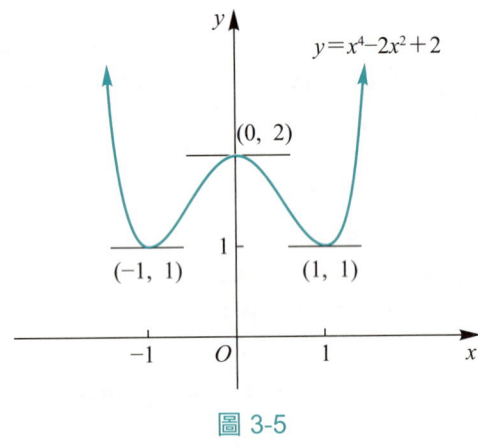

圖 3-5

定理 3-6　兩函數乘積的導數

若 f 與 g 皆為可微分函數，則 fg 也為可微分函數，且

$$\frac{d}{dx}[f(x)\,g(x)]=f(x)\frac{d}{dx}g(x)+g(x)\frac{d}{dx}f(x)$$

或

$$(fg)'=fg'+gf'.$$

證明
$$\frac{d}{dx}[f(x)g(x)] = \lim_{h\to 0}\frac{f(x+h)g(x+h)-f(x)g(x)}{h}$$

$$= \lim_{h\to 0}\frac{f(x+h)g(x+h)-f(x+h)g(x)+f(x+h)g(x)-f(x)g(x)}{h}$$

$$= \lim_{h\to 0}\left[f(x+h)\frac{g(x+h)-g(x)}{h}+g(x)\frac{f(x+h)-f(x)}{h}\right]$$

$$= \left[\lim_{h\to 0}f(x+h)\right]\left[\lim_{h\to 0}\frac{g(x+h)-g(x)}{h}\right]+\left[\lim_{h\to 0}g(x)\right]\left[\lim_{h\to 0}\frac{f(x+h)-f(x)}{h}\right]$$

$$= f(x)\frac{d}{dx}g(x)+g(x)\frac{d}{dx}f(x).$$

定理 3-6 可以推廣到 n 個函數之乘積的情形。若 $f_1, f_2, \cdots, f_n$ 皆為可微分函數，則 $f_1 f_2 \cdots f_n$ 也為可微分函數，且

$$\frac{d}{dx}(f_1 f_2 \cdots f_n) = \left(\frac{d}{dx}f_1\right)f_2\cdots f_n + f_1\left(\frac{d}{dx}f_2\right)f_3\cdots f_n + \cdots + f_1 f_2 \cdots\left(\frac{d}{dx}f_n\right)$$

$$= f_1 f_2 \cdots f_n\left(\frac{\frac{d}{dx}f_1}{f_1}+\frac{\frac{d}{dx}f_2}{f_2}+\cdots+\frac{\frac{d}{dx}f_n}{f_n}\right)$$

$$= f_1 f_2 \cdots f_n\left(\frac{f_1'}{f_1}+\frac{f_2'}{f_2}+\cdots+\frac{f_n'}{f_n}\right) \tag{3-5}$$

例題 5 若 $f(x)=(5x+6)(4x^3-3x+2)$，求 $f'(x)$.

解 $f'(x) = \dfrac{d}{dx}[(5x+6)(4x^3-3x+2)]$

$= (5x+6)\dfrac{d}{dx}(4x^3-3x+2)+(4x^3-3x+2)\dfrac{d}{dx}(5x+6)$

$= (5x+6)(12x^2-3)+5(4x^3-3x+2)$

$= 80x^3+72x^2-30x-8.$

例題 6 若 $f(x)=(x+2)(2x+3)(3x+4)(4x+5)$，求 $f'(x)$.

解 $f'(x)=\dfrac{d}{dx}[(x+2)(2x+3)(3x+4)(4x+5)]$

$=(x+2)(2x+3)(3x+4)(4x+5)\left(\dfrac{1}{x+2}+\dfrac{2}{2x+3}+\dfrac{3}{3x+4}+\dfrac{4}{4x+5}\right).$

定理 3-7　導數的一般乘冪公式

若 f 為可微分函數，n 為正整數，則 f^n 也為可微分函數，且

$$\dfrac{d}{dx}[f(x)]^n = n[f(x)]^{n-1}\dfrac{d}{dx}f(x)$$

或　　　　　　$(f^n)' = nf^{n-1}f'.$

本定理在 n 為實數時仍可成立.

證明 $\dfrac{d}{dx}[f(x)]^n = \dfrac{d}{dx}\overbrace{f(x)\cdot f(x)\cdots f(x)}^{n\text{ 個}}$

$=\underbrace{f(x)\cdot f(x)\cdots f(x)}_{n\text{ 個}}\cdot\left(\underbrace{\dfrac{f'(x)}{f(x)}+\dfrac{f'(x)}{f(x)}+\cdots+\dfrac{f'(x)}{f(x)}}_{n\text{ 個}}\right)$

由 (3-5) 式

$=[f(x)]^n\left(n\cdot\dfrac{f'(x)}{f(x)}\right)=n[f(x)]^{n-1}f'(x)$

例題 7 若 $f(x)=(x^2-2x+5)^{20}$，求 $f'(x)$.

解 $f'(x) = \dfrac{d}{dx}(x^2-2x+5)^{20} = 20(x^2-2x+5)^{19}\dfrac{d}{dx}(x^2-2x+5)$

$\qquad\quad = 40(x^2-2x+5)^{19}(x-1).$

讀者應注意題目中的 f 與計算過程中 $\dfrac{d}{dx}f$ 的 f 是否一樣.

例題 8 若 $f(x)=x\sqrt{1+x^2}$，求 $f'(1)$.

解 $f'(x) = \dfrac{d}{dx}(x\sqrt{1-x^2})$

$\qquad = x\dfrac{d}{dx}\sqrt{1+x^2} + \sqrt{1+x^2}\dfrac{d}{dx}(x)$ 　　　兩函數乘積的導數公式

$\qquad = x\dfrac{1}{2}(1+x^2)^{1/2-1}\dfrac{d}{dx}(1+x^2) + \sqrt{1+x^2}$ 　　　導數之一般乘冪公式

$\qquad = x\dfrac{1}{2}(1+x^2)^{1/2-1}\cdot 2x + \sqrt{1+x^2}$

$\qquad = \dfrac{x^2}{\sqrt{1+x^2}} + \sqrt{1+x^2}$

$\qquad = \dfrac{x^2+1+x^2}{\sqrt{1+x^2}}$

$\qquad = \dfrac{2x^2+1}{\sqrt{1+x^2}}$

故 $\qquad\qquad\qquad f'(1) = \dfrac{3}{\sqrt{2}}.$

定理 3-8　函數 $\dfrac{1}{g(x)}$ 的導數公式

若 g 為一可微分函數，則 $\dfrac{1}{g}$ 也為可微分函數，且

$$\dfrac{d}{dx}\left[\dfrac{1}{g(x)}\right]=\dfrac{-\dfrac{d}{dx}g(x)}{[g(x)]^2}$$

或

$$\left(\dfrac{1}{g}\right)'=\dfrac{-g'}{g^2}.$$

證明

$$\dfrac{d}{dx}\left[\dfrac{1}{g(x)}\right]=\lim_{h\to 0}\dfrac{\dfrac{1}{g(x+h)}-\dfrac{1}{g(x)}}{h} \qquad \text{導數的定義}$$

$$=\lim_{h\to 0}\dfrac{\dfrac{g(x)-g(x+h)}{g(x+h)g(x)}}{h} \qquad \text{通分}$$

$$=\lim_{h\to 0}\left[\dfrac{1}{g(x+h)g(x)}\right]\left[-\dfrac{g(x+h)-g(x)}{h}\right] \qquad \text{化成乘積形式}$$

$$=\dfrac{1}{[g(x)]^2}\left[-\lim_{h\to 0}\dfrac{g(x+h)-g(x)}{h}\right] \qquad \text{極限性質}$$

$$=\dfrac{-\dfrac{d}{dx}g(x)}{[g(x)]^2}. \qquad \text{導數的定義}$$

第三章 微 分

例題 9 若 $y = \dfrac{4}{x^3}$，求 $\dfrac{dy}{dx}$.

解 $\dfrac{dy}{dx} = \dfrac{d}{dx}\left(\dfrac{4}{x^3}\right) = 4 \cdot \underbrace{\dfrac{d}{dx}\left(\dfrac{1}{x^3}\right)}_{\text{常數積的導數}} = 4 \cdot \underbrace{\dfrac{-\dfrac{d}{dx}(x^3)}{(x^3)^2}}_{\text{利用定理 3-8}}$

$= 4 \cdot \dfrac{-3x^2}{x^6}$

$= -\dfrac{12}{x^4}.$

例題 10 若 $f(x) = \dfrac{4}{x^2+2x+2}$，求 $f'(x) = ?$

解 $f'(x) = \dfrac{d}{dx}\left(\dfrac{4}{x^2+2x+2}\right) = 4\dfrac{d}{dx}\left(\dfrac{1}{x^2+2x+2}\right)$

$= 4 \cdot \dfrac{-\dfrac{d}{dx}(x^2+2x+2)}{(x^2+2x+2)^2} = -4 \cdot \dfrac{2x+2}{(x^2+2x+2)^2}$

$= -8 \cdot \dfrac{x+1}{(x^2+2x+2)^2}.$

【另解】 $f'(x) = \dfrac{d}{dx}\left(\dfrac{4}{x^2+2x+2}\right) = 4\dfrac{d}{dx}(x^2+2x+2)^{-1}$

$= -4(x^2+2x+2)^{-2}\dfrac{d}{dx}(x^2+2x+2)$

$= -4 \cdot \dfrac{2x+2}{(x^2+2x+2)^2}$

$= -8 \cdot \dfrac{x+1}{(x^2+2x+2)^2}.$

例題 11 若 $f(x)=\left(\dfrac{1}{x^2+x+1}\right)^5$，求 $f'(x)=$?

解 $f'(x)=\dfrac{d}{dx}\left(\dfrac{1}{x^2+x+1}\right)^5=5\left(\dfrac{1}{x^2+x+1}\right)^4\dfrac{d}{dx}\left(\dfrac{1}{x^2+x+1}\right)$

$=5\left(\dfrac{1}{x^2+x+1}\right)^4\dfrac{-\dfrac{d}{dx}(x^2+x+1)}{(x^2+x+1)^2}$

$=5\left(\dfrac{1}{x^2+x+1}\right)^4\dfrac{-(2x+1)}{(x^2+x+1)^2}$

$=5\cdot\dfrac{-(2x+1)}{(x^2+x+1)^6}$

$=-5\cdot\dfrac{2x+1}{(x^2+x+1)^6}$.

例題 12 若 $y=\dfrac{3}{\sqrt{x^2+1}}$，求 $\dfrac{dy}{dx}$.

解 $\dfrac{dy}{dx}=\dfrac{d}{dx}\left(\dfrac{3}{\sqrt{x^2+1}}\right)$

$=3\cdot\underbrace{\dfrac{d}{dx}\left(\dfrac{1}{\sqrt{x^2+1}}\right)}_{\text{常數積的導數}}=3\cdot\underbrace{\dfrac{-\dfrac{d}{dx}(\sqrt{x^2+1})}{(\sqrt{x^2+1})^2}}_{\text{利用定理 3-8}}$

$=3\cdot\dfrac{-\overbrace{\dfrac{2x}{2\sqrt{x^2+1}}}^{\text{導數的一般乘冪公式}}}{x^2+1}=\dfrac{-3x}{(x^2+1)^{3/2}}$.

定理 3-9　兩函數商的導數

若 f 與 g 皆為可微分函數，且 $g(x) \neq 0$，則 $\dfrac{f}{g}$ 也為可微分函數，且

$$\frac{d}{dx}\left[\frac{f(x)}{g(x)}\right] = \frac{g(x)\dfrac{d}{dx}f(x) - f(x)\dfrac{d}{dx}g(x)}{[g(x)]^2}$$

或

$$\left(\frac{f}{g}\right)' = \frac{gf' - fg'}{g^2}.$$

證明

$$\frac{d}{dx}\left[\frac{f(x)}{g(x)}\right] = \frac{d}{dx}\left[f(x) \cdot \frac{1}{g(x)}\right] = \underbrace{f(x)\frac{d}{dx}\left[\frac{1}{g(x)}\right] + \frac{1}{g(x)}\frac{d}{dx}f(x)}_{\text{利用定理 3-6}}$$

$$= \underbrace{f(x)\left(\frac{-\dfrac{d}{dx}g(x)}{[g(x)]^2}\right)}_{\text{利用定理 3-8}} + \frac{\dfrac{d}{dx}f(x)}{g(x)}$$

$$= \frac{-f(x)\dfrac{d}{dx}g(x) + g(x)\dfrac{d}{dx}f(x)}{[g(x)]^2}$$

$$= \frac{g(x)\dfrac{d}{dx}f(x) - f(x)\dfrac{d}{dx}g(x)}{[g(x)]^2}.$$

例題 13 設 $y=\dfrac{x+1}{x^2+x+1}$，求 $\dfrac{dy}{dx}=$?

解 $\dfrac{dy}{dx}=\dfrac{d}{dx}\left(\dfrac{x+1}{x^2+x+1}\right)=\dfrac{(x^2+x+1)\dfrac{d}{dx}(x+1)-(x+1)\dfrac{d}{dx}(x^2+x+1)}{(x^2+x+1)^2}$

$=\dfrac{(x^2+x+1)\cdot 1-(x+1)(2x+1)}{(x^2+x+1)^2}$

$=\dfrac{-(x^2+2x)}{(x^2+x+1)^2}.$

例題 14 若 $y=\left(\dfrac{1-x}{1+x^2}\right)^3$，求 $\dfrac{dy}{dx}$。

解 $\dfrac{dy}{dx}=\dfrac{d}{dx}\left(\dfrac{1-x}{1+x^2}\right)^3$

$=3\underbrace{\left(\dfrac{1-x}{1+x^2}\right)^2}_{f^{n-1}}\underbrace{\dfrac{d}{dx}\left(\dfrac{1-x}{1+x^2}\right)}_{f'}$
（n ↓）

$=3\left(\dfrac{1-x}{1+x^2}\right)^2\dfrac{(1+x^2)\dfrac{d}{dx}(1-x)-(1-x)\dfrac{d}{dx}(1+x^2)}{(1+x^2)^2}$

$=3\left(\dfrac{1-x}{1+x^2}\right)^2\dfrac{(1+x^2)(-1)-(1-x)(2x)}{(1+x^2)^2}$

$=3\left(\dfrac{1-x}{1+x^2}\right)^2\dfrac{-1-x^2-2x+2x^2}{(1+x^2)^2}$

$=3\left(\dfrac{1-x}{1+x^2}\right)^2\dfrac{x^2-2x-1}{(1+x^2)^2}.$

利用定理 3-9 可證明，若 n 為負整數且 $x \neq 0$，則

$$\frac{d}{dx}(x^n) = nx^{n-1}. \tag{3-6}$$

證明 令 $n = -m$，此處 m 為一正整數．因此 $x^n = x^{-m} = \dfrac{1}{x^m}$，且

$$\frac{d}{dx}(x^n) = \frac{d}{dx}\left(\frac{1}{x^m}\right) = \frac{x^m \cdot \frac{d}{dx}(1) - 1 \cdot \frac{d}{dx}(x^m)}{(x^m)^2}$$

$$= \frac{0 - mx^{m-1}}{x^{2m}} \qquad\qquad 因\ m > 0,\ \frac{d}{dx}(x^m) = mx^{m-1}$$

$$= -mx^{m-1-2m} = -mx^{-m-1}$$

$$= nx^{n-1}.$$

例題 15 若 $y = \dfrac{2}{x^5}$，求 $\dfrac{dy}{dx}$．

解 $\dfrac{dy}{dx} = \dfrac{d}{dx}\left(\dfrac{2}{x^5}\right) = 2\dfrac{d}{dx}\left(\dfrac{1}{x^5}\right) = 2\dfrac{d}{dx}(x^{-5}) = -10x^{-6}.$

若函數 f 的導函數 f' 為可微分，則 f' 的導函數記為 f''，稱為 f 的**二階導函數**．只要有可微分性，我們就可以將導函數的微分過程繼續下去而求得 f 的三、四、五，甚至更高階的導函數．f 之依次的導函數記為：

$$\begin{array}{ll} f' & (f\ \text{的一階導函數}) \\ f'' = (f')' & (f\ \text{的二階導函數}) \\ f''' = (f'')' & (f\ \text{的三階導函數}) \\ f^{(4)} = (f''')' & (f\ \text{的四階導函數}) \\ f^{(5)} = (f^{(4)})' & (f\ \text{的五階導函數}) \\ \quad\vdots\quad\ \vdots & \qquad\vdots \\ f^{(n)} = (f^{(n-1)})' & (f\ \text{的}\ n\ \text{階導函數}) \end{array}$$

在 f 為 x 的函數的情形下，若利用微分算子 D_x 與 $\dfrac{d}{dx}$ 來表示，則

$$f'(x) = D_x f(x) = \dfrac{d}{dx} f(x)$$

$$f''(x) = D_x (D_x f(x)) = D_x^2 f(x) = \dfrac{d}{dx}\left(\dfrac{d}{dx} f(x)\right) = \dfrac{d^2}{dx^2} f(x)$$

$$f'''(x) = D_x (D_x^2 f(x)) = D_x^3 f(x) = \dfrac{d}{dx}\left(\dfrac{d^2}{dx^2} f(x)\right) = \dfrac{d^3}{dx^3} f(x)$$

$$\vdots \qquad \vdots$$

$$f^{(n)}(x) = D_x^n f(x) = \dfrac{d^n}{dx^n} f(x)$$

此唸成 "f 對 x 的 n 階導函數".

在論及函數 f 的高階導函數時，為方便起見，通常規定 $f^{(0)} = f$，即，f 的零階導函數為其本身.

例題 16 若
$$f(x) = x^3 + 2x^2 - x + 5$$
則
$$f'(x) = 3x^2 + 4x - 1$$
$$f''(x) = 6x + 4$$
$$f'''(x) = 6$$
$$f^{(4)}(x) = 0$$
$$\vdots$$
$$f^{(n)}(x) = 0, \ n \geq 4.$$

例題 17 若 $f(3) = -4$, $f'(3) = 2$, 且 $f''(3) = 5$, 求 $\left.\dfrac{d^2}{dx^2}[f(x)]^2\right|_{x=3}$.

解 因 $\dfrac{d^2}{dx^2}[f(x)]^2 = \dfrac{d}{dx}\left(\dfrac{d}{dx}[f(x)]^2\right) = \dfrac{d}{dx}[2f(x)f'(x)]$ 　　導數的一般乘冪公式

$$= 2\left[f(x)\frac{d}{dx}f'(x)+f'(x)\frac{d}{dx}f(x)\right] \quad \text{兩函數乘積的導數}$$

$$= 2[f(x)f''(x)+(f'(x))^2]$$

所以，
$$\frac{d^2}{dx^2}[f(x)]^2\bigg|_{x=3}=2[f(3)f''(3)+(f'(3))^2]$$

$$=2[(-4)5+2^2]$$

$$=-32.$$

例題 18 若 $f(x)=\dfrac{1}{x}$，求 $f^{(100)}(x)$。

解
$$f'(x)=(-1)x^{-2}$$
$$f''(x)=(-1)(-2)x^{-3}$$
$$f'''(x)=(-1)(-2)(-3)x^{-4}$$
$$\vdots$$
$$f^{(n)}(x)=(-1)(-2)(-3)\cdots(-n)x^{-n-1}=(-1)^n n!\, x^{-n-1}$$

故 $f^{(100)}(x)=(-1)^{100}\,100!\,x^{-101}=100!\,x^{-101}.$

習題 3-2

在 1～10 題中求 $\dfrac{dy}{dx}$。

1. $y=\dfrac{2}{x^5}-\dfrac{3}{x^3}$

2. $y=\dfrac{1}{x^2+5}$

3. $y=\dfrac{2}{(x^2+5)^2}$

4. $y=(x^2+1)(x-1)(x+5)$

5. $y=\dfrac{1-2x}{1+2x}$

6. $y=\dfrac{1+x}{1-x^2}$

7. $y=(x^2-3)^3(3x^4+1)^2$
8. $y=x^2\sqrt{1-x^2}$
9. $y=\left(\dfrac{x^3+4}{x^2-1}\right)^3$
10. $y=\sqrt[3]{x^4+x^2+5}$
11. 若 $f(3)=4$，$g(3)=2$，$f'(3)=-6$，$g'(3)=5$，試求下列各值.
    (1) $(f+g)'(3)$
    (2) $(fg)'(3)$
    (3) $\left(\dfrac{f}{g}\right)'(3)$
    (4) $\left(\dfrac{f}{f-g}\right)'(3)$

在 12～16 題中求 $\dfrac{d^2y}{dx^2}$．

12. $y=\dfrac{1}{x^2}$
13. $y=x-\sqrt{x}$
14. $y=(3x-2)^{4/3}$
15. $y=\sqrt{x^2+1}$
16. $y=\dfrac{x}{1+x^2}$

17. 令 $f(x)=x^5-2x+3$，試求 $\lim\limits_{h\to 0}\dfrac{f'(2+h)-f'(2)}{h}$ 之值．

3-3 連鎖法則

我們已討論了有關函數之和、差、積及商的導函數．在本節中，我們要利用連鎖法則來討論如何求得兩個（或兩個以上）可微分函數之合成函數的導函數．例如，下列的函數在求導函數時無須使用連鎖法則．

$$y=x^2+1$$
$$y=(x^2+x)(x^3-1)$$
$$y=\dfrac{x-1}{x^2+1}$$

但是，下列之函數在求導函數時就必須使用連鎖法則.

$$y=\sqrt{x^2+x+1}$$

$$y=(x+5)^{-1/6}$$

$$y=(2x^2+x+1)^5$$

$$y=\frac{x+2}{\sqrt{x^2+1}}.$$

由定理 3-7 知，若 $u=f(x)$ 為可微分函數，則 $y=u^n$ 也為可微分函數，且

$$\frac{dy}{dx}=nu^{n-1}\frac{du}{dx}$$

其中 n 為實數. 在上式中，$nu^{n-1}=\dfrac{dy}{du}$，故

$$\frac{dy}{dx}=\frac{dy}{du}\frac{du}{dx}$$

這個規則稱為 連鎖法則，對一般的合成函數的微分非常有用.

定理 3-10 連鎖法則

若 $y=f(u)$ 與 $u=g(x)$，g 在 x 處可微分，而 f 在 $u=g(x)$ 處可微分，則合成函數 $y=(f\circ g)(x)=f(g(x))$ 在 x 處可微分，且

$$\frac{d}{dx}f(g(x))=f'(g(x))g'(x) \tag{3-7}$$

上式亦可用 萊布尼茲 符號表為

$$\frac{dy}{dx}=\frac{dy}{du}\frac{du}{dx}. \tag{3-8}$$

在公式 (3-7) 中，我們稱 f 為"外函數"而 g 為"內函數". 因此，$f(g(x))$ 的導函數為外函數在內函數的導函數乘以內函數的導函數.

公式 (3-8) 很容易記憶，因為，若我們"消去"右邊的 du，則恰好得到左邊的結果. 當使用 x、y 與 u 以外的變數時，此"消去"方式提供一個很好的方法去記憶.

例如，若 $y=(x^2+6x+1)^4$，我們令 $f(x)=x^4$, $g(x)=x^2+6x+1$，則 $y=f(g(x))$. 於是，

$$\frac{dy}{dx} = 4\underbrace{(x^2+6x+1)^3}_{f'(g(x))}\underbrace{(2x+6)}_{g'(x)}.$$

例題 1 若 $y=u^3+1$, $u=\dfrac{1}{x^2}$，求 $\dfrac{dy}{dx}$.

解 $\dfrac{dy}{dx} = \dfrac{dy}{du}\dfrac{du}{dx} = \dfrac{d}{du}(u^3+1)\dfrac{d}{dx}\left(\dfrac{1}{x^2}\right) = (3u^2)\left(-\dfrac{2}{x^3}\right)$

$= 3\left(\dfrac{1}{x^2}\right)^2\left(-\dfrac{2}{x^3}\right) = -\dfrac{6}{x^7}.$

例題 2 若 $y=\sqrt{2u}+3$, $u=x+1$，求 $\dfrac{dy}{dx}$.

解 $\dfrac{dy}{dx} = \dfrac{dy}{du}\dfrac{du}{dx} = \dfrac{d}{du}(\sqrt{2u}+3)\dfrac{d}{dx}(x+1)$

$= \dfrac{1}{2}(2u)^{1/2-1}\dfrac{d}{du}2u \cdot 1$

$= \dfrac{2}{2\sqrt{2u}} = \dfrac{1}{\sqrt{2u}} = \dfrac{1}{\sqrt{2x+2}}.$

例題 3 若 $f'(x)=\sqrt{x}$,且 $y=f\left(\dfrac{2x-1}{x+1}\right)$,求 $\dfrac{dy}{dx}$.

解
$$\dfrac{dy}{dx}=\dfrac{d}{dx}f\left(\dfrac{2x-1}{x+1}\right)=\overbrace{f'\left(\dfrac{2x-1}{x+1}\right)}^{f'(g(x))}\overbrace{\dfrac{d}{dx}\left(\dfrac{2x-1}{x+1}\right)}^{g'(x)}$$

$$=f'\left(\dfrac{2x-1}{x+1}\right)\dfrac{(x+1)(2)-(2x-1)}{(x+1)^2}=f'\left(\dfrac{2x-1}{x+1}\right)\dfrac{3}{(x+1)^2}$$

$$=\sqrt{\dfrac{2x-1}{x+1}}\dfrac{3}{(x+1)^2}.$$

例題 4 已知 $y=|x+2|$,求 $\dfrac{dy}{dx}$.

解 因 $|x+2|=\sqrt{(x+2)^2}$

故 $\dfrac{dy}{dx}=\dfrac{d}{dx}\sqrt{(x+2)^2}$

$$=\underbrace{\dfrac{1}{2}[(x+2)^2]^{1/2-1}}_{f'(g(x))}\underbrace{\dfrac{d}{dx}(x+2)^2}_{g'(x)}$$

$$=\dfrac{1}{2}\cdot\dfrac{1}{[(x+2)^2]^{1/2}}\cdot\underbrace{2(x+2)^{2-1}\cdot\dfrac{d}{dx}(x+2)}_{\text{導數的一般乘冪公式}}$$

$$=\dfrac{1}{2}\cdot\dfrac{1}{|x+2|}\cdot 2(x+2)\cdot 1 \qquad\text{絕對值的定義}$$

$$=\dfrac{x+2}{|x+2|}.$$

習題 3-3

1. 若 $y=f(u)=3u+2$, $u=g(x)=\dfrac{1}{x}$, 求 $\dfrac{dy}{dx}$.

2. 若 $y=f(u)=2u^2+1$, $u=g(x)=x^{3/2}+2$, 求 $\dfrac{dy}{dx}$.

3. 若 $y=f(u)=\sqrt{u^2+1}$, $u=g(x)=x^2+x$, 求 $\dfrac{dy}{dx}$.

4. 若 $y=f(u)=(u^2+4)^4$, $u=g(x)=x^{-2}$, 求 $\dfrac{dy}{dx}$.

5. 若 $y=f(u)=\dfrac{1}{\sqrt{1+u^2}}$, $u=g(x)=\sqrt{x}+1$, 求 $\dfrac{dy}{dx}$.

6. 若 $y=f(u)=\dfrac{1}{u+1}$, $u=g(v)=v^2+1$, $v=h(x)=\sqrt{x+1}$, 求 $\dfrac{dy}{dx}$.

7. 假設 f 為可微分函數且 $f'(x)=\dfrac{1}{x^2+1}$. 令 $g(x)=f(x^3+2)$, 求 $g'(x)$.

8. 若 f 為可微分函數且 $f\left(\dfrac{x-1}{x+1}\right)=x$, 求 $f'(0)$.

   (提示：等號兩端同時對 x 微分, 等號左端利用公式 $\dfrac{d}{dx}f(g(x))=f'(g(x))\,g'(x)$, 再以 $x=1$ 代入.)

9. 已知 $y=|x^2+1|$, 求 $\dfrac{dy}{dx}$.

10. 已知 $y=|x^2+x+1|$, 求 $\dfrac{dy}{dx}$.

11. 若 $g(x)=f(a+nx)+f(a-nx)$, 此處 f 在 a 可微分, 求 $g'(0)$.

12. 若 f 為可微分函數，試利用連鎖法則證明：
    (1) 若 f 為偶函數，則 f' 為奇函數.
    (2) 若 f 為奇函數，則 f' 為偶函數.

13. 若 u 為 x 的可微分函數，試證：$\dfrac{d}{dx}|u| = \dfrac{u}{|u|}\dfrac{du}{dx}$，$u \neq 0$.

3-4 視導數為變化率

我們已瞭解函數之導數為函數圖形上切線之斜率. 現在我們將開始介紹，函數之導數可視為對於自變數之變化率. 假設 Δx 表自變數之增量，則自變數由 x 增至 $x+\Delta x$ 時，函數 $y=f(x)$ 之變化量，記為 Δy，定義為

$$\Delta y = f(x+\Delta x) - f(x)$$

故函數 f 在區間 $[x, x+\Delta x]$ 內之平均變化率為

$$\frac{\Delta y}{\Delta x} = \frac{f(x+\Delta x) - f(x)}{\Delta x}.$$

我們將此平均變化率在 $\Delta x \to 0$ 時之極限值定義為函數 $f(x)$ 之瞬時變化率 (instantaneous rate of change)，簡稱為變化率，如下所述

$$\lim_{\Delta x \to 0} \frac{\Delta y}{\Delta x} = \lim_{\Delta x \to 0} \frac{f(x+\Delta x) - f(x)}{\Delta x} \qquad (3\text{-}9)$$

此一瞬時變化率顯然為導數 $f'(x)$，故 $y=f(x)$ 之瞬時變化率為

$$\frac{dy}{dx} = f'(x)$$

而 y 對於 x 之百分變化率如下式所述

表 3-1

x 代表	y 代表	$\dfrac{f(x+\Delta x)-f(x)}{\Delta x}$ 表示	$\displaystyle\lim_{\Delta x\to 0}\dfrac{f(x+\Delta x)-f(x)}{\Delta x}$ 表示
時間	銀行帳戶存款之數目 (視作本金)	在時間區間 $[x, x+\Delta x]$ 中本金之平均變化率	在時間為 x 時本金之瞬時變化率，即利率
銷售商品之數量	銷售 x 單位商品之收益	當銷售水準介於 x 與 $x+\Delta x$ 時收益之平均變化率	當銷售水準為 x 單位時，收益之瞬時變化率，即邊際收益
時間	在時間為 x 之銷售量	在時間區間 $[x, x+\Delta x]$ 中銷售量之平均變化率	在時間為 x 時銷售量之瞬時變化率

$$\text{百分變化率}=100\%\,\frac{f'(x)}{f(x)}=100\%\,\frac{\dfrac{dy}{dx}}{y}. \tag{3-10}$$

在應用上，瞬時變化率可代表不同的意義，如表 3-1 所述.

例題 1 某國之國民總生產毛額 (GNP) 以一固定比率成長．在 1999 年 GNP 為 1,250 億元，且在 2001 年 GNP 為 1,550 億元．試問在 2004 年 GNP 成長之百分變化率為多少？

解 令 $t=0$ 代表 1999 年，則 2001 年對應於 $t=2$. 先求出 GNP 成長之趨勢線方程式為

$$y-125=\frac{155-125}{2-0}(t-0) \quad \text{或} \quad y=15t+125$$

令 $P(t)=15t+125$，$P(t)$ 以十億元為單位

$$P'(t)=15\ (\text{十億元／年})$$

在 2004 年 GNP 成長之百分變化率為

$$100\%\times\frac{P'(5)}{P(5)}=100\%\times\frac{15}{200}=7.5\%\,/\text{年}.$$

例題 2 大成電腦公司從民國 80 年到民國 89 年的每股收入 R（以元計）可表為 $R = (0.03 t^2 + 0.2 t + 3.2)^2$ 元，$1 \le t \le 10$，其中 $t = 1$ 代表民國 80 年．利用此一模型求民國 81 年、民國 83 年和民國 87 年每股收入的變化率之近似值．如果你於民國 80 年至民國 89 年曾任大成電腦公司的監察人，你對股價的表現是否滿意？

解 R 的變化率為 $\dfrac{dR}{dt}$，故

$$\begin{aligned}
\frac{dR}{dt} &= \frac{d}{dt}(0.03t^2 + 0.2t + 3.2)^2 \\
&= 2(0.03t^2 + 0.2t + 3.2)\frac{d}{dt}(0.03t^2 + 0.2t + 3.2) \quad (\frac{d}{dt}[f(t)]^n = n[f(t)]^{n-1}f'(t)) \\
&= 2(0.03t^2 + 0.2t + 3.2)(0.06t + 0.2) \\
&= (0.03t^2 + 0.2t + 3.2)(0.12t + 0.4)
\end{aligned}$$

(1) 在民國 81 年，每股收入的變化率為

$$[0.03(2)^2 + 0.2(2) + 3.2][0.12(2) + 0.4] \approx 2.38 \text{ (元／每年)}$$

(2) 在民國 83 年，每股收入的變化率為

$$[0.03(4)^2 + 0.2(4) + 3.2][0.12(4) + 0.4] \approx 3.94 \text{ (元／每年)}$$

(3) 在民國 87 年，每股收入的變化率為

$$[0.03(8)^2 + 0.2(8) + 3.2][0.12(8) + 0.4] \approx 9.14 \text{ (元／每年)}$$

由於每股收入之變化率逐年遞增，故對股價的表現是滿意的．

經濟學上的應用（邊際分析）

經濟學上的邊際分析主要是用來研究經濟數量之變動率，舉例來說，經濟學家不僅關心整個經濟體系在既定的期間內國民總生產毛額（GNP）有多少，而且也同樣地關心 GNP 的成長或下降比率，而製造業者也是如此，不僅注意某個商品在生產水準

下的總成本，而且也關心在該生產水準下的總成本變動比率．這樣的例子實在不勝枚舉．

例如，在 1-6 節中我們曾討論到，若成本函數為線性函數 $C(x)=mx+b$，則 m 表每個產品之邊際成本，但若成本函數 $C(x)$ 非線性，則應如何去求邊際成本？

(一) 成本函數

例題 3 假設利台公司製造 x 台電視機所需的每週總成本為

$$C(x)=8{,}000+200x-0.2x^2,\ 0\le x\le 400 \quad \text{(以元為單位)}$$

(1) 試求製造第 251 台電視機所需之實際成本為多少？

(2) 當 $x=250$ 時，試求總成本對 x 的變化率．

(3) 比較 (1) 與 (2) 所得出的結果．

解 (1) 生產第 251 台電視機所需之實際成本，也就等於生產前 251 台電視機所需的總成本與生產前 250 台電視機所需的總成本之差額．因此，實際成本為

$$\begin{aligned}C(251)-C(250)&=[8000+200(251)-0.2(251)^2]\\&\quad-[8000+200(250)-0.2(250)^2]\\&=45{,}599.8-45{,}500\\&=99.8\ \text{(元)}.\end{aligned}$$

(2) 總成本函數 C 對於 x 的變化率等於 C 的導函數，亦即 $C'(x)=200-0.4x$．於是，當生產水準為 250 台電視機時，總成本對 x 的變化率為

$$C'(250)=200-0.4(250)=100\ \text{(元)}.$$

(3) 由 (1) 之結果得知，實際生產第 251 台電視機的成本為 99.8 元，與 (2) 所求得之 100 元相差無幾，究其原因，我們觀察 $C(251)-C(250)$ 的差額可以寫成下面之形式

$$\frac{C(251)-C(250)}{1}=\frac{C(250+1)-C(250)}{1}=\frac{C(250+h)-C(250)}{h}$$

圖 3-6

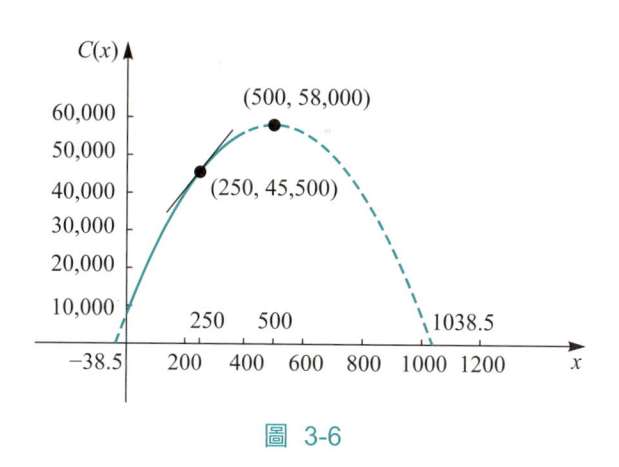

其中 $h=1$，換言之，$C(251)-C(250)$ 的差額正是總成本函數 C 在區間 $[250, 251]$ 的平均變化率；或，相當於經過成本曲線上兩點 $(250, 45,500)$ 與 $(251, 45,599.8)$ 的割線斜率．而在另一方面，$C'(250)=100$ 乃為總成本函數 C 在 $x=250$ 之瞬時變化率，相當於成本函數 C 的圖形在 $x=250$ 切線之斜率，如圖 3-6 所示．現在，當 h 很小時，函數 C 之平均變化率即為函數 C 之瞬時變化率的最佳近似值．於是，

$$\begin{aligned} C(251)-C(250) &= \frac{C(251)-C(250)}{1} \\ &= \frac{C(250+h)-C(250)}{h} \\ &\approx \lim_{h \to 0} \frac{C(250+h)-C(250)}{h} \\ &= C'(250). \end{aligned}$$

若廠商已於某一生產水準下生產，則再增加一單位商品的生產所需之實際成本稱為邊際成本．瞭解這個成本之概念，對廠商日後的管理決策大有裨益．在本例題中，我們利用相關的總成本函數在適當點上的瞬時變化率即可估計出該單位的邊際成本．因此，經濟學家便定義出所謂邊際成本函數恰為所對應之總成本函數的導函數，換言

(i) 邊際成本 $C'(x)$

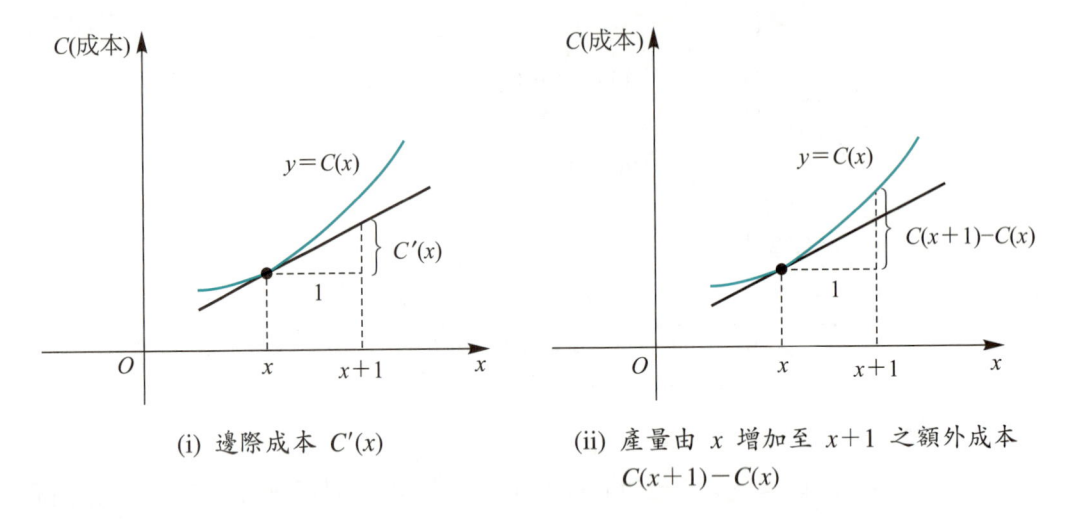

(ii) 產量由 x 增加至 $x+1$ 之額外成本 $C(x+1)-C(x)$

圖 3-7　邊際成本 $C'(x)$ 近似於 $C(x+1)-C(x)$

之，若 C 表總成本函數，則其邊際成本函數定義為其導函數 C'，亦即，

$$MC(x)=C'(x) \approx C(x+1)-C(x)=\text{多生產一單位商品之額外成本} \tag{3-11}$$

邊際成本 $C'(x)$ 與額外成本 $C(x+1)-C(x)$ 間之幾何關係如圖 3-7 所示．

例題 4　假設某公司生產 x 單位商品的成本為 $C(x)=500+30x-x^2$ 元 ($0 \leq x \leq 12$)．

(1) 試求 $x=9$ 時的邊際成本．

(2) 解釋 $C'(9)$．

(3) 求生產第 10 個單位的真正成本，即 $C(10)-C(9)$．

解　(1) 邊際成本為

$$C'(x)=\frac{d}{dx}(500+30x-x^2)=30-2x$$

$x=9$ 時，得　　$C'(9)=30-2(9)=12$

即 $x=9$ 時之邊際成本為 12 元．

(2) $x=9$ 時之邊際成本為 12 元，這表示在生產 9 個單位之後，再生產下一個單位 (即第 10 個單位) 的成本約為 12 元．

(3) $C(10)-C(9)=500+30\cdot(10)-(10)^2-[500+30\cdot(9)-(9)^2]$
$\qquad\qquad\qquad =700-689=11$ （元）

故生產第 10 個單位之真正成本為 11 元.

(二) 收益函數

總收益函數定義為

$$R(x)=px$$

此處 x 表示某商品銷售的單位數量，p 為單位售價.

我們可解需求方程式，將 p 以 x 表之，我們得單位價格函數 f，為

$$p=f(x)$$

於是，$R(x)=px=x\,f(x)$.

邊際收益函數 (marginal revenue function) 定義為

$$MR(x)=R'(x)\approx R(x+1)-R(x)=多銷售一單位商品之額外收益. \tag{3-12}$$

例題 5 金像電子公司預測其所生產磁碟片的每月需求量為

$$p=\frac{600-x}{200}$$

圖 3-8 告訴我們當價格遞減時，磁碟片之需求量遞增，表 3-2 列出在不同價格之下磁碟片之需求量.

表 3-2

x	600	500	400	300	200	100	0
p	0 元	0.5 元	1 元	1.5 元	2 元	2.5 元	3 元

(1) 試求總收益函數 R.

(2) 試求邊際收益函數 R'.

圖 3-8 磁碟片的銷售量

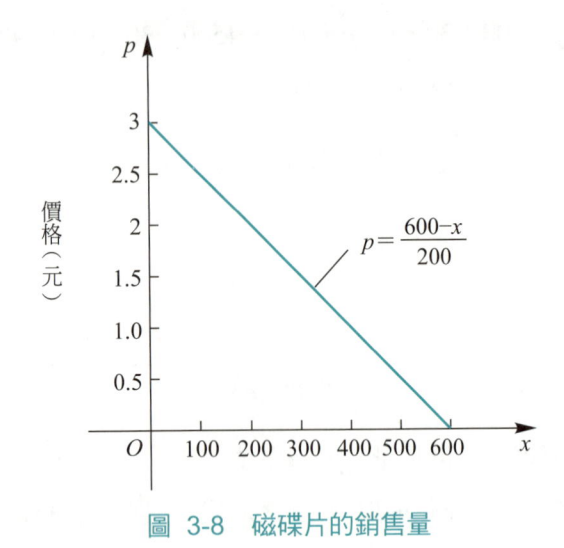

(3) 計算 $R'(200)$，並解釋所得之結果．

解 (1) 已知需求量為

$$p = \frac{600-x}{200} \quad (0 \le x \le 600)$$

又收益為 $R = xp$，故總收益函數為

$$R(x) = xp = x\left(\frac{600-x}{200}\right) = \frac{1}{200} \cdot (600x - x^2)$$

(2) 由微分，求得邊際收益為

$$R'(x) = \frac{d}{dx}\left[\frac{1}{200}(600x - x^2)\right] = \frac{1}{200}(600 - 2x)$$

(3) $$R'(200) = \frac{1}{200}[600 - 2(200)] = 1$$

上述之結果可解釋為，銷售第 201 片磁碟片的實際收益約為 1 元，亦即 $x = 200$ 時的邊際收益．

註　經濟學家常將需求函數表示為 $p=f(x)$，即價格是需求量之函數．然而由消費者的觀點來看待，將需求量 x 視為價格的函數，即 $x=f(p)$ 更為合理．但是站在數學的立場來討論，這兩種論點是相同的，因為典型的需求函數是一對一函數，故有反函數存在．例如，在例題 5 中，可將需求函數寫成 $x=f(p)=600-200p$．

(三) 利潤函數

總利潤函數 P 定義為

$$P(x)=R(x)-C(x) \tag{3-13}$$

此處 R 與 C 分別表示總收益函數及總成本函數，而 x 則表示該商品生產及銷售的單位數量．所謂的邊際利潤函數 $P'(x)$ 即是用以測定利潤函數 P 的變化率，以提供我們預測銷售該商品第 $(x+1)$ 單位時的實際利潤或虧損（假設第 x 單位商品已經售出）．故邊際利潤函數 (marginal profit function) 定義為

$$MP(x)=P'(x) \approx P(x+1)-P(x)=\text{多銷售一單位產品之額外利潤．} \tag{3-14}$$

例題 6　某公司生產個人電腦，每台電腦的成本為 150.00（元）且目前每天可生產 100 台．該公司之行銷部門預估每天可以價格 $p=\dfrac{400}{\sqrt{1+0.02x}}$ 元銷售 x 台電腦．試決定邊際利潤，且計算在 $x=100$ 時之邊際利潤，並解釋其結果．

解　令 $C(x)$、$R(x)$ 與 $P(x)$ 分別代表生產 x 台電腦，每天的成本、收益與利潤，則

$$C(x)=150x$$

$$R(x)=px=\dfrac{400x}{\sqrt{1+0.02x}}$$

$$P(x)=R(x)-C(x)=\dfrac{400x}{\sqrt{1+0.02x}}-150x$$

於是，邊際利潤 $P'(x)$ 為

$$P'(x) = \frac{(1+0.02x)^{1/2}(400) - (400x)\left(\frac{1}{2}\right)(1+0.02x)^{-1/2}(0.02)}{1+0.02x} - 150$$

$$= \frac{(1+0.02x)400 - 4x}{(1+0.02x)^{3/2}} - 150$$

$$P'(100) = \frac{(1+2)400 - 400}{(3)^{3/2}} - 150 \approx 153.96 - 150 = 3.96 \text{ (元)}$$

上述之結果可解釋為若增加生產一台電腦僅可增加利潤大約 3.96 元，且在 $x = 100$ 時，該公司對每台電腦僅有 150.00 元的成本，就可獲得售價 $p = 400/\sqrt{3} \approx 230.94$ 元，利潤大約是 80.94 元.

習題 3-4

1. 某一社區之人口預估距現在 t 年近似於函數 $P(t) = 20 - \dfrac{6}{t+1}$，$P(t)$ 以千人為單位.
   (1) 試導出該社區人口對於時間，距現在 t 年人口變動之變化率的式子.
   (2) 距現在 1 年，該社區人口成長之變化率為多少？
   (3) 在第二年該社區人口實際增加多少？
   (4) 距現在 9 年，該社區人口成長之變化率為多少？
   (5) 距現在 9 年，該社區人口成長之百分變化率為多少？

2. 某公司在 2000 年開業 t 年後，預估其每年獲利總額近似於函數 $A(t) = 0.1t^2 + 10t + 20$，$A(t)$ 以千元為單位.
   (1) 在 2004 年，公司每年獲利總額對於時間 t 成長之變化率為多少？
   (2) 在 2004 年，公司每年獲利總額對於時間 t 成長之百分變化率為多少？

3. 某一國家在 1990 年後 t 年之國民總生產毛額 (GNP) 為 $N(t) = t^2 + 5t + 106$ (以十億元為單位).

(1) 在 1998 年 GNP 對於時間之變動的變化率為何？

(2) 在 1998 年 GNP 對於時間之變動的百分變化率為何？

4. 設總成本函數為固定成本 F 與一變動成本 $g(x)$ 之和，試證邊際成本與固定成本無關．

5. 設二次成本函數 $C(x)=ax^2+bx+c$，其中 $a>0$，$b\geq 0$，$c\geq 0$，求邊際平均成本．

6. 設需求函數為 $p(x)=15-2x$，$0<x<\dfrac{15}{2}$，試求其邊際收入．

7. 利台公司製造之洗衣機每週需求函數為

$$p=-0.02x+300, \quad 0\leq x\leq 15{,}000$$

此處 p 表批發單位售價（以元計）且 x 表需求數量．另外，製造這些洗衣機的每週總成本函數為

$$C(x)=0.000003x^3-0.04x^2+200x+70{,}000 \text{ (元)}$$

(1) 求總收益函數 R 與總利潤函數 P．

(2) 求邊際成本函數 C'、邊際收益函數 R' 及邊際利潤函數 P'．

(3) 求 $\overline{C}$ 的邊際平均成本函數 $\overline{C}'$．

(4) 計算 $C'(3000)$、$R'(3000)$ 及 $P'(3000)$，並解釋所得之結果．

8. 生產某品牌之錄音機 x 台的總生產成本為

$$C(x)=400+20x \text{ (元)}$$

(1) 試求平均成本函數 $\overline{C}$．

(2) 試求邊際平均成本函數 $\overline{C}'$．

(3) 解釋 (1) 與 (2) 所得出之結果．

3-5 隱微分法

前面所討論的函數皆由方程式 $y=f(x)$ 的形式來定義．例如，方程式 $y=x^2+1$ 定義 $f(x)=x^2+1$，這種函數的導函數可以很容易求出．但是，並非所有的函數皆是如此定義的．試看下面方程式

$$x^2+y^2=1 \tag{3-15}$$

x 與 y 之間顯然不是函數關係，但是對於函數 $f(x)=\sqrt{1-x^2}$，$x\in[-1, 1]$，其定義域內所有 x 皆可滿足 (3-15) 式，即

$$x^2+(\sqrt{1-x^2})^2=1$$

此時，我們說 f 為方程式 (3-15) 所定義的隱函數．一般而言，由方程式 $f(x, y)=0$ 所定義的函數並不唯一．例如，$g(x)=-\sqrt{1-x^2}$，$x\in[-1, 1]$，亦為方程式 (3-15) 所定義的隱函數．

同理，考慮下面方程式

$$x^2-2xy+y^2=x \tag{3-16}$$

若令 $y=f(x)$，則 $f(x)=x+\sqrt{x}$，$x\in[0, \infty)$，滿足 (3-16) 式，故 f 為方程式 (3-16) 所定義的隱函數．

若我們要求 f 的導函數，依前面學過的微分方法，勢必要先求出 f，但是，有時候要自所給的方程式解出 f 並不是一件很容易的事．因此，我們不必自方程式解出 f，只要對原方程式直接微分就可求出 f 的導函數，這種求隱函數的導函數的方法，稱為隱微分法．

例題 1 若 $x^2+y^2=2xy^2$ 定義 $y=f(x)$ 之可微分函數. 試求 $\dfrac{dy}{dx}$.

解
$$\dfrac{d}{dx}(x^2+y^2)=\dfrac{d}{dx}(2xy^2) \qquad \text{等號兩端對 } x \text{ 微分}$$

$$2x+2y\dfrac{dy}{dx}=2x\left(2y\dfrac{dy}{dx}\right)+y^2\dfrac{d}{dx}(2x) \qquad \text{隱微分}$$

$$(2y-4xy)\dfrac{dy}{dx}=2y^2-2x \qquad \text{合併 } \dfrac{dy}{dx} \text{ 項}$$

$$\dfrac{dy}{dx}=\dfrac{2y^2-2x}{2y-4xy}=\dfrac{y^2-x}{y-2xy}, \text{ 若 } y-2xy\neq 0.$$

例題 2 設 $\sqrt{x}+\sqrt{y}=8$ 定義 $y=f(x)$ 之可微分函數.

(1) 利用隱微分法求 $\dfrac{dy}{dx}$.

(2) 先解 y 而用 x 表之，然後求 $\dfrac{dy}{dx}$.

(3) 驗證 (1) 與 (2) 的解是一致的.

解 (1) $\sqrt{x}+\sqrt{y}=8 \Rightarrow \dfrac{d}{dx}(\sqrt{x}+\sqrt{y})=\dfrac{d}{dx}(8)$

$$\Rightarrow \dfrac{1}{2\sqrt{x}}+\dfrac{1}{2\sqrt{y}}\dfrac{dy}{dx}=0$$

$$\Rightarrow \dfrac{dy}{dx}=-\dfrac{\sqrt{y}}{\sqrt{x}} \; (x>0)$$

(2) $\sqrt{x}+\sqrt{y}=8 \Rightarrow \sqrt{y}=8-\sqrt{x}$

$$\Rightarrow y=(8-\sqrt{x})^2=64-16\sqrt{x}+x$$

$$\Rightarrow \dfrac{dy}{dx}=\dfrac{d}{dx}(64-16\sqrt{x}+x)$$

$$= -\frac{8}{\sqrt{x}} + 1$$

(3) $\dfrac{dy}{dx} = -\dfrac{\sqrt{y}}{\sqrt{x}} = -\dfrac{8-\sqrt{x}}{\sqrt{x}} = -\dfrac{8}{\sqrt{x}} + 1$.

例題 3　求曲線 $y^2 - x + 1 = 0$ 在點 $(2, -1)$ 的切線方程式.

解
$$\frac{d}{dx}(y^2 - x + 1) = 0$$

可得 $2y\dfrac{dy}{dx} - 1 = 0$，即，$\dfrac{dy}{dx} = \dfrac{1}{2y}$.

在點 $(2, -1)$ 的切線斜率為 $m = \left.\dfrac{dy}{dx}\right|_{(2,\,-1)} = -\dfrac{1}{2}$，

故在該處的切線方程式為 $y - (-1) = -\dfrac{1}{2}(x - 2)$，

即，$x + 2y = 0$. 圖形如圖 3-9 所示.

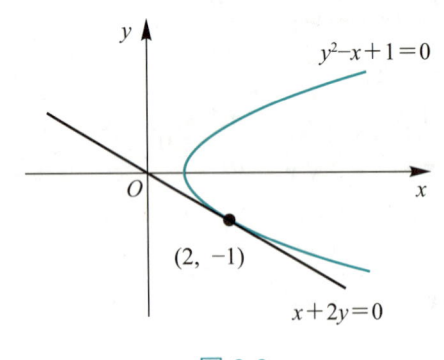

圖 3-9

習題 3-5

1. 設方程式 $x^2-xy+y^2=3$ 所定義的函數 $y=f(x)$ 為可微分函數，求 $\dfrac{dy}{dx}$.

2. 設方程式 $x^6+2x^3y-xy^7=5$ 所定義的函數 $y=f(x)$ 為可微分函數，求 $\dfrac{dy}{dx}$.

3. 若 $\dfrac{\sqrt{x}+1}{\sqrt{y}+1}=y$，求 $\dfrac{dy}{dx}$.

4. 若 $2\sqrt{y-1}=8x^{2/3}$，求 $\dfrac{dy}{dx}$.

5. 若 $\dfrac{6+5x}{2-3y}=\dfrac{1}{5x}$，求 $\dfrac{dy}{dx}$.

6. 若 $\sqrt{x}+\sqrt{y}=3$，求 $\dfrac{d^2y}{dx^2}\bigg|_{(1,\ 4)}$.

7. 若 $y^3-3y^2+x=0$，求 $\dfrac{d^2x}{dy^2}\bigg|_{(1,\ 2)}$.

8. 已知 $x^2-xy+y^2=3$，求 $\dfrac{d^2y}{dx^2}$.

9. 設 $x^2-2xy+y^2=x$ 隱定義兩個函數 $f_1(x)$ 與 $f_2(x)$.

    (1) 求 $f_1(x)$ 與 $f_2(x)$.

    (2) 求 $f_1'(x)$ 與 $f_2'(x)$.

    (3) 利用隱微分法求 $\dfrac{dy}{dx}$.

(4) 試證明將 $y=f_1(x)$ 代入 $\dfrac{dy}{dx}$ 中所得之結果等於 $f_1'(x)$.

(5) 試證明將 $y=f_2(x)$ 代入 $\dfrac{dy}{dx}$ 中所得之結果等於 $f_2'(x)$.

10. 求曲線 $x^3+x^2y+y^3=9$ 在點 $(-1, 2)$ 之切線方程式.

11. 試證：在拋物線 $y^2=cx$ 上點 (x_0, y_0) 處之切線方程式為

$$y_0 y = \dfrac{c}{2}(x_0 + x).$$

12. 試證：在橢圓 $\dfrac{x^2}{a^2}+\dfrac{y^2}{b^2}=1$ 上點 (x_0, y_0) 處之切線方程式為

$$\dfrac{x_0 x}{a^2}+\dfrac{y_0 y}{b^2}=1.$$

13. 試求曲線 $(x^2+y^2)^2=4x^2y$ 在點 $(1, 1)$ 之切線方程式.

14. 某日用品之需求函數為

$$p=\dfrac{500{,}000}{2x^3+400x+5{,}000}$$

此處 p 為價格 (以元計) 且 x 為需求量，以 10 為單位計算．試求當 $x=100$ 時，需求對於價格之變化率，並解釋其結果．

3-6 增量與微分

若 $y=f(x)$,則

$$\Delta y = f(x+\Delta x) - f(x)$$

增量記號可以用在導函數的定義中,僅需將定義 3-4 中的 h 以 Δx 取代即可,即

$$f'(x) = \lim_{\Delta x \to 0} \frac{f(x+\Delta x) - f(x)}{\Delta x} = \lim_{\Delta x \to 0} \frac{\Delta y}{\Delta x} \tag{3-17}$$

(3-17) 式可以敘述如下:f 的導函數為因變數的增量 Δy 與自變數的增量 Δx 的比值在 Δx 趨近零時的極限. 注意,在圖 3-10 中,$\dfrac{\Delta y}{\Delta x}$ 為通過 P 與 Q 之割線的斜率. 由 (3-17) 式可知,若 $f'(x)$ 存在,則

$$\frac{\Delta y}{\Delta x} \approx f'(x), \text{ 當 } \Delta x \approx 0$$

就圖形上而言,若 $\Delta x \to 0$,則通過 P 與 Q 之割線的斜率 $\dfrac{\Delta y}{\Delta x}$ 趨近在點 P 的切線之斜率 $f'(x)$,也可寫成

$$\Delta y \approx f'(x)\Delta x, \text{ 當 } \Delta x \approx 0.$$

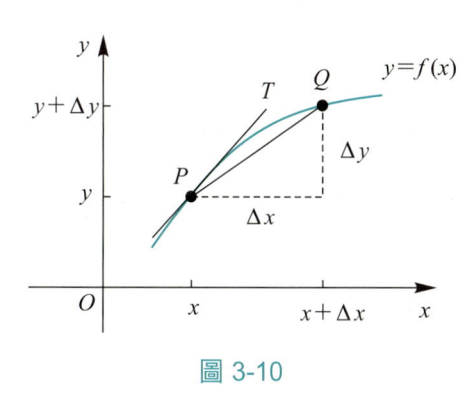

圖 3-10

在下面定義中，我們給 $f'(x) \Delta x$ 一個特別的名稱.

定義 3-6

若 $y=f(x)$，其中 f 為可微分函數，Δx 為 x 的增量，則
(1) 自變數 x 的微分 (differential) dx 為 $dx=\Delta x$.
(2) 因變數 y 的微分 dy 為 $dy=f'(x) \Delta x=f'(x) dx$.

注意，dy 的值與 x 及 Δx 兩者有關. 由定義 3-6(1) 可看出，只要涉及自變數 x，則增量 Δx 與微分 dx 沒有差別.

例題 1 令 $y=f(x)=\sqrt{x}$，若 $x=4$，$dx=\Delta x=3$，求 Δy 與 dy.

解 $\Delta y=f(x+\Delta x)-f(x)=\sqrt{x+\Delta x}-\sqrt{x}$

當 $x=4$，$\Delta x=3$ 時，
$$\Delta y=\sqrt{4+3}-\sqrt{4}=\sqrt{7}-2 \approx 0.65$$

$$dy=f'(x) dx=\frac{1}{2\sqrt{x}} dx.$$

當 $x=4$，$dx=3$ 時，
$$dy=\frac{1}{2\sqrt{4}} \cdot 3=\frac{3}{4}=0.75.$$

若 $\Delta x \to 0$，則
$$\Delta y \approx dy=f'(x) dx$$

因此，若 $y=f(x)$，則對微小的變化量 Δx 而言，因變數的真正變化量 Δy 可以用 dy 來近似. 因 $\dfrac{dy}{dx}=f'(x)$ 為曲線 $y=f(x)$ 在點 $(x, f(x))$ 之切線的斜率，故微分 dy

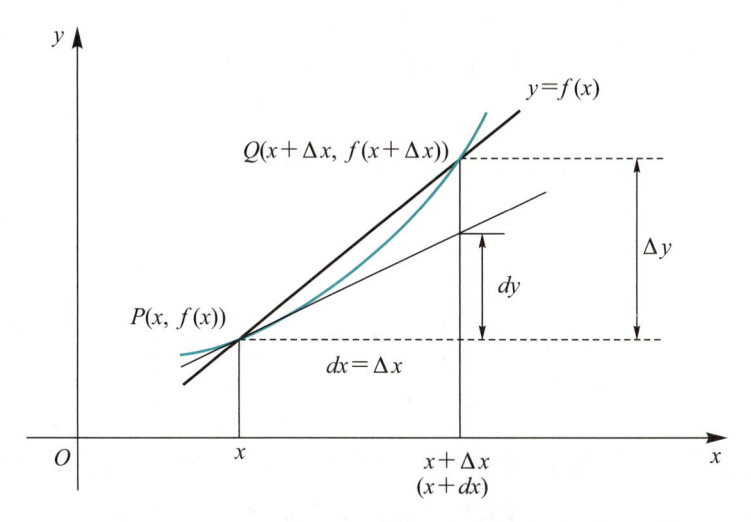

$$f(x+\Delta x) \approx f(x)+dy=f(x)+f'(x)\,dx$$

圖 3-11

與 dx 可解釋為該切線的對應縱距與橫距．由圖 3-11 可以瞭解增量 Δy 與微分 dy 的區別．假設我們給予 dx 與 Δx 同樣的值，即，$dx=\Delta x$．當我們由 x 開始沿著曲線 $y=f(x)$ 直到在 x 方向移動 Δx（$=dx$）單位時，Δy 代表 y 的變化量；而若我們由 x 開始沿著切線直到在 x 方向移動 dx（$=\Delta x$）單位，則 dy 代表 y 的變化量．

例題 2 已知 $f(x)=x^3-x$，若 x 由 1 變化到 1.1 時，求：

(1) f 之實際變化 Δf．

(2) f 之近似變化 df．

(3) 近似誤差 $|\Delta f-df|$．

解 因 x 由 1 變化到 1.1，故 $x=1$，$\Delta x=dx=0.1$，又 $f'(x)=3x^2-1$．

(1) $\Delta f=f(x+dx)-f(x)=f(1.1)-f(1)=0.231$．

(2) $df=f'(x)\,dx=[3(1)^2-1](0.1)=0.2$．

(3) $|\Delta f-df|=|0.231-0.2|=0.031$．

例題 3 設 $y=(1-x^2)^{1/3}$，當 $x=3$，$dx=1$ 時，求 dy．

解 因
$$\frac{dy}{dx} = \frac{d}{dx}(1-x^2)^{1/3} = \frac{1}{3}(1-x^2)^{-2/3}(-2x)$$

故
$$dy = -\frac{2}{3}x(1-x^2)^{-2/3}\,dx$$

當 $x=3$, $dx=1$ 時,

$$dy = \left(-\frac{2}{3}\right)(3)(1-3^2)^{-2/3}(1) = -\frac{1}{2}.$$

圖 3-12 指出,若 f 在 a 為可微分,則在點 $(a, f(a))$ 附近,切線相當近似曲線. 因切線通過點 $(a, f(a))$ 且斜率為 $f'(a)$,故切線的方程式為

$$y - f(a) = f'(a)(x-a)$$

或
$$y = f(a) + f'(a)(x-a)$$

線性函數
$$L(x) = f(a) + f'(a)(x-a) \tag{3-18}$$

(其圖形為切線) 稱為 f 在 a 的線性化 (linearization). 對於靠近 a 的 x 值而言,切線的高度 y 將與曲線的高度 $f(x)$ 很接近,所以,

$$f(x) \approx f(a) + f'(a)(x-a) \tag{3-19}$$

若令 $\Delta x = x - a$,即,$x = a + \Delta x$,則 (3-19) 式可寫成另外的形式:

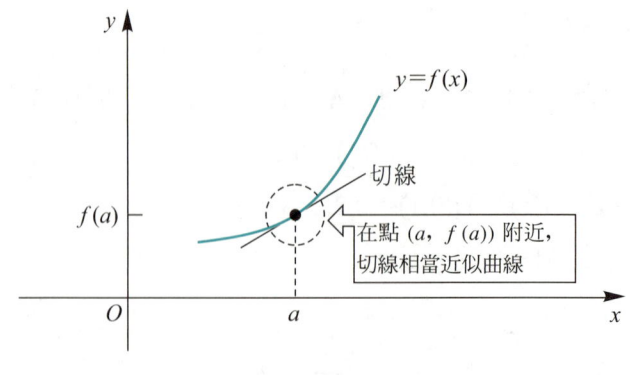

圖 3-12

$$f(a+\Delta x) \approx f(a)+f'(a)\Delta x \qquad (3\text{-}20)$$

當 $\Delta x \to 0$ 時，其為最佳近似值，此結果稱為 f 在 a 附近的**線性近似** (linear approximation) 或**切線近似** (tangent line approximation).

例題 4 求函數 $f(x)=\sqrt{x+3}$ 在 $x=1$ 的線性化，並利用它計算 $\sqrt{4.02}$ 的近似值．

解 $f(x)=\sqrt{x+3}$ 的導函數為 $f'(x)=\dfrac{1}{2}(x+3)^{-1/2}=\dfrac{1}{2\sqrt{x+3}}$，

可得 $f(1)=2$, $f'(1)=\dfrac{1}{4}$，故 f 在 $x=1$ 之線性化為

$$L(x)=f(1)+f'(1)(x-1)=2+\dfrac{1}{4}(x-1)=\dfrac{x}{4}+\dfrac{7}{4}$$

所以，$\sqrt{x+3} \approx \dfrac{x}{4}+\dfrac{7}{4}$，如圖 3-13 所示．

故 $\sqrt{4.02} \approx \dfrac{1.02}{4}+\dfrac{7}{4}=2.005$．

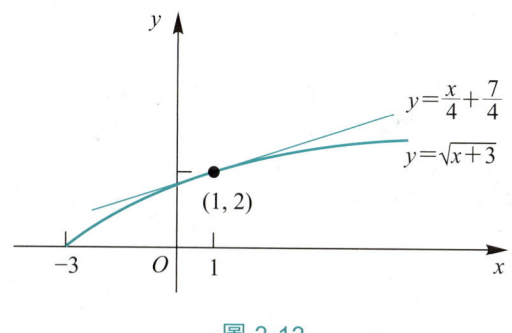

圖 3-13

例題 5 利用微分求 $\sqrt[6]{64.05}$ 的近似值到小數第五位．

解 令 $f(x)=\sqrt[6]{x}$，則 $f'(x)=\dfrac{1}{6}x^{-5/6}$．

取 $x=64$, $dx=\Delta x=64.05-64=0.05$, 可得

$$f(64.05) \approx 2+f'(64)(0.05)$$

即

$$\sqrt[6]{64.05} \approx 2+\frac{1}{6(64)^{5/6}}(0.05)=2+\frac{1}{192}(0.05)$$

故

$$\sqrt[6]{64.05} \approx 2.00026$$

由導函數公式，我們可得下列的微分公式 (表 3-3).

表 3-3

導函數公式	微分公式
$\dfrac{dk}{dx}=0$	$dk=0$
$\dfrac{d}{dx}(x)=1$	$d(x)=dx$
$\dfrac{d}{dx}(x^n)=nx^{n-1}$	$d(x^n)=nx^{n-1}dx$
$\dfrac{d(cf)}{dx}=c\dfrac{df}{dx}$	$d(cf)=c\,df$
$\dfrac{d(f \pm g)}{dx}=\dfrac{df}{dx} \pm \dfrac{dg}{dx}$	$d(f \pm g)=df \pm dg$
$\dfrac{d(fg)}{dx}=f\dfrac{dg}{dx}+g\dfrac{df}{dx}$	$d(fg)=f\,dg+g\,df$
$\dfrac{d\left(\dfrac{f}{g}\right)}{dx}=\dfrac{g\dfrac{df}{dx}-f\dfrac{dg}{dx}}{g^2}$	$d\left(\dfrac{f}{g}\right)=\dfrac{g\,df-f\,dg}{g^2}$
$\dfrac{d(f^n)}{dx}=nf^{n-1}\dfrac{df}{dx}$	$d(f^n)=nf^{n-1}df$

例題 6 若 $y = \dfrac{x^2}{\sqrt{x+1}}$，求 (1) dy. (2) 當 $x=1$，$dx=0.1$ 時 dy 之值.

解 (1) $dy = d\left(\dfrac{x^2}{\sqrt{x+1}}\right)$ 　　　　　　等號兩邊取微分

$= \dfrac{\sqrt{x+1}\, d(x^2) - x^2\, d(\sqrt{x+1})}{(\sqrt{x+1})^2}$

$= \dfrac{\sqrt{x+1}\, 2x\, dx - x^2 \dfrac{1}{2\sqrt{x+1}}\, d(x+1)}{x+1}$

$= \dfrac{2x\sqrt{x+1} - \dfrac{x^2}{2\sqrt{x+1}}}{x+1}\, dx$

$= \dfrac{4x(x+1) - x^2}{2(x+1)^{3/2}}\, dx = \dfrac{4x^2 + 4x - x^2}{2(x+1)^{3/2}}\, dx$

$= \dfrac{3x^2 + 4x}{2(x+1)^{3/2}}\, dx.$

(2) 當 $x=1$，$dx=0.1$ 時

$dy = \dfrac{3\times(1)^2 + 4\times(1)}{2(1+1)^{3/2}} \times 0.1 = \dfrac{7}{2(2)^{3/2}} \times 0.1 \approx 0.124.$

例題 7 某品牌洗衣機的需求函數如下：

$$p = d(x) = \dfrac{30}{0.02x^2 + 1}$$

此處 x 為需求量（以千台為單位），且 p 為價格（以元為單位）. 試利用微分，預估當需求量由每星期 5,000 台增加至 5,500 台時，價格 p 的變化為何？

解 $dp = d(d(x)) = d\left(\dfrac{30}{0.02x^2+1}\right) = \dfrac{-30\,d(0.02x^2+1)}{(0.02x^2+1)^2}$

$= -\dfrac{30(0.04x)\,dx}{(0.02x^2+1)^2} = -\dfrac{1.2x}{(0.02x^2+1)^2}\,dx$

以 $x=5$, $dx=\dfrac{1}{2}=0.5$ (因需求量以千台為單位) 代入上式，得

$$dp = -\dfrac{6}{[0.02(5)^2+1]^2} \cdot 0.5 \approx -1.33$$

故洗衣機之需求量每星期增加 500 台時，價格大約減少 1.33 元.

習題 3-6

1. 若 $y = 5x^2 + 4x + 1$,

    (1) 求 Δy 與 dy.

    (2) 當 $x=6$, $\Delta x = dx = 0.02$ 時，比較 Δy 與 dy 的值.

2. 試利用微分求 $\sqrt[3]{26.91}$ 之近似值. (提示：令 $f(x) = \sqrt[3]{x}$, 取 $x=27$, $dx = \Delta x = -0.09$.)

3. 利用微分求 $\sqrt[3]{1000.06}$ 的近似值到小數第四位.

4. 試利用微分公式求下列函數之 dy.

    (1) $y = x^3 - 3\sqrt{x}$ (2) $y = x\sqrt{1-x^2}$

    (3) $y = \dfrac{2x}{1+x^2}$ (4) $y = \dfrac{2\sqrt{x}}{3(1+x)}$

5. 求函數 $f(x) = \sqrt[3]{1+x}$ 在 $x=0$ 的線性近似，並求 $\sqrt[3]{0.95}$ 的近似值.

6. 某球殼的內半徑為 10 厘米，厚度為 0.1 厘米，試求其體積的近似值.

7. 若長為 15 厘米且直徑為 5 厘米的金屬管覆以 0.001 厘米厚的絕緣體 (兩端除外)，試利用微分估計絕緣體的體積.

本章重點摘要

1. 若 $P(a, f(a))$ 為函數 f 的圖形上一點，則在點 P 之切線的斜率為

$$m = \lim_{x \to a} \frac{f(x) - f(a)}{x - a}$$

或

$$m = \lim_{h \to 0} \frac{f(a+h) - f(a)}{h}$$

倘若上面的極限存在．

2. 函數 f 在 a 的導數，記為 $f'(a)$，定義為

$$f'(a) = \lim_{h \to 0} \frac{f(a+h) - f(a)}{h}$$

或

$$f'(a) = \lim_{x \to a} \frac{f(x) - f(a)}{x - a}$$

倘若上面的極限存在．

3. 若 $f'(a)$ 存在，我們稱函數 f 在 a 為可微分，f 在 a 有導數．

4. 若曲線 $y = f(x)$ 在 $x = a$ 處可微分，則曲線 $y = f(x)$ 在點 $P(a, f(a))$ 之切線方程式為

$$y - f(a) = f'(a)(x - a)$$

法線方程式為

$$y - f(a) = \frac{-1}{f'(a)}(x - a), \ f'(a) \neq 0.$$

5. 函數 f 的導函數，定義為 $f'(x) = \lim\limits_{h \to 0} \dfrac{f(x+h) - f(x)}{h}$，倘若此極限存在．

6. 若 $\lim\limits_{h \to 0^+} \dfrac{f(a+h) - f(a)}{h}$ 或 $\lim\limits_{x \to a^+} \dfrac{f(x) - f(a)}{x - a}$ 存在，則稱此極限為 f 在 a 的右導數，記為

$$f'_+(a)=\lim_{h\to 0^+}\frac{f(a+h)-f(a)}{h} \quad 或 \quad f'_+(a)=\lim_{x\to a^+}\frac{f(x)-f(a)}{x-a}.$$

7. 若 $\lim_{h\to 0^-}\dfrac{f(a+h)-f(a)}{h}$ 或 $\lim_{x\to a^-}\dfrac{f(x)-f(a)}{x-a}$ 存在，則稱此極限為 f 在 a 的**左導數**，記為

$$f'_-(a)=\lim_{h\to 0^-}\frac{f(a+h)-f(a)}{h} \quad 或 \quad f'_-(a)=\lim_{x\to a^-}\frac{f(x)-f(a)}{x-a}.$$

8. $f'(a)$ 存在 $\Leftrightarrow f'_+(a)$ 與 $f'_-(a)$ 皆存在且 $f'_+(a)=f'_-(a)$.

9. 函數 f 在 a 為可微分 $\Rightarrow f$ 在 a 為連續 $\Rightarrow \lim_{x\to a}f(x)$ 存在.

10. 若 $f(x)$ 為可微分函數，則 $\dfrac{d}{dx}[f(x)]^n=n[f(x)]^{n-1}\dfrac{d}{dx}f(x)$, $n\in\mathbb{R}$.

11. 若 $f(x)$ 具有 n 階導函數，則

$$f'(x)=\frac{d}{dx}[f(x)],\ f''(x)=\frac{d}{dx}\left[\frac{d}{dx}f(x)\right]=\frac{d^2}{dx^2}[f(x)]=D_x^2\,y$$

$$f'''(x)=\frac{d}{dx}\left[\frac{d}{dx}\left[\frac{d}{dx}f(x)\right]\right]=\frac{d^3}{dx^3}[f(x)]=D_x^3\,y(x),\ \cdots,$$

$$f^{(n)}(x)=\frac{d^n}{dx^n}[f(x)]=D_x^n\,y.$$

12. 若函數 $y=f(u)$ 為可微分，函數 $u=g(x)$ 為可微分，則

$$\frac{dy}{dx}=\frac{dy}{du}\cdot\frac{du}{dx}\ \left(或\ \frac{d}{dx}f(g(x))=f'(g(x))g'(x)\right).$$

13. $\lim_{\Delta x\to 0}\dfrac{\Delta y}{\Delta x}=\lim_{\Delta x\to 0}\dfrac{f(x+\Delta x)-f(x)}{\Delta x}$ 定義為函數 $f(x)$ 之**瞬時變化率**（簡稱變化率），此一瞬時變化率顯然為導數 $f'(x)$，故 $y=f(x)$ 之瞬時變化率為 $\dfrac{dy}{dx}=f'(x)$.

14. 若 f 為可微分函數，且令 Δx 為 x 之增量.

    (1) 自變數 x 之微分定義為 $dx = \Delta x$.

    (2) 因變數 y 之微分定義為 $dy = f'(x)\,\Delta x = f'(x)\,dx$.

15. 設 $dx \neq 0$，則 $dy = f'(x)\,dx \Leftrightarrow \dfrac{dy}{dx} = f'(x)$.

16. 若 f 為一可微分函數，當 $\Delta x \approx 0$ 時，則 $dy \approx \Delta y$，且

$$f(x+\Delta x) \approx f(x) + dy = f(x) + f'(x)\,dx.$$

17. 微分公式：

    (1) $d(c) = 0$，c 為常數   (2) $d(x) = dx$

    (3) $d(x^n) = nx^{n-1}\,dx$ (4) $d(f \pm g) = df \pm dg$

    (5) $d(kf) = k\,df$，k 為常數   (6) $d(fg) = f\,dg \pm g\,df$

    (7) $d(f^n) = nf^{n-1}\,df$ (8) $d\left(\dfrac{f}{g}\right) = \dfrac{g\,df - f\,dg}{g^2}$

指數函數與對數函數的微分 4

● **本章學習目標**
◎ 指數函數與對數函數
◎ 對數函數的導函數
◎ 指數函數的導函數
◎ 指數函數與對數函數在商學與經濟學上之應用

指數函數與對數函數在商學及經濟學上應用甚廣，是一種非常重要的函數，例如連續複利之公式與自然指數函數有關，成長率又與對數函數有關.

4-1 指數函數與對數函數

指數函數之性質

(一) 一般指數函數

$$y = a^x, \ a > 0, \ a \neq 1.$$

1. 定義域為 $(-\infty, \infty)$.
2. 值域為 $(0, \infty)$.
3. y-截距為 1.
4. 在區間 $(-\infty, \infty)$ 為連續.
5. 若 $a > 1$ 時在 $(-\infty, \infty)$ 間為遞增 (若 $x_2 > x_1$，則 $f(x_2) > f(x_1)$). 若 $0 < a < 1$ 時，在 $(-\infty, \infty)$ 間為遞減 (若 $x_2 > x_1$，則 $f(x_2) < f(x_1)$).
6. 當 $a > 1$ 時，$\lim\limits_{x \to \infty} a^x = \infty$，$\lim\limits_{x \to -\infty} a^x = 0$ (x-軸為水平漸近線)；當 $0 < a < 1$ 時，$\lim\limits_{x \to \infty} a^x = 0$ (x-軸為水平漸近線)，$\lim\limits_{x \to -\infty} a^x = \infty$，如圖 4-1 所示.

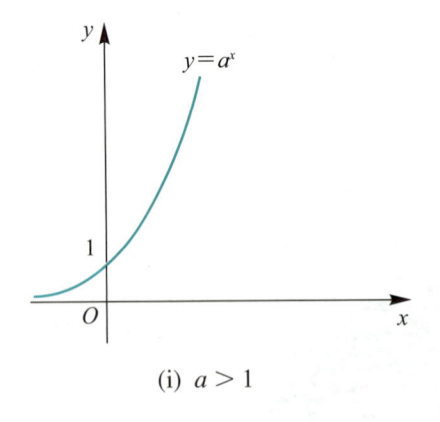

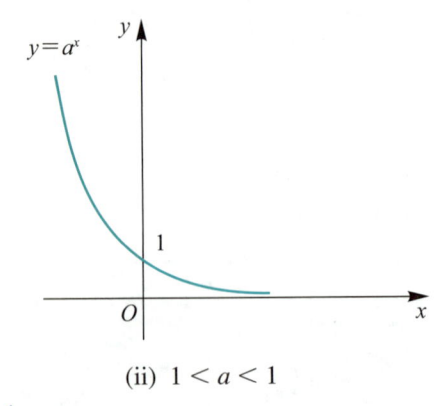

(i) $a > 1$　　　　(ii) $1 < a < 1$

圖 4-1

定理 4-1　指數律

設 $a、b > 0$ 且 $x、y \in \mathbb{R}$，則

(1) $a^{x+y} = a^x a^y$

(2) $a^{x-y} = \dfrac{a^x}{a^y}$

(3) $(a^x)^y = a^{xy}$

(4) $(ab)^x = a^x b^x$

(二) 自然指數函數

函數 $y = (1+x)^{1/x}$ 的圖形如圖 4-2 所示，若利用計算機計算 $(1+x)^{1/x}$ 是很有幫助的，一些近似值列於表 4-1.

表 4-1

x	$(1+x)^{1/x}$	x	$(1+x)^{1/x}$
0.1	2.593742	-0.1	2.867972
0.01	2.704814	-0.01	2.731999
0.001	2.716924	-0.001	2.719642
0.0001	2.718146	-0.0001	2.718418
0.00001	2.718268	-0.00001	2.718295
0.000001	2.718280	-0.000001	2.718283

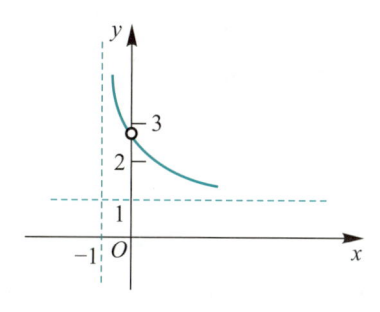

圖 4-2

由表 4-1 中可以看出，當 $x \to 0$ 時，$(1+x)^{1/x}$ 趨近一個定數，這個定數是一個無理數，記為 e，其值約為 $2.71828\cdots$。

定義 4-1

$$e = \lim_{x \to 0} (1+x)^{1/x} \quad \text{或} \quad e = \lim_{n \to \infty} \left(1 + \frac{1}{n}\right)^n.$$

例題 1 求 $\lim_{x \to 0} (1+10x)^{1/x}$.

解 $\lim_{x \to 0} (1+10x)^{1/x} = \lim_{x \to 0} [(1+10x)^{1/10x}]^{10} = [\lim_{x \to 0} (1+10x)^{1/10x}]^{10} = e^{10}.$

例題 2 求 $\lim_{n \to \infty} \left(1 + \frac{3}{n}\right)^{2n}$.

解 因
$$\left(1 + \frac{3}{n}\right)^{2n} = \left[\left(1 + \frac{3}{n}\right)^{n/3}\right]^6 = \left[\left(1 + \frac{1}{n/3}\right)^{n/3}\right]^6$$

由於 $n \to \infty$，可知 $\frac{n}{3} = m \to \infty$，故

$$\lim_{n \to \infty} \left(1 + \frac{3}{n}\right)^{2n} = \lim_{n \to \infty} \left[\left(1 + \frac{1}{n/3}\right)^{n/3}\right]^6 = \lim_{m \to \infty} \left[\left(1 + \frac{1}{m}\right)^m\right]^6$$

$$= \left[\lim_{m \to \infty} \left(1 + \frac{1}{m}\right)^m\right]^6 = e^6.$$

定義 4-2

以無理數 e 為底數的指數函數 $y = e^x$ 稱為自然指數函數.

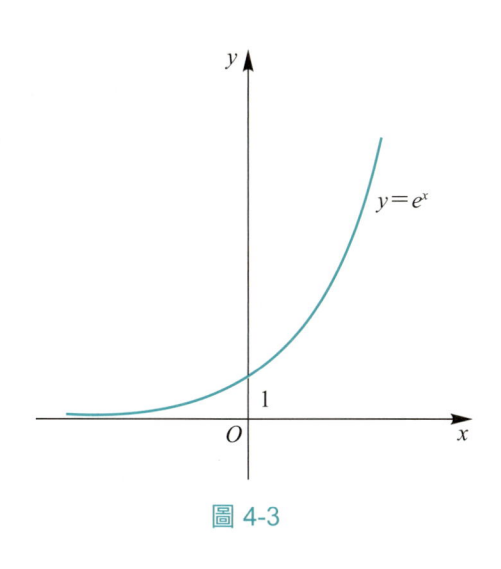

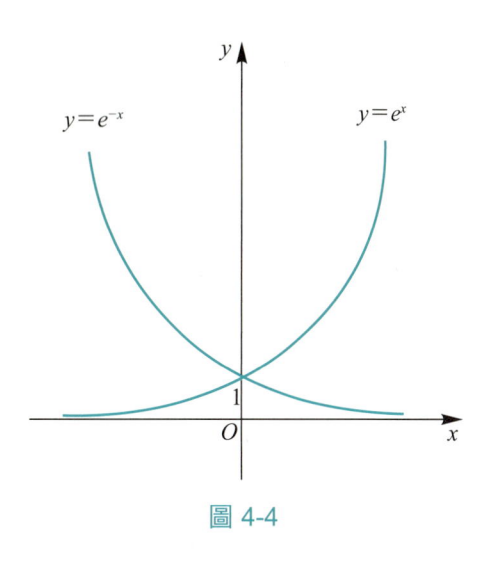

第四章　指數函數與對數函數的微分　157

圖 4-3

圖 4-4

自然指數函數之性質：

1. $y=e^x$ 的定義域為 $\mathbb{R}$，值域為 $\mathbb{R}^+=(0,\infty)$.
2. 自然指數函數為一對一函數，且在 $\mathbb{R}$ 上為連續的遞增函數，如圖 4-3 所示.
3. $y=e^x$ 的圖形必通過點 $(0, 1)$.
4. $y=e^x$ 與 $y=\left(\dfrac{1}{e}\right)^x=e^{-x}$ 的圖形彼此對稱於 y-軸，如圖 4-4 所示.
5. $\lim\limits_{x\to -\infty} e^x=0$ (x-軸為水平漸近線)；$\lim\limits_{x\to \infty} e^x=\infty$.

定理 4-2　指數律

(1) $e^{x+y}=e^x e^y$

(2) $e^{x-y}=\dfrac{e^x}{e^y}$

(3) $(e^x)^y=e^{xy}$

(i) $a > 1$　　　　　　　　(ii) $0 < a < 1$

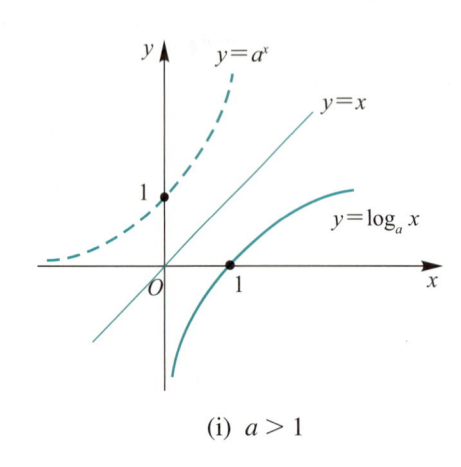

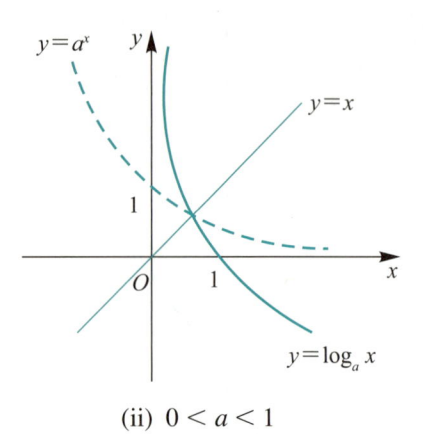

圖 4-5

對數函數之性質

(一) 一般對數函數

$$y = \log_a x, \ a > 0, \ a \neq 1$$

1. 定義域為 $I\!R^+ = (0, \infty)$，值域為 $I\!R$.
2. 對數函數的圖形必通過點 $(1, 0)$.
3. 對數函數在 $I\!R^+ = (0, \infty)$ 上為連續.
4. 若 $a > 1$，則對數函數在 $I\!R^+ = (0, \infty)$ 為遞增函數；若 $0 < a < 1$，則對數函數在 $I\!R^+ = (0, \infty)$ 為遞減函數，如圖 4-5 所示.
5. 對數函數與指數函數之間的關係為

$$a^{\log_a x} = x, \ x > 0$$

$$\log_a (a^x) = x, \ x \in I\!R$$

6. 兩對數函數 $y = \log_a x$ 與 $y = \log_{1/a} x$ 的圖形對稱於 x-軸.
7. 若 $a > 1$，則 $\lim_{x \to 0^+} \log_a x = -\infty$ (y-軸為垂直漸近線)，$\lim_{x \to \infty} \log_a x = \infty$；若 $0 < a < 1$，則 $\lim_{x \to 0^+} \log_a x = \infty$ (y-軸為垂直漸近線)，$\lim_{x \to \infty} \log_a x = -\infty$，如圖 4-5 所示.

定理 4-3

設 $a>0$，$a\neq 1$，$x>0$ 且 $y>0$，則

(1) $\log_a(xy)=\log_a x+\log_a y$

(2) $\log_a\left(\dfrac{x}{y}\right)=\log_a x-\log_a y$

(3) $\log_a(x^r)=r\log_a x$，$r\in I\!R$．

定理 4-4 對數換底公式

設 $a>0$，$a\neq 1$，$b>0$，$b\neq 1$，$c>0$，則 $\log_a c=\dfrac{\log_b c}{\log_b a}$．

(二) 自然對數函數

以 e 為底的對數稱為自然對數，記為 ln．於是，

$$\ln x=\log_e x$$

$$\ln x=y \Leftrightarrow e^y=x$$

其圖形如圖 4-6 所示，自然對數與自然指數兩者之間的關係如下：

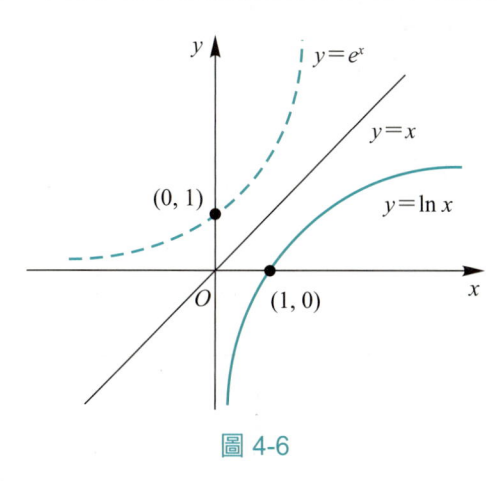

圖 4-6

$$e^{\ln x} = x, \ \forall \ x > 0$$
$$\ln(e^x) = x, \ \forall \ x \in I\!R$$

若令 $x=1$，得

$$\ln e = 1.$$

定理 4-5

設 $x > 0$ 且 $y > 0$，則

(1) $\ln(xy) = \ln x + \ln y$

(2) $\ln\left(\dfrac{x}{y}\right) = \ln x - \ln y$

(3) $\ln(x^r) = r \ln x, \ r \in I\!R.$

例題 3 求 $\lim\limits_{x \to \infty} \dfrac{e^x + e^{-x}}{e^x - e^{-x}}$.

解 $\lim\limits_{x \to \infty} \dfrac{e^x + e^{-x}}{e^x - e^{-x}}$ ← $\lim\limits_{x \to \infty}(e^x + e^{-x}) = \infty$

← $\lim\limits_{x \to \infty}(e^x - e^{-x}) = \infty$

$$\lim\limits_{x \to \infty} \dfrac{e^x + e^{-x}}{e^x - e^{-x}} = \lim\limits_{x \to \infty} \dfrac{e^x(1 + e^{-2x})}{e^x(1 - e^{-2x})} \quad\quad \text{分子與分母提出 } e^x$$

$$= \lim\limits_{x \to \infty} \dfrac{1 + e^{-2x}}{1 - e^{-2x}} \quad\quad \text{消去 } e^x$$

$$= 1. \quad\quad \lim\limits_{x \to \infty} e^{-2x} = 0$$

註 例題 3 中分子與分母為何不可提出 e^{-x}？

例題 4 求 $\lim\limits_{x\to\infty}\dfrac{e^x}{e^{2x}+e^{-x}}$.

解 $\lim\limits_{x\to\infty}\dfrac{e^x}{e^{2x}+e^{-x}}$ ← $\lim\limits_{x\to\infty} e^x=\infty$
← $\lim\limits_{x\to\infty}(e^{2x}+e^{-x})=\infty$

$$\lim_{x\to\infty}\dfrac{e^x}{e^{2x}+e^{-x}}=\lim_{x\to\infty}\dfrac{1}{e^x+e^{-2x}}$$

分子與分母同除以 e^x

$$=\dfrac{1}{\infty}=0.$$

$\lim\limits_{x\to\infty}e^{-2x}=0,\ \lim\limits_{x\to\infty}e^x=\infty$

例題 5 求 $\lim\limits_{x\to\infty}\dfrac{\ln x}{1+\ln x}$.

解 $\lim\limits_{x\to\infty}\dfrac{\ln x}{1+\ln x}$ ← $\lim\limits_{x\to\infty}\ln x=\infty$
← $\lim\limits_{x\to\infty}(1+\ln x)=\infty$

$$\lim_{x\to\infty}\dfrac{\ln x}{1+\ln x}=\lim_{x\to\infty}\dfrac{1}{\dfrac{1}{\ln x}+1}$$

分子與分母同除以 $\ln x$

$$=\dfrac{\lim\limits_{x\to\infty}1}{\lim\limits_{x\to\infty}\left(\dfrac{1}{\ln x}+1\right)}=1.$$

$\lim\limits_{x\to\infty}\dfrac{1}{\ln x}=0$

例題 6 求 $\lim\limits_{x\to\infty}[\ln(2+x)-\ln(1+x)]$.

解 $\lim\limits_{x\to\infty}[\ln(2+x)-\ln(1+x)]=\lim\limits_{x\to\infty}\ln\left(\dfrac{2+x}{1+x}\right)$

$\ln x$ 在 $(0,\infty)$ 為連續函數

$$=\ln\left(\lim_{x\to\infty}\dfrac{2+x}{1+x}\right)$$

$$= \ln \left(\lim_{x \to \infty} \frac{\frac{2}{x}+1}{\frac{1}{x}+1} \right) = \ln 1 = 0.$$

注意 讀者不可以將該極限寫成

$$\lim_{x \to \infty} [\ln(2+x) - \ln(1+x)] = \lim_{x \to \infty} \ln(2+x) - \lim_{x \to \infty} \ln(1+x)$$
$$= \infty - \infty = 0 \text{（為什麼？）}$$

習題 4-1

1. 確定下列各函數的定義域與值域.

    (1) $f(x) = \log_{10}(1-x)$ (2) $g(x) = \ln(4-x^2)$

    (3) $F(x) = \sqrt{x}\ \ln(x^2-1)$ (4) $G(x) = \ln(x^3-x)$

2. 求下列各極限.

    (1) $\displaystyle\lim_{x \to \infty} \frac{e^{2x}}{e^{2x}+1}$ (2) $\displaystyle\lim_{x \to -\infty} \frac{e^{3x}-e^{-3x}}{e^{3x}+e^{-3x}}$

    (3) $\displaystyle\lim_{x \to \infty} \left(\frac{x+3}{x}\right)^x$ （提示：利用 $\displaystyle\lim_{n \to \infty} \left(1+\frac{1}{n}\right)^n = e$）

    (4) $\displaystyle\lim_{x \to \infty} \ln(1+e^{-x^2})$ （提示：$\displaystyle\lim_{x \to \infty}(1+e^{-x^2}) = 1$，因 $\displaystyle\lim_{x \to \infty} e^{-x^2} = 0.$）

    (5) $\displaystyle\lim_{x \to \infty} \frac{\ln x}{1+(\ln x)^2}$ （提示：分子與分母同除以 $(\ln x)^2$）

4-2 對數函數的導函數

定理 4-6

$$\frac{d}{dx}\ln x = \frac{1}{x}, \quad x > 0$$

證明 利用導函數之定義,

$$\frac{d}{dx}\ln x = \lim_{h \to 0}\frac{\ln(x+h)-\ln x}{h} = \lim_{h \to 0}\frac{1}{h}\ln\left(\frac{x+h}{x}\right)$$

$$= \lim_{h \to 0}\left[\frac{1}{x} \cdot \frac{x}{h}\ln\left(\frac{x+h}{x}\right)\right] = \frac{1}{x}\lim_{h \to 0}\ln\left(1+\frac{h}{x}\right)^{x/h} \qquad \text{對數的性質}$$

$$= \frac{1}{x}\ln\left[\lim_{h \to 0}\left(1+\frac{h}{x}\right)^{x/h}\right] \qquad \text{依對數函數的連續性}$$

$$= \frac{1}{x}\ln e = \frac{1}{x} \qquad e \text{ 的定義}$$

若 $u = u(x)$ 為可微分函數,則由連鎖法則可得

$$\frac{d}{dx}\ln u = \frac{1}{u}\frac{du}{dx}, \quad u > 0. \tag{4-1}$$

定理 4-7

若 $u = u(x)$ 為可微分函數,則
$$\frac{d}{dx}\ln|u| = \frac{1}{u}\frac{du}{dx}.$$

證明 若 $u > 0$, 則 $\ln|u| = \ln u$, 故

$$\frac{d}{dx}\ln|u| = \frac{d}{dx}\ln u = \frac{1}{u}\frac{du}{dx}$$

若 $u < 0$, 則 $\ln|u| = \ln(-u)$, 故

$$\frac{d}{dx}\ln|u| = \frac{d}{dx}\ln(-u) = \frac{1}{-u}\frac{d}{dx}(-u)$$

$$= \frac{1}{u}\frac{du}{dx}.$$

例題 1 求 $\dfrac{d}{dx}\ln|x^3-1|$.

解 $\dfrac{d}{dx}\ln|x^3-1| = \dfrac{1}{x^3-1}\dfrac{d}{dx}(x^3-1) = \dfrac{3x^2}{x^3-1}.$

例題 2 求 $\dfrac{d}{dx}\ln\sqrt{x^2+1}$.

解 $\dfrac{d}{dx}\ln\sqrt{x^2+1} = \dfrac{d}{dx}\ln(x^2+1)^{1/2} = \dfrac{d}{dx}\dfrac{1}{2}\ln(x^2+1)$

$= \dfrac{1}{2}\dfrac{d}{dx}\ln(x^2+1)$

$= \dfrac{1}{2}\dfrac{1}{x^2+1}\dfrac{d}{dx}(x^2+1) = \dfrac{1}{2}\dfrac{1}{x^2+1}\cdot 2x$

$= \dfrac{x}{x^2+1}.$

第四章　指數函數與對數函數的微分

例題 3 設 $y = \ln^4(x^2+x+1)$，求 $\dfrac{dy}{dx}$。

解
$$\dfrac{dy}{dx} = \dfrac{d}{dx}\ln^4(x^2+x+1)$$

$$= 4\underbrace{\ln^3(x^2+x+1)}_{f^{n-1}}\underbrace{\dfrac{d}{dx}\ln(x^2+x+1)}_{f'}$$

（n ↓）

$$= 4\ln^3(x^2+x+1)\underbrace{\dfrac{1}{x^2+x+1}}_{u}\underbrace{\dfrac{d}{dx}(x^2+x+1)}_{\frac{du}{dx}}$$

$$= 4\ln^3(x^2+x+1)\dfrac{2x+1}{x^2+x+1}.$$

例題 4 求 $\dfrac{d}{dx}\ln(\ln x)$。

解 $\dfrac{d}{dx}\ln(\ln x) = \underbrace{\dfrac{1}{\ln x}}_{u} \cdot \underbrace{\dfrac{d}{dx}\ln x}_{\frac{du}{dx}} = \dfrac{1}{\ln x} \cdot \dfrac{1}{x} = \dfrac{1}{x\ln x}.$

定理 4-8

$$\dfrac{d}{dx}\log_a x = \dfrac{1}{x\ln a},\ x > 0.$$

證明　$\dfrac{d}{dx}\log_a x = \dfrac{d}{dx}\left(\dfrac{\ln x}{\ln a}\right)$　　　　　　對數換底 $\log_a x = \dfrac{\log_e x}{\log_e a} = \dfrac{\ln x}{\ln a}$

$\quad\quad\quad = \dfrac{1}{\ln a}\dfrac{d}{dx}\ln x = \dfrac{1}{x\ln a}$

若 $u=u(x)$ 為可微分函數，則

$$\dfrac{d}{dx}\log_a u = \dfrac{1}{u\ln a}\dfrac{du}{dx}. \tag{4-2}$$

定理 4-9

若 $u=u(x)$ 為可微分函數，則

$$\dfrac{d}{dx}\log_a |u| = \dfrac{1}{u\ln a}\dfrac{du}{dx}.$$

例題 5　求 $\dfrac{d}{dx}\log_5(2x^2+x-1)$.

解　$\dfrac{d}{dx}\log_5(2x^2+x-1) = \dfrac{1}{(2x^2+x-1)\cdot\ln 5}\dfrac{d}{dx}(2x^2+x-1)$

$\quad\quad\quad = \dfrac{4x+1}{(2x^2+x-1)\cdot\ln 5}.$

例題 6　求 $\dfrac{d}{dx}\log_{10}\sqrt{3x^2+2}$.

解　$\dfrac{d}{dx}\log_{10}\sqrt{3x^2+2} = \dfrac{d}{dx}\log_{10}(3x^2+2)^{1/2}$

$\quad\quad\quad = \dfrac{d}{dx}\left[\dfrac{1}{2}\log_{10}(3x^2+2)\right]$　　　　　　對數性質

第四章　指數函數與對數函數的微分　167

$$= \frac{1}{2} \underbrace{\frac{1}{3x^2+2}}_{u} \underbrace{\frac{1}{\ln 10}}_{\ln a} \underbrace{\frac{d}{dx}(3x^2+2)}_{\frac{du}{dx}}$$

$$= \frac{1}{2} \frac{6x}{(3x^2+2)\ln 10}$$

$$= \frac{3x}{(3x^2+2)\ln 10}.$$

已知 $y=f(x)$，有時我們利用所謂的對數微分法求 $\dfrac{dy}{dx}$ 是很方便的. 若 $f(x)$ 牽涉到複雜的積、商或乘冪，則此方法特別有用.

對數微分法的步驟

1. $\ln|y| = \ln|f(x)|$

2. $\dfrac{d}{dx}\ln|y| = \dfrac{d}{dx}\ln|f(x)|$

3. $\dfrac{1}{y}\dfrac{dy}{dx} = \dfrac{d}{dx}\ln|f(x)|$

4. $\dfrac{dy}{dx} = f(x)\dfrac{d}{dx}\ln|f(x)|$

例題 7　若 $y=x(x-1)(x^2+1)^3$，求 $\dfrac{dy}{dx}$.

解　我們首先寫成

$$\ln|y| = \ln|x(x-1)(x^2+1)^3|$$
$$= \ln|x| + \ln|x-1| + \ln|(x^2+1)^3|$$

將上式等號兩邊對 x 微分，可得

$$\frac{d}{dx}\ln|y| = \frac{d}{dx}\ln|x| + \frac{d}{dx}\ln|x-1| + 3\frac{d}{dx}\ln|(x^2+1)|$$

$$\frac{1}{y}\frac{dy}{dx} = \frac{1}{x} + \frac{1}{x-1} + \frac{3}{x^2+1} \cdot 2x$$

$$= \frac{(x-1)(x^2+1) + x(x^2+1) + 6x^2(x-1)}{x(x-1)(x^2+1)}$$

$$= \frac{8x^3 - 7x^2 + 2x - 1}{x(x-1)(x^2+1)}$$

則 $$\frac{dy}{dx} = y \cdot \frac{8x^3 - 7x^2 + 2x - 1}{x(x-1)(x^2+1)}$$

$$= x(x-1)(x^2+1)^3 \cdot \frac{8x^3 - 7x^2 + 2x - 1}{x(x-1)(x^2+1)}$$

$$= (x^2+1)^2(8x^3 - 7x^2 + 2x - 1).$$

對數微分法也可證明

$$\frac{d}{dx}u^n = nu^{n-1}\frac{du}{dx}$$

其中 n 為實數，$u = u(x)$ 為可微分函數.

證明如下：令 $y = u^n$，則 $\ln y = \ln u^n = n \ln u$，可得

$$\frac{d}{dx}\ln y = \frac{d}{dx}(n \ln u)$$

$$\frac{1}{y}\frac{dy}{dx} = \frac{n}{u}\frac{du}{dx}$$

故 $$\frac{dy}{dx} = u^n \cdot \frac{n}{u}\frac{du}{dx} = nu^{n-1}\frac{du}{dx}.$$

第四章　指數函數與對數函數的微分　169

例題 8 若 $y = \dfrac{\sqrt{x^2+3}}{(x+1)(x+2)}$，求 $\dfrac{dy}{dx}$。

解　我們首先寫成

$$\ln|y| = \ln\left|\frac{\sqrt{x^2+3}}{(x+1)(x+2)}\right|$$

$$= \ln|(x^2+3)^{1/2}| - \ln|x+1| - \ln|x+2|$$

將上式等號兩邊對 x 微分，可得

$$\frac{d}{dx}\ln|y| = \frac{d}{dx}\ln|(x^2+3)^{1/2}| - \frac{d}{dx}\ln|x+1| - \frac{d}{dx}\ln|x+2|$$

$$\frac{1}{y}\frac{dy}{dx} = \frac{1}{2}\frac{1}{x^2+3}2x - \frac{1}{x+1} - \frac{1}{x+2}$$

$$\frac{dy}{dx} = y\left(\frac{x}{x^2+3} - \frac{1}{x+1} - \frac{1}{x+2}\right)$$

$$= \frac{\sqrt{x^2+3}}{(x+1)(x+2)}\left(\frac{x}{x^2+3} - \frac{1}{x+1} - \frac{1}{x+2}\right).$$

例題 9 設 $\ln(x^2+y^2) = x+y$，定義 $y=f(x)$ 為可微分函數，試求 $\dfrac{dy}{dx}$。

解
$$\frac{d}{dx}\ln(x^2+y^2) = \frac{d}{dx}(x+y)$$

$$\frac{1}{x^2+y^2}\frac{d}{dx}(x^2+y^2) = 1 + \frac{dy}{dx}$$

$$\frac{1}{x^2+y^2}\left(2x + 2y\frac{dy}{dx}\right) = 1 + \frac{dy}{dx}$$

$$\frac{2x}{x^2+y^2} + \frac{2y}{x^2+y^2}\frac{dy}{dx} = 1 + \frac{dy}{dx}$$

$$\left(\frac{2y}{x^2+y^2}-1\right)\frac{dy}{dx}=1-\frac{2x}{x^2+y^2}$$

$$\frac{dy}{dx}=\frac{1-\dfrac{2x}{x^2+y^2}}{\dfrac{2y}{x^2+y^2}-1}=\frac{x^2+y^2-2x}{x^2+y^2}\times\frac{x^2+y^2}{2y-x^2-y^2}$$

$$=\frac{x^2+y^2-2x}{2y-x^2-y^2}.$$

習題 4-2

在 1～11 題中求 $\dfrac{dy}{dx}$.

1. $y=\ln(x^2+4)^{10}$
2. $y=\ln^8(x^4+2x^2+1)$
3. $y=\log_5(x^2+x+1)^8$
4. $y=(x^2+1)^2(x^3+2)^3$
5. $y=\ln\dfrac{x^2+2}{x^4+x^2+1}$
6. $y=\ln\dfrac{x+1}{\sqrt{x-2}}$
7. $y=\ln(\sqrt{x}-\sqrt{x-1})$
8. $y=\log_5|x^3-x|$
9. $y=\log_3\sqrt{x^2-1}$
10. $y=\ln(\log_{10}x)$
11. $y=\log_5\dfrac{x\sqrt{x-1}}{2}$

在 12～13 題中，以隱微分法求 $\dfrac{dy}{dx}$.

12. $3y-x^2+\ln(xy)=2$
13. $y=\ln(x^2+y^2)$

14. 試求 $x^3-x\ln y+y^3=2x+5$ 的圖形在點 $(2, 1)$ 之切線方程式. (提示：利用隱函數微分法)

15. 若 $y = \dfrac{(5x-4)^3}{\sqrt{2x+1}}$，試利用對數微分法求 $\dfrac{dy}{dx}$。

16. 若 $y = \dfrac{(2x-3)^4(3x+5)^5}{(5x+4)^6}$，試利用對數微分法求 $\dfrac{dy}{dx}$。

4-3 指數函數的導函數

定理 4-10

$$\dfrac{d}{dx} e^x = e^x$$

證明 令 $g(x) = e^x$，則

$$\ln g(x) = \ln e^x = x \ln e = x \qquad \text{對數微分法}$$

$$\dfrac{d}{dx} \ln g(x) = \dfrac{d}{dx}(x)$$

$$\underbrace{\dfrac{1}{g(x)}}_{u} \underbrace{\dfrac{d}{dx} g(x)}_{\frac{du}{dx}} = 1$$

$$\dfrac{d}{dx} g(x) = g(x)$$

即 $\dfrac{d}{dx} e^x = e^x$。

若 $u = u(x)$ 為可微分函數，則由連鎖法則可得

$$\frac{d}{dx} e^u = e^u \frac{du}{dx} \tag{4-3}$$

對以正數 a $(0 < a \neq 1)$ 為底的指數函數 a^x 微分時，可先予以換底，即

$$a^x = e^{\ln a^x} = e^{x \ln a}$$

再將它微分，可得到下面的定理.

定理 4-11

$$\frac{d}{dx} a^x = a^x \ln a, \ x \in \mathbb{R}$$

若 $u = u(x)$ 為可微分函數，則由連鎖法則可得

$$\frac{d}{dx} a^u = a^u \ln a \frac{du}{dx}. \tag{4-4}$$

例題 1 求 $\dfrac{d}{dx}(e^{2x^2+x+1})$.

解 $\dfrac{d}{dx}(e^{2x^2+x+1}) = e^{2x^2+x+1} \dfrac{d}{dx}(2x^2+x+1) = (4x+1)e^{2x^2+x+1}$.

例題 2 求 $\dfrac{d}{dx}(e^{x^3 \ln x})$.

解 $\dfrac{d}{dx}(e^{x^3 \ln x}) = \underbrace{e^{x^3 \ln x}}_{e^u} \underbrace{\dfrac{d}{dx}(x^3 \ln x)}_{\frac{du}{dx}} = e^{x^3 \ln x}\left(x^3 \dfrac{d}{dx}\ln x + \ln x \cdot \dfrac{d}{dx} x^3\right)$

第四章　指數函數與對數函數的微分

$$= e^{x^3 \ln x}\left(x^3 \cdot \frac{1}{x} + \ln x \cdot 3x^2\right) = x^2 e^{x^3 \ln x}(1 + 3\ln x)$$

例題 3　求 $\dfrac{d}{dx} 8^{x^2+1}$.

解　$\dfrac{d}{dx} 8^{x^2+1} = \underbrace{8^{x^2+1}}_{a^u}\ \underbrace{\ln 8}_{\ln a}\ \underbrace{\dfrac{d}{dx}(x^2+1)}_{\frac{du}{dx}}$　　　　視 $u = x^2+1$，$a = \ln 8$

$$= 8^{x^2+1}\ \ln 8\ 2x.$$

例題 4　求 $\dfrac{d}{dx} 10^{\sqrt{x^4+9}}$.

解　$\dfrac{d}{dx} 10^{\sqrt{x^4+9}} = \underbrace{10^{\sqrt{x^4+9}}}_{a^u}\ \underbrace{(\ln\ 10)}_{\ln a}\ \underbrace{\dfrac{d}{dx}\sqrt{x^4+9}}_{\frac{du}{dx}}$　　　視 $u = \sqrt{x^4+9}$，$a = 10$

$$= 10^{\sqrt{x^4+9}}\ (\ln\ 10)\ \frac{4x^3}{2\sqrt{x^4+9}} = \frac{2x^3\ (\ln\ 10)\ 10^{\sqrt{x^4+9}}}{\sqrt{x^4+9}}.$$

例題 5　求 $f(x) = (10^x + 10^{-x})^{10}$，求 $f'(0)$.

解　$f'(x) = \dfrac{d}{dx}(10^x + 10^{-x})^{10}$

$$= \underbrace{10}_{n}\underbrace{(10^x + 10^{-x})^9}_{f^{n-1}}\ \underbrace{\dfrac{d}{dx}(10^x + 10^{-x})}_{f'}$$

$$= 10(10^x + 10^{-x})^9(10^x \ln 10 - 10^{-x} \ln 10)$$

$$= 10 \ln 10(10^x + 10^{-x})^9(10^x - 10^{-x})$$

故
$$f'(0) = 10 \ln 10(10^x + 10^{-x})^9 (10^x - 10^{-x})|_{x=0}$$
$$= 10 \ln 10(10^0 + 10^{-0})^9 (10^0 - 10^{-0})$$
$$= 0.$$

例題 6 若 $y = x^{2x}$，$x > 0$，求 $\dfrac{dy}{dx}$。

解 因 x^{2x} 的指數為一變數，故不可利用導數的一般乘冪法則；同理，因底不為常數，故無法利用 (4-4) 式。

方法 1：$y = x^{2x} = e^{2x \ln x}$ 　　　　　　　　　　　$x^{2x} = e^{\ln x^{2x}} = e^{2x \ln x}$

$$\Rightarrow \frac{dy}{dx} = \frac{d}{dx} e^{2x \ln x} = e^{2x \ln x} \frac{d}{dx}(2x \ln x)$$

$$= e^{2x \ln x} \left(2x \frac{1}{x} + 2 \ln x \frac{d}{dx} x\right) \quad \text{兩函數乘積求導數}$$

$$= x^{2x}(2 + 2 \ln x)$$

$$= 2x^{2x}(1 + \ln x).$$

方法 2：$y = x^{2x}$

$$\ln y = \ln x^{2x} = 2x \ln x \quad\quad \text{等號兩端取對數}$$

$$\frac{d}{dx} \ln y = \frac{d}{dx}(2x \ln x) \quad\quad \text{等號兩端對 } x \text{ 微分}$$

$$\frac{1}{y} \frac{dy}{dx} = 2x \frac{d}{dx} \ln x + 2 \ln x \frac{d}{dx}(x) \quad\quad \text{對數微分公式，兩函數乘積求導數}$$

$$\frac{1}{y} \frac{dy}{dx} = 2x \cdot \frac{1}{x} + 2 \ln x = 2(1 + \ln x)$$

$$\frac{dy}{dx} = 2y(1 + \ln x)$$

$$= 2x^{2x}(1 + \ln x).$$

例題 7 若 $y = x^{\ln x}$, $x > 0$, 試利用對數微分法求 $\dfrac{dy}{dx}$.

解
$$\ln y = \ln x^{\ln x} = \ln x \cdot \ln x = (\ln x)^2$$

$$\frac{d}{dx} \ln y = \frac{d}{dx} (\ln x)^2$$

$$\frac{1}{y} \frac{dy}{dx} = 2 \ln x \cdot \frac{d}{dx} \ln x$$

$$\frac{1}{y} \frac{dy}{dx} = 2 \ln x \cdot \frac{1}{x}$$

$$\frac{dy}{dx} = x^{\ln x} \cdot \frac{2 \ln x}{x} = 2 x^{\ln x - 1} \cdot \ln x.$$

例題 8 若 $xe^y + 2x - \ln y = 4$ 定義一 $y = f(x)$ 之可微分函數, 求 $\dfrac{dy}{dx}$.

解
$$\frac{d}{dx}(xe^y + 2x - \ln y) = \frac{d}{dx}(4) \qquad \text{等號兩端對 } x \text{ 微分}$$

可得

$$x \frac{d}{dx} e^y + e^y + 2 - \frac{1}{y} \frac{dy}{dx} = 0 \qquad \text{隱微分}$$

$$xe^y \frac{dy}{dx} + e^y + 2 - \frac{1}{y} \frac{dy}{dx} = 0$$

$$\left(xe^y - \frac{1}{y} \right) \frac{dy}{dx} = -(2 + e^y) \qquad \text{合併 } \frac{dy}{dx} \text{ 項}$$

所以,
$$\frac{dy}{dx} = -\frac{2 + e^y}{xe^y - \dfrac{1}{y}}.$$

習題 4-3

在 1～11 題中求 $\dfrac{dy}{dx}$.

1. $y = e^{1/x^3}$
2. $y = \sqrt{e^{2x} + 2x}$
3. $y = \ln \sqrt{e^{2x} + e^{-2x}}$
4. $y = \dfrac{e^x - e^{-x}}{e^x + e^{-x}}$
5. $y = 2^{3^x}$
6. $y = (x^2 + 1)^\pi + \pi^{e^x}$
7. $y = 2^{(e^x)} + (2^e)^x$
8. $y = (x^2 + 1)^{e^x}$ (提示：(1) $y = (x^2 + 1)^{e^x} = e^{e^x \ln(x^2+1)}$ 或 (2) $\ln y = e^x \ln(x^2+1)$)
9. $y = x^{x^2+4}$ (提示：$y = x^{x^2+4} = e^{(x^2+4)\ln x}$)
10. $y = x^x$, $x > 0$
11. $y = (\ln x)^x$

在 12～16 題中，以隱微分法求 $\dfrac{dy}{dx}$.

12. $2^y = xy$
13. $x^y = y^x$ ($x > 0$, $y > 0$) (提示：利用對數微分法，視 y 為 x 之函數.)
14. $xe^y + ye^x = x$
15. $x^2 y = e^{xy}$
16. $x^2 + y^2 = 4^x - 4^{-x}$
17. 試求切曲線 $y = (x-1)e^x + 3\ln x + 2$ 於點 $(1, 2)$ 之切線方程式.
18. 試求切於 $y = x - e^{-x}$ 的圖形且又平行於直線 $6x - 2y = 7$ 之切線的方程式.

(提示：由直線方程式 $6x - 2y = 7$，知該直線之斜率為 $m = 3$，令 $\dfrac{dy}{dx} = 1 + e^{-x} = 3$ 解得 x，再代入 $y = x - e^{-x}$ 中求出 y，即得切點之平面坐標，最後利用點斜式 $y - y_0 = m(x - x_0)$，即得切線的方程式.)

19. 試利用導數之定義求極限 $\lim_{x \to 0} \dfrac{a^x - 1}{x}$ $(a > 0,\ a \neq 1)$.

4-4 指數函數與對數函數在商學與經濟學上之應用

複利法

　　複利法者，在資金借貸期間，規定以一定期間（如一年、半年、一季、一月等）為一期，於每期之末，將該期所生利息，併入該期本金，作為下期之新本金再行生利之方法.

　　複利法中原始之本金稱為**複利現值** (present value of compound interest)，通常以 P 表示；最後一期末之本利和稱為**複利終值** (final value of compound interest)，通常以 S 表示. 今假設本金為 P，每期利率為 i，則在第一期之末，其複利終值 (即該期末之本利和) 為

$$P + Pi = P(1 + i)$$

第二期末之複利終值為

$$P(1+i) + P(1+i)i = P(1+i)^2$$

第三期末之複利終值為

$$P(1+i)^2 + P(1+i)^2 i = P(1+i)^3$$

依次類推，可得第 n 期末之複利終值為

$$S = P(1+i)^n. \tag{4-5}$$

例題 1　本金 1,000 元，年利率 6%，每年複利一次，求兩年後之複利終值與複利息.

解 利用式 (4-5)，求得

$$S = 1,000(1+0.06)^2 = 1,123.6 \text{ (元)}$$

故複利息為

$$1,123.6 - 1,000 = 123.6 \text{ (元)}.$$

於例題 1 中的利息為每年複利一次．然而，實際上利息通常一年複利超過一次以上．故複利法中，每年計息次數愈多，則所得利息亦愈多．如果年利率為 r，其計息為一年複利 m 次，本金為 P 元，此時每一計息期間的每期利率為

$$i = \frac{r}{m} \left(\frac{\text{年利率}}{\text{每年的期數}} \right).$$

註 在相鄰兩計息日間之時期稱為計息期間．

如果利息之計算採複利 t 年，則計息期間共計為 mt 期．將式 (4-5) 中的 n 以 mt 取代，且 i 以 $i = \frac{r}{m}$ (每期利率) 取代，我們將可導出下列的複利公式

$$S = P\left(1 + \frac{r}{m}\right)^{mt} \tag{4-6}$$

此處　P ＝本金之金額 (即複利現值)

　　　r ＝年利率

　　　m ＝每年計息期間的期數

　　　t ＝年數

　　　S ＝t 年末的複利終值

例題 2 若將 1,000 元以每年 8% 之利率，複利投資生息，試求三年後之複利終值．(1) 每年複利一次；(2) 每半年複利一次；(3) 每季複利一次；(4) 每月複利一次．

解 (1) 此處 $P = 1,000$，$r = 8\% = 0.08$，$m = 1$，$t = 3$ 代入式 (4-6) 中，可得

$$S = 1,000\left(1+\frac{0.08}{1}\right)^3 \approx 1,259.71 \text{ (元)}$$

(2) 此處 $P=1,000$，$r=8\%=0.08$，$m=2$，$t=3$ 代入式 (4-6) 中，可得

$$S = 1,000\left(1+\frac{0.08}{2}\right)^6 \approx 1,265.32 \text{ (元)}$$

(3) 此處 $P=1,000$，$r=8\%=0.08$，$m=4$，$t=3$ 代入式 (4-6) 中，可得

$$S = 1,000\left(1+\frac{0.08}{4}\right)^{12} \approx 1,268.24 \text{ (元)}$$

(4) 此處 $P=1,000$，$r=8\%=0.08$，$m=12$，$t=3$ 代入式 (4-6) 中，可得

$$S = 1,000\left(1+\frac{0.08}{12}\right)^{36} \approx 1,270.24 \text{ (元)}.$$

例題 3 若總額為 P_0 的資金以年利率 $100r\%$ 投資，按月計息，則在一年後的本金為

$$P = P_0\left(1+\frac{r}{12}\right)^{12}$$

當 $P_0=1,000$ 元，$r=0.12$ 時，求 P 對 r 的變化率.

解

$$P'(r) = 12P_0\underbrace{\left(1+\frac{r}{12}\right)^{11}}_{P^{n-1}}\underbrace{\frac{d}{dr}\left(1+\frac{r}{12}\right)}_{P'}$$

$$= 12P_0\left(1+\frac{r}{12}\right)^{11}\frac{1}{12} = P_0\left(1+\frac{r}{12}\right)^{11}$$

當 $P_0=1,000$ 元，$r=0.12$ 時，

$$P'(0.12) = 1000\left(1+\frac{0.12}{12}\right)^{11} \approx 1,115.67$$

故 P 對 r 的變化率為 $1,115.67$ 元.

複利現值

如果我們想預期在若干年之後獲得複利終值 S 元，而估計現在應該投資之金額 P 元，則此 P 元即為若干年後 S 元之複利現值.

由式 (4-6) 解 P，得

$$P = S\left(1+\frac{r}{m}\right)^{-mt}. \tag{4-7}$$

例題 4 某君想於三年後獲得一筆 200,000 元之金額出國進修，若已知銀行每月複利一次，年利率為 6%，試問某君現應一次存入該銀行多少錢？

解 以 $r=6\%=0.06$，$m=12$，$t=3$，$S=200,000$ 代入式 (4-7) 中，得

$$P = 200,000\left(1+\frac{0.06}{12}\right)^{-36}$$

$$= 200,000\,(1+0.005)^{-36} \approx 167,128$$

故某君應一次存入 167,128 元.

連續複利

我們已知對同一虛利率（或名目利率），若每年複利次數愈多（即複利期間愈短），則實利率愈大. 若複利次數無窮增加，則此種複利之方法稱為連續複利. 至於如何求連續複利呢？

首先我們將 $S=P\left(1+\frac{r}{m}\right)^{mt}$ 改寫成下列之形式

$$S = P\left[\left(1+\frac{r}{m}\right)^m\right]^t$$

可得

$$\lim_{m\to\infty}\left[P\left(1+\frac{r}{m}\right)^m\right]^t = P\left[\lim_{m\to\infty}\left(1+\frac{r}{m}\right)^m\right]^t$$

令 $v = \dfrac{m}{r}$，則

$$P\left[\lim_{v\to\infty}\left(1+\dfrac{1}{v}\right)^{vr}\right]^{t} = P\left[\lim_{v\to\infty}\left(1+\dfrac{1}{v}\right)^{v}\right]^{rt} = Pe^{rt} \qquad e \text{ 的定義}$$

由此計算方法得知，當複利次數無限制增加時，複利終值會趨近於 Pe^{rt}. 即

$$S = Pe^{rt} \tag{4-8}$$

此處 $P=$ 本金

$r=$ 連續複利的年利率

$t=$ 年數

$S=t$ 年末的複利終值

如果我們解式 (4-8) 中之 P，則求得複利現值為

$$P = Se^{-rt}. \tag{4-9}$$

例題 5 如果投資 5,000 元，年利率為 8%，(1) 每日複利 (一年為 360 天)，及 (2) 連續複利；求三年後的複利終值.

解 (1) 利用式 (4-6)，$P=5{,}000$，$r=0.08$，$m=360$，$t=3$，可得

$$S = 5{,}000\left(1+\dfrac{0.08}{360}\right)^{1080} \approx 6{,}356.08 \ (\text{元})$$

(2) 利用式 (4-8)，$P=5{,}000$，$r=0.08$，$t=3$，可得

$$S = 5{,}000 e^{0.24} \approx 6{,}356.25 \ (\text{元}).$$

由本題得知每日複利與連續複利，可知其複利終值之差異極微小，連續複利公式在財務分析的理論上極為重要.

例題 6 某人目前 50 歲，為某銀行之職員，該銀行同意其於 65 歲時，每年給予養老金 50,000 元，如果未來十五年的通貨膨脹為 6% 且假設通貨膨脹是連續

複利，試問其第一年的養老金之現值為若干？

解 利用式 (4-9)，$S=50{,}000$，$r=0.06$，$t=15$，可得

$$P=50{,}000e^{-0.9} \approx 20{,}328.5$$

故某人第一年養老金之現值約為 20,328.5 元.

相對變化率或成長率

相對變化率在經濟上應用甚廣．我們都知道導數可視為變化率．例如，若 $f(t)$ 表一台電腦在時間 t 年的成本，則 $f'(t)$ 為成本的變化率 (每年以元計)．亦即，若 $f'=2$，其意義為電腦的價格以每年 2 元的比率遞增．同理，若 $g(t)$ 表一部汽車在時間 t 年的價格，則 $g'=200$ 其意義為汽車的價格以每年 200 元的比率遞增．又假設電腦的價格以每年 2 元的比率遞增，且電腦現行的價格為 40 元，則遞增的相對比率為 $2/40=0.05$，其意義為電腦的價格以每年 5% 之相對比率遞增．一般而言，若 $f(t)$ 為產品在時間 t 的價格，則變化率為 $f'(t)$，且相對變化率為 $\dfrac{f'(t)}{f(t)}$，即，邊際函數除以原函數．我們有時稱導數 $f'(x)$ 為 "絕對" 變化率，有別於相對變化率 $\dfrac{f'(x)}{f(x)}$．

定義 4-3

若 $y=f(t)>0$ 為一可微分函數，則 y 的相對變化率 (或瞬間成長率) 定義為

$$G_y = \frac{\dfrac{dy}{dt}}{y} = \frac{f'(t)}{f(t)} = \frac{d}{dt}\ln f(t) \tag{4-10}$$

相對變化率為一比率或百分數，與函數所使用的單位無關．

例題 7 若某一開發中國家距現在 t 年之國民生產毛額可近似於函數 $G(t)=1.2e^{\sqrt{t}}$ 億元，試求距現在 25 年的相對變化率．

解 方法 1：$G(t)=1.2e^{\sqrt{t}}$，則

$$\ln G(t) = \ln 1.2 e^{\sqrt{t}} = \ln 1.2 + \ln e^{\sqrt{t}} = \ln 1.2 + \sqrt{t}$$

故

$$\frac{d}{dt}\ln G(t) = \frac{d}{dt}(\ln 1.2 + \sqrt{t}) = \frac{1}{2}t^{-1/2}$$

最後，將 $t=25$ 代入上式，得

$$\left.\frac{d}{dt}\ln G(t)\right|_{t=25} = \frac{1}{2}(25)^{-1/2} = \frac{1}{2}\cdot\frac{1}{5} = 0.10$$

所以，距現在 25 年時，國民生產毛額以每年 0.10 或 10% 的相對變化率 (或成長率) 增加．

方法 2：$G(t)=1.2e^{\sqrt{t}}$，則

$$G'(t) = \frac{d}{dt}(1.2e^{\sqrt{t}}) = 1.2e^{\sqrt{t}}\frac{1}{2\sqrt{t}}$$

所以，相對變化率 $\dfrac{G'(t)}{G(t)}$ 為

$$\frac{G'(t)}{G(t)} = \frac{1.2e^{\sqrt{t}}\left(\frac{1}{2}t^{-1/2}\right)}{1.2e^{\sqrt{t}}} = \frac{1}{2}t^{-1/2}$$

在 $t=25$ 時，

$$\left.\frac{G'(t)}{G(t)}\right|_{t=25} = \frac{1}{2}(25)^{-1/2} = \frac{1}{2}\frac{1}{5} = 0.10$$

所以，相對變化率為 10%，與方法 1 所求結果相同．

彈　性

在尚未定義什麼叫彈性之前,首先應該讓讀者瞭解在經濟分析中,何以使用彈性來代替斜率.因為在平面坐標圖中,若因兩坐標軸所取之單位距離不一致,則不易由圖形之陡直或平坦,來判斷縱軸變數與橫軸變數彼此間之敏感度.

例題 8　假設其他條件不變時,對商品 x 之需求函數為

$$Q_x = Q_x(p_x) = 100 - 2p_x$$

符號 p_x 表商品 x 之單位價格,以元為單位,若縱軸表價格,橫軸表數量,則上式改寫成

$$p_x = 50 - \frac{1}{2} Q_x$$

此一需求曲線為直線,其斜率為 $m = -\frac{1}{2}$.

如果單價改以角計算,則

$$Q_x = Q_x(p_x) = 100 - 2p_x = 100 - 2\left(\frac{p_x}{10}\right) = 100 - \frac{1}{5} p_x$$

或 $$p_x = 500 - 5Q_x$$

此一需求曲線為直線,其斜率為 $m = -5$.

故同樣的一條需求曲線,由於商品 x 之單位價格不同,而導致需求曲線之斜率不等,這就是斜率數值受坐標軸單位距離所影響之缺點.因而在經濟分析中所涉及之有關變數,由於缺乏固定之測度單位,為了避免計算單位之不同所引起斜率之不正確性,故採彈性以代替斜率.

定義 4-4

函數 $y=f(x)$ 對 x 的**彈性** (elasticity) 定義為

$$E=\frac{Ey}{Ex}=\lim_{\Delta x\to 0}\frac{\frac{\Delta y}{y}}{\frac{\Delta x}{x}}=\left(\frac{x}{y}\right)\left(\frac{dy}{dx}\right). \tag{4-11}$$

上式中　　$\Delta x =$ 自變數之絕對變量

$x =$ 自變數在變動前之數量

$\dfrac{\Delta x}{x} =$ 自變數之相對變化率 (即變動之百分率)

$\Delta y =$ 因變數之絕對變量

$y =$ 因變數在變動前之數量

$\dfrac{\Delta y}{y} =$ 因變數之相對變化率 (即變動之百分率)

顯然地，彈性為 x 的增量趨近於零時，因變數 y 的相對變化率與自變數 x 的相對變化率之比的極限值。E 代表當 x 平均發生 1% 的變動時對 y 所引起的變動的百分率。

例題 9 設 $y=3x-6$，(1) 求 y 對 x 的彈性，(2) $x=10$ 時，求 y 對 x 的彈性。

解 (1) 由定義知

$$E=\frac{Ey}{Ex}=\left(\frac{x}{y}\right)\left(\frac{dy}{dx}\right)=\frac{3x}{3x-6}=\frac{x}{x-2}$$

(2) $E=\dfrac{x}{x-2}$

將 $x=10$ 代入上式，得

$$E=\frac{10}{10-2}=\frac{10}{8}=\frac{5}{4}$$

表示 x 增加 1% 時，y 將增加 $\frac{5}{4}\%$.

一函數的導數與函數本身之比，為函數之對數的導數，亦即若 $y=f(x)$，則

$$\frac{\frac{dy}{dx}}{y}=\frac{1}{y}\frac{dy}{dx}=\frac{f'(x)}{f(x)}=\frac{d}{dx}(\ln y)$$

上式為 $f(x)$ 的對數導數. 因此，函數 $y=f(x)$ 在 x 點的彈性，為 y 的對數導數與 x 的對數導數之比值.

$$E=\frac{Ey}{Ex}=\frac{\frac{d}{dx}\ln y}{\frac{d}{dx}\ln x}=\frac{\frac{1}{y}\frac{dy}{dx}}{\frac{1}{x}\frac{dx}{dx}}=\frac{x}{y}\frac{dy}{dx}=\frac{d(\ln y)}{d(\ln x)}$$

上述即一般所謂的點彈性 (point elasticity).

需求彈性

設某商品的需求函數 $x=f(p)$，當價格由 p 變到 $p+\Delta p$ 時，需求量隨之由 x 變化到 $x+\Delta x$，故價格的相對變化率為 $\frac{\Delta p}{p}$，需求量的相對變化率為 $\frac{\Delta x}{x}$. 此兩者的比值

$$\frac{\frac{\Delta x}{x}}{\frac{\Delta p}{p}}$$

稱為**平均需求彈性** (或稱**弧彈性**). 上述之比值為負數, Δx 與 Δp 異號, 因價格上漲造成需求減少.

當價格之變化趨近零時, 得

$$\lim_{\Delta p \to 0} \frac{\frac{\Delta x}{x}}{\frac{\Delta p}{p}} = \lim_{\Delta p \to 0} \frac{p \frac{\Delta x}{\Delta p}}{x} = \frac{p}{x} \lim_{\Delta p \to 0} \frac{\Delta x}{\Delta p}$$

$$= \left(\frac{p}{x}\right)\left(\frac{dx}{dp}\right) = \frac{pf'(p)}{f(p)} = \frac{d(\ln x)}{d(\ln p)}$$

由於 $f'(p)$ 為負值, p 與 x 皆為正, 故上式之值為負. 但由於經濟學家喜歡以正值數量來研究, 因此將負號置於其前, 故定義**需求彈性** E_p (elasticity of demand) 如下：

定義 4-5

令 $x=f(p)$ 為需求函數, 亦即 x 表每單位價格 p 之需求量, 則**需求彈性** E_p 定義為

$$E_p = -\frac{p}{x}\frac{dx}{dp} = -\frac{pf'(p)}{f(p)} \tag{4-12}$$

此為價格 p 時之**點彈性**.

註 在經濟學教科書中, 點彈性常以 $E_p = \left|\dfrac{p}{x}\dfrac{dx}{dp}\right|$ 表之.

一般而言, x 對 p 之彈性, 亦即價格 p 增加 1% 時, 需求量 x 減少的百分比. 故 E_p 被稱為**彈性係數**, 它是一個純數, 與其度量之單位無關.

在經濟理論中, 需求彈性之臨界數為 1. 若 $0 < E_p < 1$, 則需求之相對變化小於

價格之相對變化，則需求稱之為不富於彈性 (inelastic)．若 $1 < E_p < \infty$，則需求之相對變化大於價格之相對變化，則需求稱為富於彈性 (elastic)．若 $E_p = 1$，則價格與需求變化之百分比相等，則需求稱為單一彈性 (unit elasticity)．

例題 10 設需求方程式

$$p = -0.02x + 400, \quad 0 \leq x \leq 20{,}000$$

表示電視機的單位價格 (以元計) 與其需求數量 x 間之關係．

(1) 試求需求彈性 E_p．
(2) 計算 $p = 100$ 時之 E_p 值並解釋其結果．
(3) 計算 $p = 300$ 時之 E_p 值並解釋其結果．

解 (1) 解已知之需求方程式，以 p 表 x，可得

$$x = f(p) = -50p + 20{,}000$$

$$\frac{dx}{dp} = f'(p) = -50$$

所以 $E_p = -\dfrac{pf'(p)}{f(p)} = -\dfrac{p(-50)}{-50p + 20{,}000} = \dfrac{p}{400 - p}$．

(2) 當 $p = 100$ 時，$E_p = \dfrac{100}{400 - 100} = \dfrac{1}{3}$，此即為 $p = 100$ 時之需求彈性，此結果的解釋為：電視機之單位售價定在 100 元時，則每增加 1% 的單位售價，將導致需求數量減少大約 0.33%．

(3) 當 $p = 300$ 時，$E_p = \dfrac{300}{400 - 300} = 3$，此即為 $p = 300$ 時之需求彈性，此結果的解釋為：電視機之單位售價定在 300 元時，則每增加 1% 之單位售價，將導致需求量減少 3%．

由此一例題得知，當需求富於彈性時，單位售價微小的變動將導致需求數量較大幅度的變動，而當需求不富於彈性時，單位售價微小的變動只會導致更小幅度之需求數量的變動．最後，若需求為單一彈性時，單位售價微小的變動將導致需求數量做同幅度的變動．

例題 11 假設價格-需求方程式 $x = f(p) = 2,700 - 3p$，$0 < p < 900$（元），試問：
(1) p 為何值時需求富於彈性？
(2) p 為何值時需求不富於彈性？

解 因 $E_p = -\dfrac{pf'(p)}{f(p)} = -\dfrac{p(-3)}{2,700 - 3p} = \dfrac{3p}{2,700 - 3p} = \dfrac{p}{900 - p}$

當需求富於彈性時，$E_p > 1$．則

$$\frac{p}{900 - p} > 1$$

$$\frac{p}{900 - p} - 1 > 0$$

$$\frac{p - 900 + p}{900 - p} = \frac{2p - 900}{900 - p} > 0$$

所以，$\qquad\qquad\qquad 450 < p < 900$

當需求不富於彈性時，$E_p < 1$．則

$$\frac{p}{900 - p} < 1$$

$$\frac{p}{900 - p} - 1 < 0$$

$$\frac{p - 900 + p}{900 - p} = \frac{2p - 900}{900 - p} < 0$$

所以，$\qquad\qquad\qquad 0 < p < 450$．

習題 4-4

1. 投資 450 元，年利率 6%，每年複利 12 次，試求四年後之複利終值．

2. 投資 5,000 元，年利率 6%，連續複利六年，試求其複利終值．

3. 年利率 5%，連續複利，十年後得複利終值 8,000 元，求複利現值．

4. 某人在其投資決策中，若以 100,000 元投資於一年期定存，年利率 11.6%，每日複利；如果以 100,000 元投資於另外一個一年期到期之定存，年利率為 9.2%，連續複利．試問在其投資決策中，其每年所得淨遞減額為若干？

5. 試求下列各函數在已知 t 值時的相對變化率．
   (1) $f(t)=100e^{0.2t}$，$t=5$．
   (2) $f(t)=e^{-t^2}$，$t=10$．
   (3) $f(t)=25\sqrt{t-1}$，$t=6$．

6. 一投資機構預測，若一塊土地的價格可維持 t 年，其價值將為 $f(t)=300+t^2$ 萬元，試求在時間 $t=10$ 年時的相對變化率．

7. 假設某商業投資之款項價值在時間 t 年時，由經驗得知可近似於函數 $f(t)=750,000e^{0.6\sqrt{t}}$ （以元計），試求當 $t=5$ 年時，投資之價值增加得有多快？

8. 某城市距現在 t 年之人口數近似於函數 $P(t)=4+1.3e^{0.04t}$ （以百萬計）．
   (1) 試求距現在 8 年人口之相對變化率．
   (2) 相對變化率何時會達到 1.5%？

9. 已知需求函數 $d(p)=4000e^{-0.01p}$．
   (1) 試求需求彈性 E_p．
   (2) 計算 $p=200$ 時之 E_p 值並解釋其結果．

10. 已知需求函數 $x=300-3p$，$0 \leq p \leq 100$．
    (1) 計算並解釋當 $p=25$ 與 $p=75$ 的需求彈性．
    (2) 試決定需求具單一彈性之價格，此價格之意義為何？

11. 假設某產品之需求方程式為 $x=216-2p^2$，此處 p 為價格，試求價格區間. 需求在何區間是富於彈性？在何區間不富於彈性？

12. 假設某日用品之價格 p 與銷售量 x 之關係為 $p=p(x)=\sqrt{\dfrac{100-x}{x}}$ 元.

    (1) 試求需求彈性.
    (2) 對什麼樣的價格，需求是富於彈性？不富於彈性？單一彈性？

本章重點摘要

1. 指數函數 $y=a^x$ 的特性：

   (1) 定義域為 $\mathbb{R}$，值域為 $\mathbb{R}^+$.

   (2) 其圖形必經過點 $(0, 1)$，且以 x-軸為水平漸近線.

   (3) 當 $a>1$ 時，其為遞增函數；當 $0<a<1$ 時，其為遞減函數.

   (4) $y=a^x$ 與 $y=\left(\dfrac{1}{a}\right)^x$ 的圖形彼此對稱於 y-軸.

2. 對數函數 $y=\log_a x$ 的特性：

   (1) 定義域為 $\mathbb{R}^+$，值域為 $\mathbb{R}$.

   (2) 其圖形必經過點 $(1, 0)$，且以 y-軸為垂直漸近線.

   (3) 當 $a>1$ 時，其為遞增函數；當 $0<a<1$ 時，其為遞減函數.

   (4) $y=\log_a x$ 與 $y=\log_{1/a} x$ 的圖形對稱於 x-軸.

3. $e=\lim\limits_{x\to 0}(1+x)^{1/x}$ 或 $e=\lim\limits_{n\to\infty}\left(1+\dfrac{1}{n}\right)^n$.

4. $\log_a x=y \Leftrightarrow a^y=x$；$\ln x=y \Leftrightarrow e^y=x$.

5. 對數函數的微分公式如下：若 u 為 x 的可微分函數，則

   (1) $\dfrac{d}{dx}\ln u=\dfrac{1}{u}\dfrac{du}{dx}$ (2) $\dfrac{d}{dx}\ln|u|=\dfrac{1}{u}\dfrac{du}{dx}$

   (3) $\dfrac{d}{dx}\log_a u=\dfrac{1}{u\ln a}\dfrac{du}{dx}$ (4) $\dfrac{d}{dx}\log_a|u|=\dfrac{1}{u\ln a}\dfrac{du}{dx}$

6. 指數函數的微分公式如下：若 u 為 x 的可微分函數，則

(1) $\dfrac{d}{dx} e^u = e^u \dfrac{du}{dx}$ (2) $\dfrac{d}{dx} a^u = a^u \ln a \dfrac{du}{dx}$

7. 複利終值：$S = P\left(1 + \dfrac{r}{m}\right)^{mt}$.

8. 複利現值：$P = S\left(1 + \dfrac{r}{m}\right)^{-mt}$.

9. 連續複利之複利終值：$S = Pe^{rt}$.

10. 連續複利之複利現值：$P = Se^{-rt}$.

11. 若 $y = f(t) > 0$，則 y 的相對變化率為

$$G_y = \dfrac{f'(t)}{f(t)} = \dfrac{d}{dt} \ln f(t).$$

12. 函數 $y = f(x)$ 對 x 的彈性為

$$E = \dfrac{Ey}{Ex} = \left(\dfrac{x}{y}\right)\left(\dfrac{dy}{dx}\right).$$

13. 設 $x = f(p)$ 為需求函數，則需求彈性為

$$E_p = -\dfrac{pf'(p)}{f(p)}.$$

4
Calculus for business 商用微積分

5 微分的應用

● **本章學習目標**
  ◎ 函數的遞增與遞減
  ◎ 函數的極值
  ◎ 凹性，反曲點
  ◎ 函數圖形的描繪
  ◎ 極值的應用問題
  ◎ 均值定理
  ◎ 羅必達法則

5-1 函數的遞增與遞減

在描繪函數的圖形時，知道何處上升與何處下降是很有用的．如圖 5-1 所示．

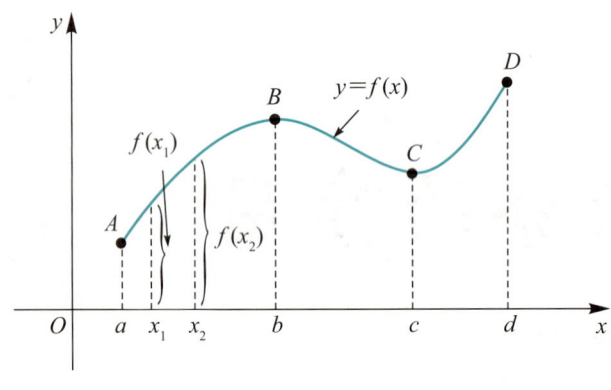

圖 5-1

圖形由 A 上升到 B，由 B 下降到 C，然後再由 C 上升到 D．我們稱函數 f 在區間 $[a, b]$ 為遞增，在 $[b, c]$ 為遞減，又在 $[c, d]$ 為遞增．若 x_1 與 x_2 為介於 a 與 b 之間的任二數，其中 $x_1 < x_2$，則 $f(x_1) < f(x_2)$．

定義 5-1

設函數 f 定義在某區間 I．

(1) 對 I 中的所有 x_1、x_2，若 $x_1 < x_2$，恆有 $f(x_1) < f(x_2)$，則稱 f 在 I 為遞增，而 I 稱為 f 的遞增區間．

(2) 對 I 中的所有 x_1、x_2，若 $x_1 < x_2$，恆有 $f(x_1) > f(x_2)$，則稱 f 在 I 為遞減，而 I 稱為 f 的遞減區間．

(3) 若 f 在 I 為遞增抑或為遞減，則稱 f 在 I 上為單調 (monotonic)．

第五章　微分的應用　197

註　(1) 單調函數必為一對一函數.
　　(2) 有些教科書中, 定義若 $x_1 < x_2$, 恆有 $f(x_1) \leq f(x_2)$, 則稱 f 在區間 I 為遞增. 若是 "$f(x_1) < f(x_2)$", 則稱 f 在區間 I 為嚴格遞增.

函數遞增或遞減之定義如圖 5-2 所示.

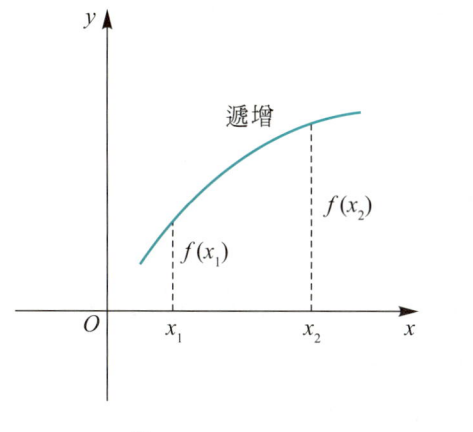

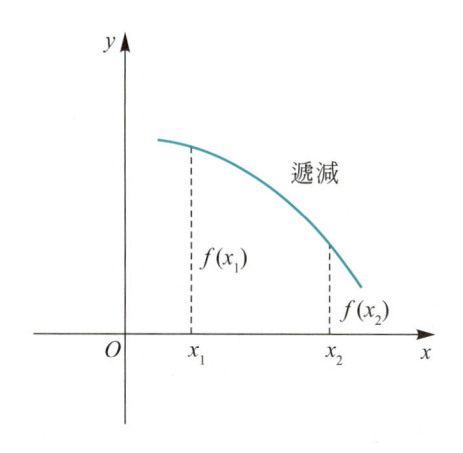

(i) $x_1 < x_2 \Rightarrow f(x_1) < f(x_2)$　　　(ii) $x_1 < x_2 \Rightarrow f(x_1) > f(x_2)$

圖 5-2

例題 1　函數 $f(x) = x^2$ 在 $(-\infty, 0]$ 為遞減而在 $[0, \infty)$ 為遞增, 故 $f(x)$ 在 $(-\infty, 0]$ 與 $[0, \infty)$ 皆為單調, 但它在 $(-\infty, \infty)$ 中不為單調.

例題 2　$f(x) = \begin{cases} -x^2 &, x < 0 \\ 0 &, 0 \leq x \leq 1 \\ (x-1)^2 &, x > 1 \end{cases}$

為非單調函數, 圖形如圖 5-3 所示.

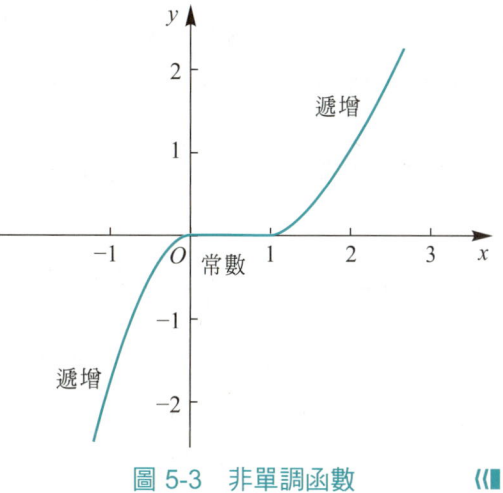

圖 5-3　非單調函數

(i) $f'(a) > 0$ (ii) $f'(a) < 0$

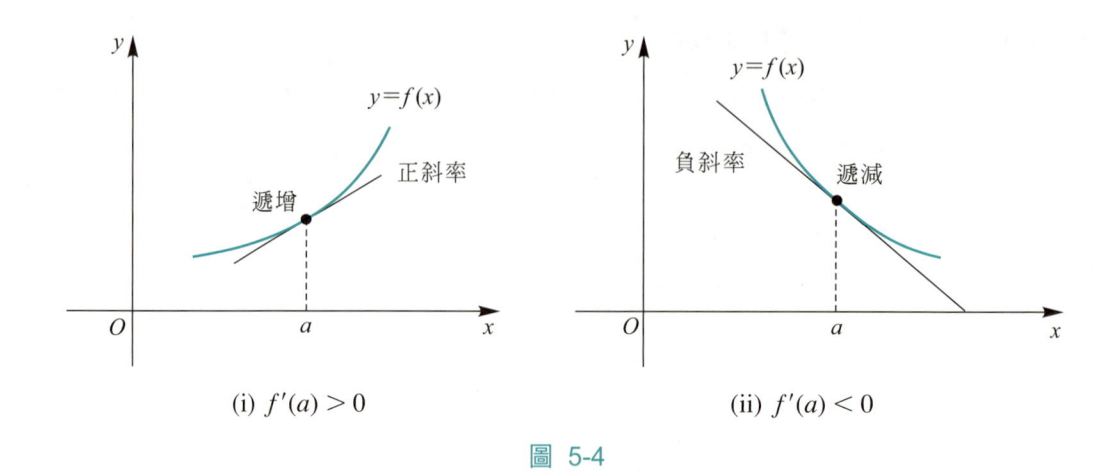

圖 5-4

單調函數圖形上任一點之斜率可利用導數來決定.

圖 5-4 暗示若函數圖形在某區間的切線斜率為正，則函數在該區間為遞增；同理，若圖形在某區間的切線斜率為負，則函數在該區間為遞減.

下面定理指出如何利用導數來判斷函數在區間為遞增或遞減.

定理 5-1　單調性定理

設函數 f 在 $[a, b]$ 為連續，且在 (a, b) 為可微分.
(1) 若 $f'(x) > 0$ 對於 (a, b) 中的所有 x 皆成立，則 f 在 $[a, b]$ 為遞增.
(2) 若 $f'(x) < 0$ 對於 (a, b) 中的所有 x 皆成立，則 f 在 $[a, b]$ 為遞減.

例題 3 函數 $f(x) = \dfrac{2x}{x^2+1}$ 在何區間為遞增？遞減？

解 $f'(x) = \dfrac{d}{dx}\left(\dfrac{2x}{x^2+1}\right) = \dfrac{(x^2+1)2 - 2x(2x)}{(x^2+1)^2} = \dfrac{2(1-x^2)}{(x^2+1)^2}$

當 $x = \pm 1$ 時，$f'(x) = 0$. 我們僅討論在 $x = -1$ 與 $x = 1$ 附近 f' 之變化情形，並做出有關 $f'(x)$ 之正負號圖如下：

| x 之範圍 | $x<-1$ | -1 | $-1<x<1$ | 1 | $x>1$ |

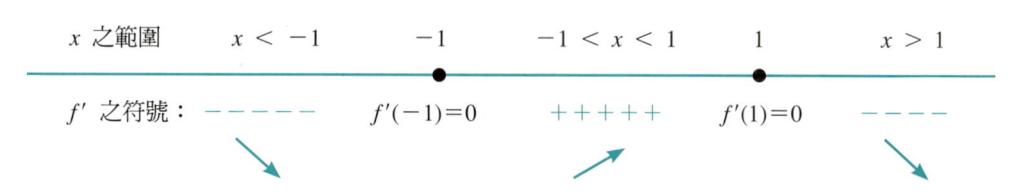

f' 之符號： $-----$　$f'(-1)=0$　$+++++$　$f'(1)=0$　$----$

故 f 在 $(-\infty,-1]$ 與 $[1,\infty)$ 為遞減，f 在 $[-1,1]$ 為遞增．

例題 4 函數 $f(x)=x-x^{2/3}$ 在何區間為遞增？遞減？

解 $f'(x)=1-\dfrac{2}{3x^{1/3}}=\dfrac{3x^{1/3}-2}{3x^{1/3}}$

令 $f'(x)=0 \Leftrightarrow 3x^{1/3}-2=0 \Leftrightarrow x=\dfrac{8}{27}$．

又 $f'(0)$ 不存在，我們僅討論在 $x=0$ 與 $x=\dfrac{8}{27}$ 附近 f' 之變化情形，並做出有關 $f'(x)$ 之正負號圖如下：

| x 之範圍： | $-\infty<x<0$ | 0 | $0<x<\dfrac{8}{27}$ | $\dfrac{8}{27}$ | $x>\dfrac{8}{27}$ |

f' 之符號： $+++++$　$f'(0)$ 不存在　$-----$　$f'\left(\dfrac{8}{27}\right)=0$　$+++++$

故 f 在 $(-\infty,0]$ 與 $\left[\dfrac{8}{27},\infty\right)$ 為遞增，f 在 $\left[0,\dfrac{8}{27}\right]$ 為遞減．

習題 5-1

在 1～6 題中，求各函數的遞增區間與遞減區間．

1. $f(x)=x^3+x^2-5x-5$
2. $f(x)=x^4-4x^3-8x^2+3$

3. $f(x)=\dfrac{2x}{x^2+1}$
4. $f(x)=\dfrac{x}{2}-\sqrt{x}$
5. $f(x)=x^{2/3}(x-2)^2$
6. $f(x)=\sqrt[3]{x}-\sqrt[3]{x^2}$

5-2　函數的極值

　　微分學裡有一些重要的應用問題，它們是所謂的 最佳化問題 (optimization problem)，其主要在於如何找出最佳決策的方法去完成工作. 最佳化問題可簡化為求函數的最大值與最小值，並判斷此值發生於何處.

定義 5-2

令函數 f 定義在區間 I，且 $c \in I$.
(1) 若對 I 中的所有 x，恆有 $f(c) \geq f(x)$，則稱 f 在 c 處有極大值或絕對極大值，$f(c)$ 為 f 在 I 上的極大值或絕對極大值.
(2) 若對 I 中的所有 x，恆有 $f(c) \leq f(x)$，則稱 f 在 c 處有極小值或絕對極小值，$f(c)$ 為 f 在 I 上的極小值或絕對極小值.

上述的 $f(c)$ 稱為 f 的極值或絕對極值.

　　若只討論在 c 點的附近，函數值以 $f(c)$ 為最大，如此的 c 稱為相對極大點 (或局部極大點)，而 $f(c)$ 稱為相對極大值 (或局部極大值).

　　同理，在 c 點的附近，函數值以 $f(c)$ 為最小，如此的 c 稱為相對極小點 (或局部極小點)，而 $f(c)$ 稱為相對極小值 (或局部極小值).

　　極大點與極小點合稱為極點，而極大值與極小值合稱為極值，如圖 5-5 所示.

第五章　微分的應用

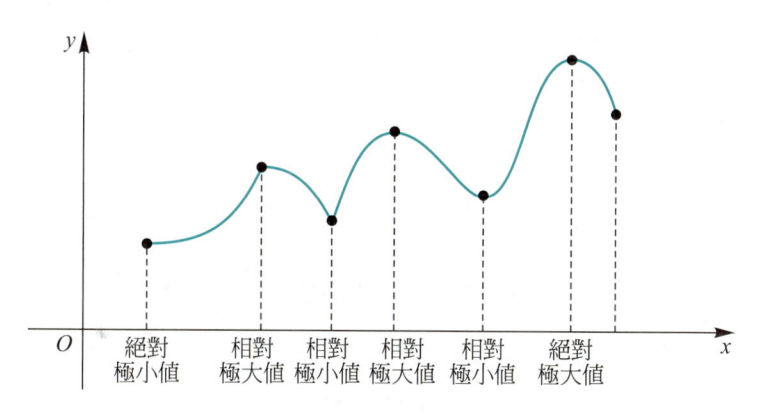

圖 5-5

定義 5-3

令 c 為函數 f 的定義域中的一數.

(1) 若存在包含 c 的開區間 I，使得 $f(c) \geq f(x)$ 對 I 中的所有 x 皆成立，則稱 f 在 c 處有相對極大值 (或局部極大值).

(2) 若存在包含 c 的開區間 I，使得 $f(c) \leq f(x)$ 對 I 中的所有 x 皆成立，則稱 f 在 c 處有相對極小值 (或局部極小值).

上述的 $f(c)$ 稱為 f 的相對極值 (或局部極值).

由定義及圖 5-5 中可得知：

1. 相對極大值中最大者為絕對極大值.
2. 相對極小值中最小者為絕對極小值.

例題 1 若 $f(x)=x^2$，則 $f(x) \geq f(0)$，故 $f(0)=0$ 為 f 的絕對極小值，這表示原點為拋物線 $y=x^2$ 上的最低點. 然而，在此拋物線上無最高點，故此函數無極大值. 如圖 5-6 所示.

圖 5-6

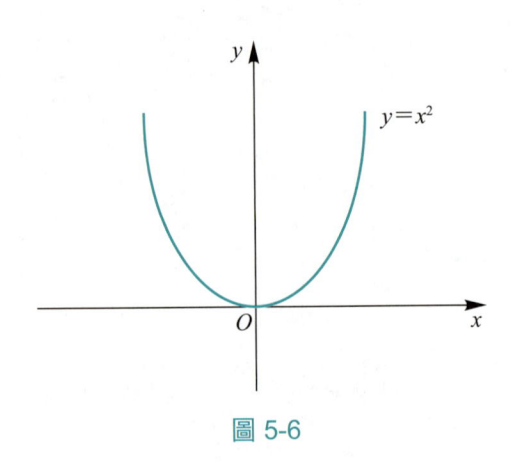

例題 2 若 $f(x)=x^3$，則此函數無絕對極大值，也無絕對極小值．如圖 5-7 所示．

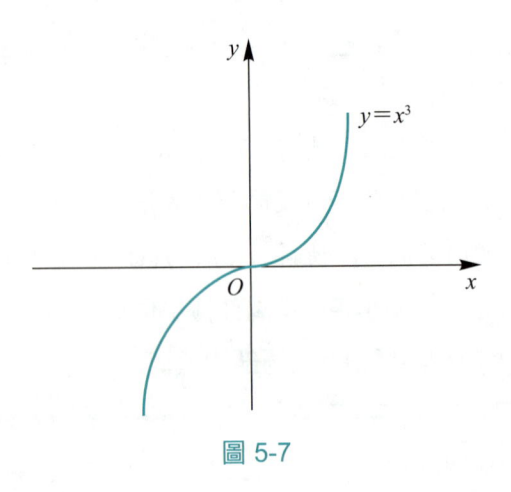

圖 5-7

我們已看出有些函數有極值，而有些則沒有．下面定理給出保證函數的極大值與極小值存在的條件．

定理 5-2 極值存在定理

若函數 f 在閉區間 $[a, b]$ 為連續，則 f 在 $[a, b]$ 上不但有極大值且有極小值．

例題 3 若函數 $f(x)=\begin{cases} x, & 0 \leq x < 1 \\ \dfrac{1}{2}, & 1 \leq x \leq 2 \end{cases}$ 定義在閉區間 $[0, 2]$，則它有極小值 0，但無極大值．事實上，f 在 $x=1$ 有不連續點（見圖 5-8）．

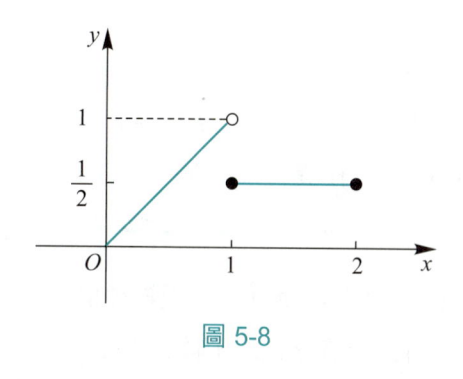

圖 5-8

我們可由圖 5-9 得知在相對極值附近函數的變化情形．

1. 在 A 點、C 點與 E 點處都有一相對極大值，在 A 點 $f'(x)$ 不存在，在 C 點與 E 點 $f'(x)=0$，當 x 由左向右遞增而經過 A 點及 C 點附近時，導數 $f'(x)$ 的符號都由正變為負，亦即，由正斜率變為負斜率．

2. 在 B 點、D 點處都有一相對極小值，在 B 點 $f'(x)=0$，在 D 點 $f'(x)$ 不存在，當 x 由左向右遞增而經過 B 點及 D 點附近時，導數 $f'(x)$ 的符號都由負變為正，亦即，由負斜率變為正斜率．

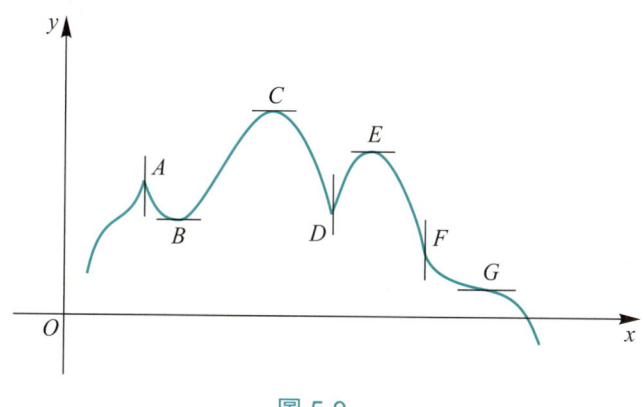

圖 5-9

3. 在 F 點處 $f'(x)$ 不存在，在 G 點處 $f'(x)=0$，但在該點處（F 點及 G 點）卻無相對極大值或極小值．（為什麼？）

對於這些 $f'(x)=0$ 或 $f'(x)$ 不存在的點，我們給予名稱．

定義 5-4

設 c 為函數 f 之定義域中的一數，若 $f'(c)=0$ 抑或 $f'(c)$ 不存在，則稱 c 為 f 的**臨界數**，而點 $(c, f(c))$ 是 $f(x)$ 的一個**臨界點**．

讀者應注意，若函數 f 有相對極值，則相對極值必發生於臨界數處；但是，並非在每一個臨界數處皆有相對極值存在．例如，$f(x)=x^{1/3}$ 在 $x=0$ 就沒有相對極值，即使 $f'(x)=\dfrac{1}{3}x^{-2/3}$ 在 $x=0$ 無定義，如圖 5-10(i) 所示；又 $f(x)=x^{2/3}$ 在 $x=0$ 有相對極小值 $f(0)=0$，但 $f'(x)=\dfrac{2}{3x^{1/3}}$ 在 $x=0$ 無定義，如圖 5-10(ii) 所示．然而，$x=0$ 確為 $f(x)=x^{1/3}$ 與 $f(x)=x^{2/3}$ 的臨界數．

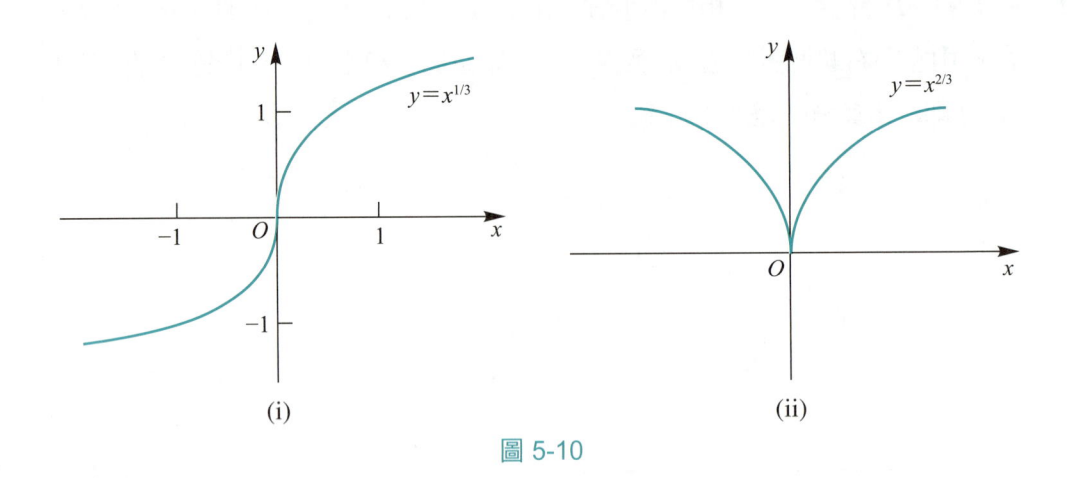

(i)　　　　　(ii)

圖 5-10

例題 4 求函數 $f(x)=x^{3/5}(4-x)$ 的臨界數.

解 $f'(x)=\dfrac{d}{dx}[x^{3/5}(4-x)]=\dfrac{3}{5}x^{-2/5}(4-x)+x^{3/5}(-1)$

$\qquad =\dfrac{3(4-x)-5x}{5x^{2/5}}=\dfrac{12-8x}{5x^{2/5}}$

兩函數乘積的導數

令 $f'(x)=0$，即 $12-8x=0$，可得 $x=\dfrac{3}{2}$；又 $f'(0)$ 不存在，但 $f(x)$ 在 $x=0$ 有定義. 所以，f 的臨界數為 $\dfrac{3}{2}$ 與 0.

如何求函數 f 之絕對極值

若連續函數 f 在閉區間 $[a, b]$ 為連續，則求其極值的步驟如下：

1. 在 (a, b) 中，求 f 的所有臨界數，並計算 f 在這些臨界數的值.
2. 計算 $f(a)$ 與 $f(b)$.
3. 從步驟 1 與步驟 2 中所計算出的最大值即為極大值，最小值即為極小值.

在步驟 2 中，若 $f(a)$ 或 $f(b)$ 為極大值或極小值，則稱為端點極值.

例題 5 求函數 $f(x)=x^3-3x^2+2$ 在區間 $[-2, 3]$ 上的極大值與極小值.

解 $f'(x)=3x^2-6x=3x(x-2)$. 於是，在 $(-2, 3)$ 中，f 的臨界數為 0 與 2. f 在這些臨界數的值為

$$f(0)=2, \quad f(2)=-2$$

而在兩端點的值為

$$f(-2)=-18, \quad f(3)=2$$

所以，極大值為 2，極小值為 -18.

例題 6 求函數 $f(x)=(x-2)\sqrt{x}$ 在 $[0, 4]$ 上的極大值與極小值.

解
$$f'(x)=\sqrt{x}+(x-2)\frac{1}{2\sqrt{x}}=\frac{3x-2}{2\sqrt{x}}$$

於是，在 $(0, 4)$ 中，f 的臨界數為 $\frac{2}{3}$.

因 $f(0)=0$, $f\left(\frac{2}{3}\right)=-\frac{4\sqrt{6}}{9}$, $f(4)=4$, 故 $f(4)>f(0)>f\left(\frac{2}{3}\right)$.

所以，極大值為 4, 極小值為 $-\frac{4\sqrt{6}}{9}$.

如何求函數 f 之相對極值

我們知道，欲求相對極值，首先必須找出函數所有的臨界數，再檢查每一個臨界數，以決定在臨界數處是否有相對極值發生. 做這個檢查的方法有很多，下面的定理是根據 f 的一階導數的正負號來判斷 f 的相對極值. 大致說來，這個定理說明了，當 x 遞增通過臨界數 c 時，若 $f'(x)$ 變號，則 f 在 c 處有相對極大值或相對極小值；若 $f'(x)$ 不變號，則 f 在 c 處無相對極值發生.

定理 5-3 一階導數判別法

設函數 f 在包含臨界數 c 的開區間 (a, b) 為連續.
(1) 當 $a<x<c$ 時，$f'(x)>0$, 且 $c<x<b$ 時，$f'(x)<0$, 則 $f(c)$ 為 f 的相對極大值.
(2) 當 $a<x<c$ 時，$f'(x)<0$, 且 $c<x<b$ 時，$f'(x)>0$, 則 $f(c)$ 為 f 的相對極小值.
(3) 當 $a<x<b$ 時，$f'(x)$ 同號，則 $f(c)$ 不為 f 的相對極值.

第五章　微分的應用

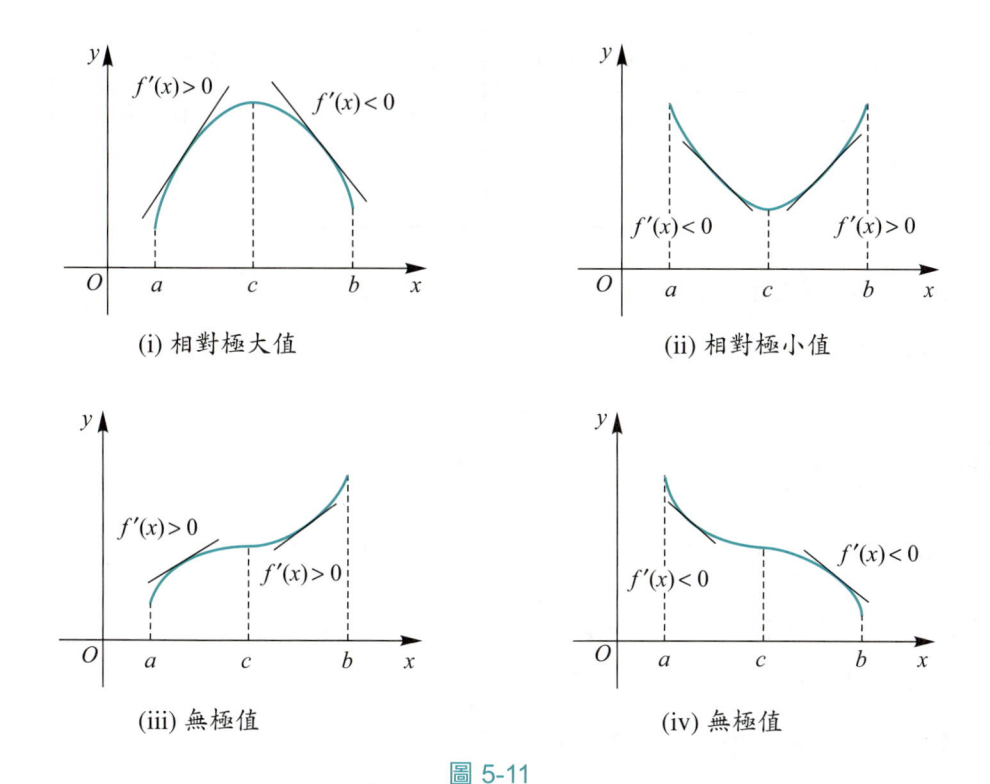

(i) 相對極大值　　(ii) 相對極小值

(iii) 無極值　　(iv) 無極值

圖 5-11

圖 5-11 中的圖形可作為記憶一階導數判別法的方法. 在相對極大值的情形, 如圖 5-11(i) 所示, 若 $x < c$, 則在點 $(x, f(x))$ 處的切線的斜率為正；若 $x > c$, 則斜率為負. 在相對極小值的情形, 如圖 5-11(ii) 所示, 結果恰好相反. 若圖形在點 $(c, f(c))$ 有折角, 類似的圖形也可繪出. 在無極值的情形, 如圖 5-11(iii) 所示, 斜率皆為正；如圖 5-11(iv) 所示, 斜率皆為負.

例題 7　求函數 $f(x) = x^3 - 3x + 3$ 的相對極值.

解　$f'(x) = 3x^2 - 3 = 3(x-1)(x+1)$. 於是, f 的臨界數為 1 與 -1. 我們作出下表.

區　間	$x-1$	$x+1$	$f'(x)$	f 的變化
$x < -1$	$-$	$-$	$+$	在 $(-\infty, -1]$ 為遞增
$-1 < x < 1$	$-$	$+$	$-$	在 $[-1, 1]$ 為遞減
$1 < x$	$+$	$+$	$+$	在 $[1, \infty)$ 為遞增

依一階導數判別法，f 在 $x=-1$ 處有相對極大值 $f(-1)=5$，在 $x=1$ 處有相對極小值 $f(1)=1$.

例題 8 試求 $f(x)=\ln(x^2+2x+3)$ 之相對極值.

解 $f'(x)=\dfrac{d}{dx}\ln(x^2+2x+3)=\dfrac{1}{x^2+2x+3}\dfrac{d}{dx}(x^2+2x+3)$

$=\dfrac{2x+2}{x^2+2x+3}=\dfrac{2(x+1)}{(x+1)^2+2}$

當 $x=-1$ 時，$f'(x)=0$，故 $x=-1$ 為 f 之臨界數.
當 $x<-1$ 時，$f'(x)<0$，且當 $x>-1$ 時，$f'(x)>0$.
故 $f(-1)=\ln(1-2+3)=\ln 2$ 為相對極小值.

例題 9 試求 $f(x)=e^{2x}+e^{-2x}$ 的相對極值.

解 $f'(x)=\dfrac{d}{dx}(e^{2x}+e^{-2x})=2(e^{2x}-e^{-2x})$，可知 f 的臨界數為 0，當 $x<0$ 時，$f'(x)<0$，且 $x>0$ 時，$f'(x)>0$，故 f 在 $x=0$ 處有相對極小值 $f(0)=2$.

習題 5-2

在 1～5 題中，求 f 在所予閉區間上的極大值與極小值.

1. $f(x)=x^3-3x^2+2$; $[-1, 3]$
2. $f(x)=\dfrac{x}{x^2+2}$; $[-1, 4]$

3. $f(x)=x-x^{2/3}$; $[-1, 2]$

4. $f(x)=(x^2+x)^{2/3}$; $[-2, 3]$

5. $f(x)=\dfrac{(x-2)^{2/3}}{x}$; $[1, 10]$

6. 設 $f(x)=x^2+ax+b$，求 a 與 b 的值使得 $f(1)=3$ 為 f 在 $[0, 2]$ 上的極值．它是極大值或極小值？

試求下列各函數之相對極值．

7. $f(x)=x^3-3x^2-24x+32$

8. $f(x)=3x^5-25x^3+60x$

9. $f(x)=x^{1/3}(x+3)^{2/3}$

10. $f(x)=x-\ln x$

11. $f(x)=x^2 e^{-x}$

5-3 凹性，反曲點

雖然函數 f 的導數能告訴我們 f 的圖形在何處為遞增或遞減，但是它並不能顯示圖形如何彎曲．為了研究這個問題，我們必須探討如圖 5-12 所示切線的變化情形．

在圖 5-12(i) 中的曲線位於其切線的下方，稱為下凹．當我們由左到右沿著此曲線前進時，切線旋轉，而它們的斜率遞減．對照之下，圖 5-12(ii) 中的曲線位於其切線的上方，稱為上凹．當我們由左到右沿著此曲線前進時，切線旋轉，而它們的斜率

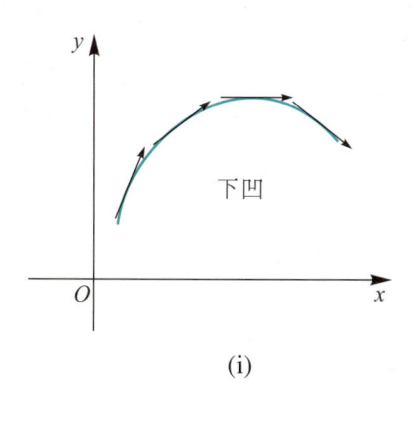

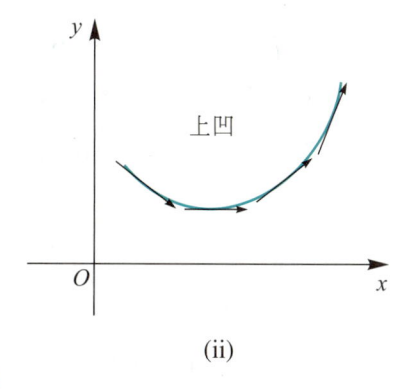

圖 5-12

遞增. 因 f 之圖形的切線斜率為 f', 故我們有下面的定義.

定義 5-5　凹　性

設函數 f 在某開區間為可微分.
(1) 若 f' 在該區間為遞增, 則稱函數 f 的圖形在該區間為上凹.
(2) 若 f' 在該區間為遞減, 則稱函數 f 的圖形在該區間為下凹.

因 f'' 是 f' 的導函數, 故由定理 5-1 可知, 若 $f''(x) > 0$ 對於 (a, b) 中的所有 x 皆成立, 則 f' 在 (a, b) 為遞增；若 $f''(x) < 0$ 對於 (a, b) 中的所有 x 皆成立, 則 f' 在 (a, b) 為遞減. 於是, 我們有下面的結果.

定理 5-4　凹性判別法

設函數 f 在開區間 I 為二次可微分.
(1) 若 $f''(x) > 0$ 對於 I 中的所有 x 皆成立, 則 f 的圖形在 I 為上凹.
(2) 若 $f''(x) < 0$ 對於 I 中的所有 x 皆成立, 則 f 的圖形在 I 為下凹.

例題 1　函數 $f(x) = \dfrac{1}{1+x^2}$ 的圖形在何處為上凹？下凹？

解　$f'(x) = \dfrac{d}{dx}\left(\dfrac{1}{1+x^2}\right) = \dfrac{-2x}{(1+x^2)^2}$ 　　　$\dfrac{d}{dx}\left[\dfrac{1}{g(x)}\right] = \dfrac{-\dfrac{d}{dx}g(x)}{[g(x)]^2}$

$\qquad\qquad = -2x(1+x^2)^{-2}$

$f''(x) = -\dfrac{d}{dx} 2x(1+x^2)^{-2} = -2(1+x^2)^{-2} + 4x(1+x^2)^{-3}(2x)$

$\qquad = -2(1+x^2)^{-2} + 8x^2(1+x^2)^{-3}$

$\qquad = 2(1+x^2)^{-3} + (3x^2 - 1)$

令 $f''(x)=0$，解 $3x^2-1=0$，得 $x=\pm\dfrac{1}{\sqrt{3}}=\pm\dfrac{\sqrt{3}}{3}$。

我們作 $f''(x)$ 之正負號圖如下：

x 之範圍：$x<-\dfrac{\sqrt{3}}{3}$　　　$-\dfrac{\sqrt{3}}{3}$　　　　　　　$\dfrac{\sqrt{3}}{3}$　　　$x>\dfrac{\sqrt{3}}{3}$

f'' 之符號：$+++++$　　$f''\left(-\dfrac{\sqrt{3}}{3}\right)=0$　$-----$　$f''\left(\dfrac{\sqrt{3}}{3}\right)=0$　　$+++++$

故 f 之圖形在 $\left(-\infty,\ -\dfrac{\sqrt{3}}{3}\right)$ 與 $\left(\dfrac{\sqrt{3}}{3},\ \infty\right)$ 為上凹，在 $\left(-\dfrac{\sqrt{3}}{3},\ \dfrac{\sqrt{3}}{3}\right)$ 為下凹.

在例題 1 中，函數圖形上的點 $\left(-\dfrac{\sqrt{3}}{3},\ \dfrac{3}{4}\right)$ 與 $\left(\dfrac{\sqrt{3}}{3},\ \dfrac{3}{4}\right)$ 改變圖形的凹性，而對於這種點，我們給予名稱.

定義 5-6　反曲點

設函數 f 在包含 c 的開區間 (a, b) 為連續，若 f 的圖形在 (a, c) 為上凹且在 (c, b) 為下凹，抑或 f 的圖形在 (a, c) 為下凹且在 (c, b) 為上凹，則稱點 $(c, f(c))$ 為 f 之圖形上的反曲點.

定理 5-5　反曲點存在的必要條件

若 $(c, f(c))$ 為 f 之圖形上的反曲點，且 $f''(x)$ 對於包含 c 的某開區間中的所有 x 皆存在，則 $f''(c)=0$.

圖 5-13

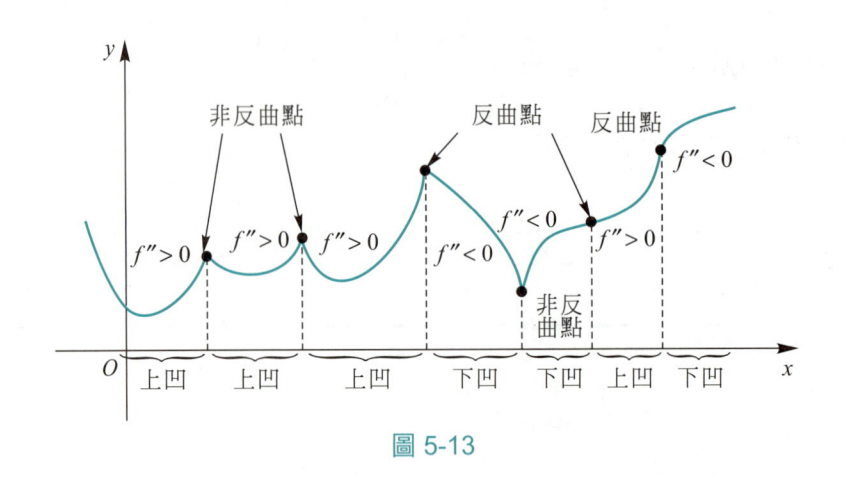

由上述定義 5-6 知，反曲點僅可能發生於 $f''(x)=0$ 抑或 $f''(x)$ 不存在的點，如圖 5-13 所示．但讀者應注意，在某處的二階導數為零，並不一定保證圖形在該處就有反曲點．例如，$f(x)=x^3$，$f''(0)=0$，點 $(0, 0)$ 是 f 之圖形的反曲點．至於 $f(x)=x^4$，雖然 $f''(0)=0$，但點 $(0, 0)$ 並非 f 之圖形的反曲點．

例題 2 求 $f(x)=3x^4-4x^3+1$ 之圖形的反曲點．

解
$$f'(x)=12x^3-12x^2$$
$$f''(x)=36x^2-24x=12x(3x-2)$$

令 $f''(x)=0$，即 $12x(3x-2)=0$

可得 $x=0$ 或 $x=\dfrac{2}{3}$

我們作 $f''(x)$ 的正負號圖如下：

x 之範圍：	$x<0$	0	$0<x<\dfrac{2}{3}$	$\dfrac{2}{3}$	$x>\dfrac{2}{3}$
f'' 之符號：	$+++++$		$-----$		$+++++$
	$f''>0$	$f''(0)=0$	$f''<0$	$f''\left(\dfrac{2}{3}\right)=0$	$f''>0$

故反曲點分別為 $(0, 1)$ 與 $\left(\dfrac{2}{3}, \dfrac{11}{27}\right)$.

例題 3 試求 $f(x)=x^{1/3}$ 之圖形的反曲點.

解
$$f'(x)=\dfrac{1}{3}x^{-2/3}$$

$$f''(x)=-\dfrac{2}{9}x^{-5/3}=-\dfrac{2}{9x^{5/3}}$$

當 $x=0$ 時，$f''(0)$ 不存在.
若 $x<0$ 時，則 $f''(x)>0$，故 $f(x)$ 之圖形在 $(-\infty, 0)$ 為上凹.
若 $x>0$ 時，則 $f''(x)<0$，故 $f(x)$ 之圖形在 $(0, \infty)$ 為下凹.
故點 $(0, 0)$ 為 $f(x)$ 圖形之反曲點. 依據此一例題，讀者應注意，圖形的反曲點不一定發生在 $f''(x)$ 不存在的點，例如，$f(x)=x^{2/3}$，$(0, 0)$ 就不是反曲點.

有關函數 f 的相對極值除了可用一階導數判別外，尚可利用二階導數判別.

定理 5-6 二階導數判別法

設函數 f 在包含 c 的開區間為可微分，且 $f'(c)=0$.
(1) 若 $f''(c)>0$，則 $f(c)$ 為 f 的相對極小值.
(2) 若 $f''(c)<0$，則 $f(c)$ 為 f 的相對極大值.

例題 4 若 $f(x)=5+2x^2-x^4$，利用二階導數判別法求 f 的相對極值.

解
$$f'(x)=4x-4x^3=4x(1-x^2)$$
$$f''(x)=4-12x^2=4(1-3x^2)$$

解方程式 $f'(x)=0$，可得 f 的臨界數為 0、1 與 -1，而 f'' 在這些臨界數的值分別為

$$f''(0) = 4 > 0$$
$$f''(1) = -8 < 0$$
$$f''(-1) = -8 < 0$$

因此，依二階導數判別法，f 的相對極大值為 $f(1)=6=f(-1)$，相對極小值為 $f(0)=5$.

習題 5-3

在 1～4 題中，討論各函數圖形的凹性並找出反曲點．

1. $f(x) = 4 + 72x - 3x^2 - x^3$
2. $f(x) = x^4 - 6x^2$
3. $f(x) = (x^2 - 1)^3$
4. $f(x) = \dfrac{1}{1+x^2}$

利用二階導數判別法求下列各函數的相對極值．

5. $f(x) = x^4 + 2x^3 - 1$
6. $f(x) = x^3 - 3x + 2$
7. $f(x) = 2x - 3x^{2/3}$
8. $f(x) = x^4 - x^2$
9. $f(x) = x^2 \ln x$
10. $f(x) = x^2 e^{-x}$

5-4 函數圖形的描繪

直角坐標之初等函數作圖法，乃先假定若干自變數之值，從而求得其對應之因變數之值，再利用描點即可作一圖形．但此法頗為不便．今應用微分方法，則作圖一事，不但簡捷，且亦精確．

函數之一階導數表示曲線在某點之切線斜率，其二階導數表示曲線是上凹或下凹，反曲點則表明曲線之凹性改變處，極大及極小值為曲線之高峰及谷底點，依此可得描繪圖形之步驟如下：

1. 確定函數的定義域.
2. 找出圖形的 x-截距與 y-截距.
3. 確定圖形有無對稱性.
4. 確定有無漸近線.
5. 確定函數遞增或遞減的區間.
6. 求出函數的相對極值.
7. 確定凹性並找出反曲點.

例題 1 作 $f(x)=x^3-3x+2$ 的圖形.

解
1. 定義域為 $I\!R=(-\infty, \infty)$.
2. 令 $x^3-3x+2=0$，則 $(x-1)^2(x+2)=0$，可得 $x=1$ 或 -2，故 x-截距為 1 與 -2. 又 $f(0)=2$，故 y-截距為 2.
3. 無對稱性.
4. 無漸近線.
5. $f'(x)=3x^2-3=3(x+1)(x-1)$.

區間	$x+1$	$x-1$	$f'(x)$	單調性
$(-\infty, -1)$	$-$	$-$	$+$	在 $(-\infty, -1]$ 為遞增
$(-1, 1)$	$+$	$-$	$-$	在 $[-1, 1]$ 為遞減
$(1, \infty)$	$+$	$+$	$+$	在 $[1, \infty)$ 為遞增

6. f 的臨界數為 -1 與 1. $f''(x)=6x$，$f''(-1)=-6<0$，$f''(1)=6>0$，可知 $f(-1)=4$ 為相對極大值，而 $f(1)=0$ 為相對極小值.

图 5-14

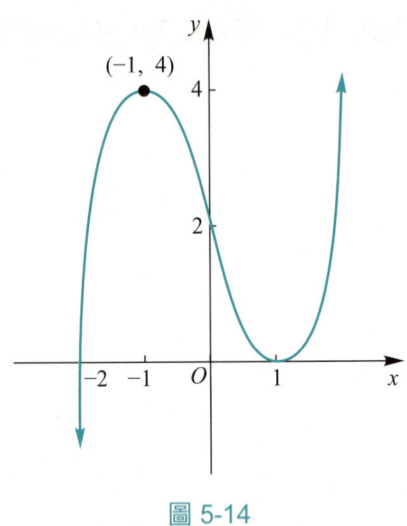

7. 圖形的反曲點為 (0，2).

區 間	$f''(x)$	凹 性
$(-\infty, 0)$	−	下凹
$(0, \infty)$	+	上凹

8. 圖形如圖 5-14 所示.

例題 2 作 $f(x)=x^4-6x^2$ 的圖形.

解 1. 定義域為 $I\!R=(-\infty, \infty)$.

2. x-截距為 0 與 $\pm\sqrt{6}$，y-截距為 0.

3. 圖形對稱於 y-軸.

4. 無漸近線.

5. $f'(x)=4x^3-12x=4x(x^2-3)$.

第五章　微分的應用　217

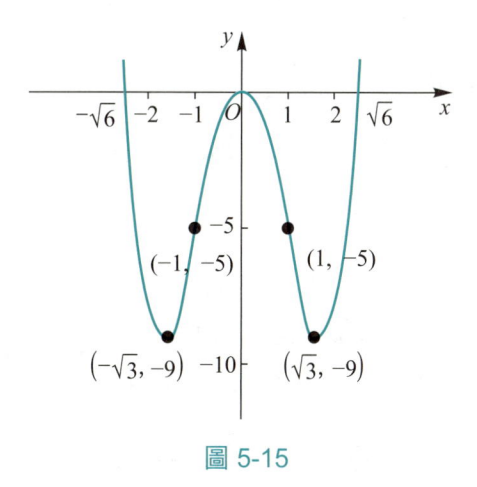

图 5-15

區間	x	x^2-3	$f'(x)$	單調性
$(-\infty, -\sqrt{3})$	$-$	$+$	$-$	在 $(-\infty, -\sqrt{3}]$ 為遞減
$(-\sqrt{3}, 0)$	$-$	$-$	$+$	在 $[-\sqrt{3}, 0]$ 為遞增
$(0, \sqrt{3})$	$+$	$-$	$-$	在 $[0, \sqrt{3}]$ 為遞減
$(\sqrt{3}, \infty)$	$+$	$+$	$+$	在 $[\sqrt{3}, \infty)$ 為遞增

6. f 的臨界數為 0 與 $\pm\sqrt{3}$。 $f''(x)=12x^2-12=12(x^2-1)=12(x-1)(x+1)$，$f''(0)=-12<0$，$f''(\pm\sqrt{3})=24>0$，可知 $f(0)=0$ 為相對極大值，而 $f(\pm\sqrt{3})=-9$ 為相對極小值。

7. 反曲點為 $(-1, -5)$ 與 $(1, -5)$。

區間	$x-1$	$x+1$	$f''(x)$	凹性
$(-\infty, -1)$	$-$	$-$	$+$	上凹
$(-1, 1)$	$-$	$+$	$-$	下凹
$(1, \infty)$	$+$	$+$	$+$	上凹

8. 圖形如圖 5-15 所示。

例題 3 作 $f(x)=\dfrac{2x^2}{x^2-1}$ 的圖形.

解 1. 定義域為 $\{x\,|\,x\neq\pm 1\}=(-\infty,\,-1)\cup(-1,\,1)\cup(1,\,\infty)$.

2. x-截距與 y-截距皆為 0.

3. 圖形對稱於 y-軸.

4. 因 $\displaystyle\lim_{x\to\pm\infty}\dfrac{2x^2}{x^2-1}=2$, 故直線 $y=2$ 為水平漸近線.

   因 $\displaystyle\lim_{x\to 1^+}\dfrac{2x^2}{x^2-1}=\infty,\quad \lim_{x\to -1^+}\dfrac{2x^2}{x^2-1}=-\infty$

   $\displaystyle\lim_{x\to 1^-}\dfrac{2x^2}{x^2-1}=-\infty,\quad \lim_{x\to -1^-}\dfrac{2x^2}{x^2-1}=\infty$

   故直線 $x=1$ 與 $x=-1$ 皆為垂直漸近線.

5. $f'(x)=\dfrac{(x^2-1)(4x)-(2x^2)(2x)}{(x^2-1)^2}=\dfrac{-(4x)}{(x^2-1)^2}$.

區　　間	$f'(x)$	單調性
$(-\infty,\,-1)$	$+$	在 $(-\infty,\,-1)$ 為遞增
$(-1,\,0)$	$+$	在 $(-1,\,0]$ 為遞增
$(0,\,1)$	$-$	在 $[0,\,1)$ 為遞減
$(1,\,\infty)$	$-$	在 $(1,\,\infty)$ 為遞減

6. 唯一的臨界數為 0. 依一階導數判別法, $f(0)=0$ 為 f 的相對極大值.

7. $f''(x)=\dfrac{-4(x^2-1)^2+16x^2(x^2-1)}{(x^2-1)^4}=\dfrac{12x^2+4}{(x^2-1)^3}$.

區　　間	$f''(x)$	凹性
$(-\infty,\,-1)$	$+$	上凹
$(-1,\,1)$	$-$	下凹
$(1,\,\infty)$	$+$	上凹

圖 5-16

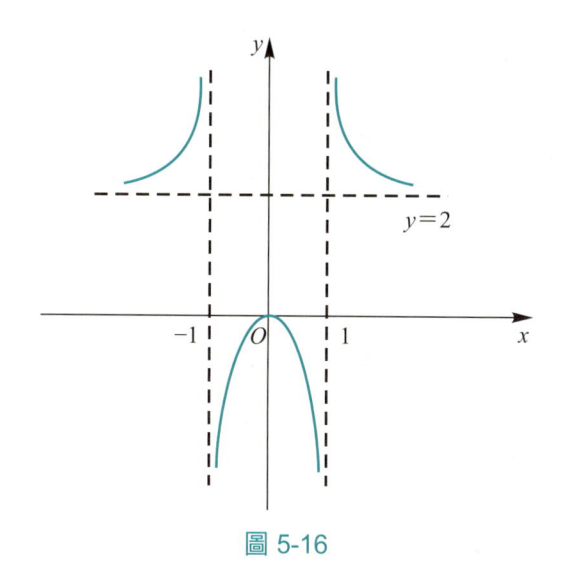

  因 1 與 −1 皆不在 f 的定義域內，故無反曲點．

8. 圖形如圖 5-16 所示．

例題 4 作 $f(x) = x \ln x$ 的圖形．

解 1. 定義域為 $(0, \infty)$．

2. x-截距為 1，無 y-截距．

3. 無對稱性．

4. 無任何漸近線．

5. $f'(x) = 1 + \ln x$

  令 $f'(x) = 0$，唯一的臨界數為 $e^{-1} = \dfrac{1}{e}$．

區　間	$f'(x)$	單調性
$\left(0, \dfrac{1}{e}\right)$	−	在 $\left(0, \dfrac{1}{e}\right]$ 為遞減
$\left(\dfrac{1}{e}, \infty\right)$	+	在 $\left[\dfrac{1}{e}, \infty\right)$ 為遞增

6. $f\left(\dfrac{1}{e}\right)=-\dfrac{1}{e}$ 為相對極小值.

7. $f''(x)=\dfrac{1}{x}$. 當 $x>0$ 時, $f''(x)>0$, 因此, 圖形在 $(0, \infty)$ 為上凹, 但無反曲點.

8. 圖形如圖 5-17 所示.

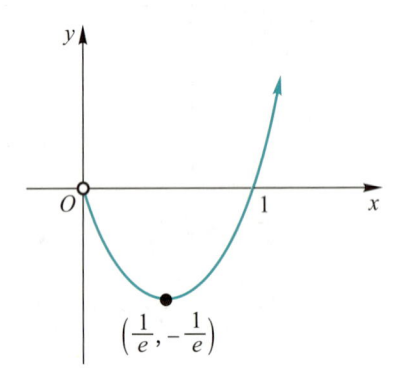

圖 5-17

習題 5-4

試作下列各函數的圖形.

1. $f(x)=x^3+3x^2-9x-11$

2. $f(x)=\dfrac{1}{6}(x^3-6x^2+9x+6)$

3. $f(x)=\dfrac{x}{x^2+1}$

4. $f(x)=\dfrac{x^2}{x^2-x-6}$

5. $f(x)=\dfrac{x^2}{x-1}$

6. $f(x)=\dfrac{x^2}{2}-\ln x$

5-5 極值的應用問題

　　我們在前面所獲知有關求函數極值的理論可以應用在一些實際的問題上，這些問題可能是以語言或以文字敘述．要解決這些問題，則必須將文字敘述用式子、函數或方程式等數學語句表示出來．因應用的範圍太廣，故很難說出一定的求解規則，但是，仍可發展出處理這類問題的一般性規則．下列的步驟常常是很有用的．

求解極值應用問題的步驟

1. 將問題仔細閱讀幾遍，考慮已知的事實，以及要求的未知量．
2. 若可能的話，畫出圖形或圖表，適當地標上名稱，並用變數來表示未知量．
3. 寫下已知的事實，以及變數間的關係，這種關係常常是用某一形式的方程式來描述．
4. 決定要使哪一變數為最大或最小，並將此變數表為其他變數的函數．
5. 求步驟 4 中所得出函數之臨界數，並逐一檢查，看看有無極大值或極小值發生．
6. 檢查極值是否在步驟 4 中所得出函數之定義域的端點發生．

這些步驟的用法在下面例題中說明．

例題 1　求在拋物線 $y^2=2x$ 上與點 $(1, 4)$ 最接近的點．

解　在點 $(1, 4)$ 與拋物線 $y^2=2x$ 上任一點 (x, y) 之間的距離為

$$d=\sqrt{(x-1)^2+(y-4)^2}$$

如圖 5-18 所示．

因 $x=\dfrac{y^2}{2}$，故

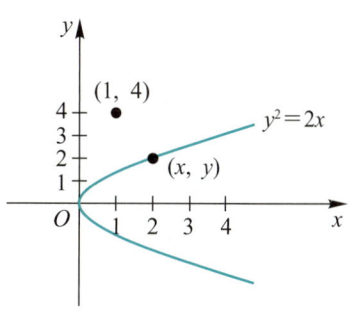

圖 5-18

$$d=\sqrt{\left(\frac{y^2}{2}-1\right)^2+(y-4)^2}=\sqrt{\frac{y^4}{4}-8y+17}$$

令
$$d^2=f(y)=\frac{y^4}{4}-8y+17$$

則 $f'(y)=y^3-8$. 當 $y=2$ 時, $f'(y)=0$, 因此, f 的臨界數為 2. 又 $f''(y)=3y^2$, $f''(2)=12>0$, 故 f 在 $y=2$ 有極小值. 於是, 在 $y^2=2x$ 上最接近 $(1, 4)$ 的點為

$$(x, y)=\left(\frac{y^2}{2}, y\right)=(2, 2).$$

例題 2 一正圓柱內接於底半徑為 6 吋且高為 10 吋的正圓錐. 若柱軸與錐軸重合, 求正圓柱的最大體積.

解 令

$r\ =$ 圓柱的底半徑 (以吋計)

$h\ =$ 圓柱的高 (以吋計)

$V\ =$ 圓柱的體積 (以立方吋計)

如圖 5-19(i) 所示.

圓柱的體積公式為 $V=\pi r^2 h$. 利用相似三角形 (圖 5-19(ii)), 可得

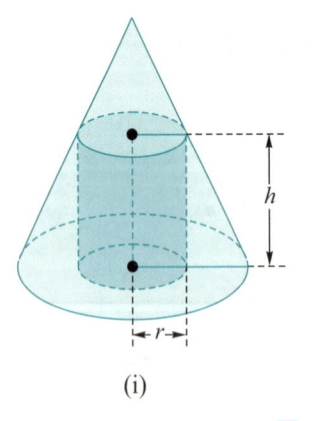

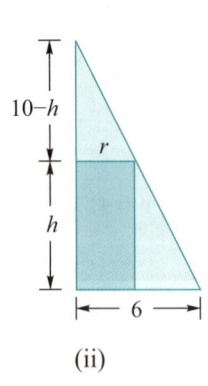

圖 5-19

$$\frac{10-h}{r} = \frac{10}{6}$$

即，
$$h = 10 - \frac{5}{3}r$$

故
$$V = \pi r^2 \left(10 - \frac{5}{3}r\right) = 10\pi r^2 - \frac{5}{3}\pi r^3$$

因 r 代表半徑，故它不可能為負，且因內接圓柱的半徑不可能超過圓錐的半徑，故 r 必須滿足 $0 \leq r \leq 6$. 於是，我們將問題簡化成求 $[0, 6]$ 中的 r 值使 V 有極大值. 因

$$\frac{dV}{dr} = 20\pi r - 5\pi r^2 = 5\pi r(4-r)$$

故在 $(0, 6)$ 中，V 的臨界數為 4. 我們作出下表：

r	0	4	6
V	0	$\dfrac{160\pi}{3}$	0

故最大體積為 $\dfrac{160\pi}{3}$ 立方吋.

例題 3 假設製造某產品 x 單位之總成本為 $C(x)$，則每單位之平均成本 AC 定義為

$$AC = \frac{C(x)}{x}$$

而邊際成本 MC，定義為

$$MC = C'(x)$$

試證明：當 $MC = AC$ 時，AC 有一臨界數（一般在該處有相對極小值）.

解 令
$$AC = \overline{C}(x) = \frac{C(x)}{x}$$

則 $$\overline{C}'(x) = \frac{d}{dx}\left(\frac{C(x)}{x}\right) = \frac{xC'(x) - C(x)}{x^2} = \frac{C'(x) - \frac{C(x)}{x}}{x}$$

若 $MC = AC$，即 $C'(x) = \frac{C(x)}{x}$ 時，則 $\overline{C}'(x) = 0$。

因此，當邊際成本等於平均成本時，$\overline{C}(x)$ 有一臨界數，所以，若平均成本為極小，則

$$邊際成本 = 平均成本$$

如圖 5-20 所示.

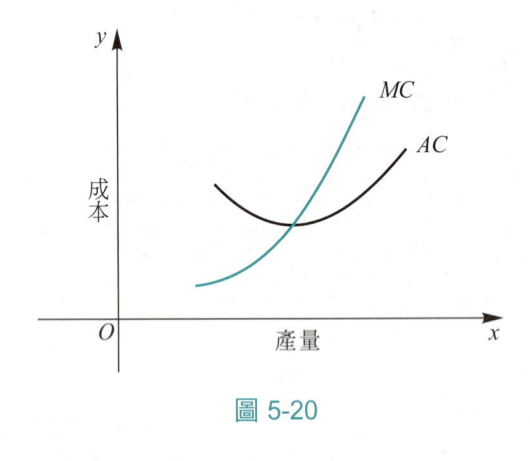

圖 5-20

例題 4 某公司每週生產並銷售 x 台電腦，若每週之成本（以元計）與需求方程式分別為

$$C(x) = 5{,}000 + 2x,\ 0 \leq x \leq 8000$$

$$p = 10 - \frac{x}{1000}$$

試求

(1) 每週的最大收益．

(2) 每週的最大利潤．在什麼生產水準之下公司會實現其最大利潤，且公司對每台電腦之價格應索價多少元才會實現最大利潤？

解 (1) 假設每台電腦以 p 元出售並銷售 x 台，其總收益 (以元計) 為

$$R(x) = xp = x\left(10 - \frac{x}{1000}\right) = 10x - \frac{x^2}{1000}$$

現在求 $R(x) = 10x - \dfrac{x^2}{1000}$, $0 \le x \le 8000$ 的最大值.

則 $$R'(x) = 10x - \frac{x}{500}$$

$$10x - \frac{x}{500} = 0$$

求得僅有之臨界數 $x = 5,000$.

利用二階導數檢定絕對極大值如下：

$$R''(x) = -\frac{1}{500} < 0, \ \forall x$$

於是最大收益為 $R(5,000) = 25,000$ 元.

(2) 利潤＝收益－成本

即 $$P(x) = R(x) - C(x) = 10x - \frac{x^2}{1,000} - 5,000 - 2x$$

$$= 8x - \frac{x^2}{1,000} - 5,000$$

現在求 $P(x) = 8x - \dfrac{x^2}{1,000} - 5,000$, $0 \le x \le 8,000$ 的最大值.

則 $$P'(x) = 8 - \frac{x}{500}$$

$$8 - \frac{x}{500} = 0$$

得 $$x = 4,000$$

$$P''(x) = -\frac{1}{500} < 0, \quad \forall x$$

因為 $x=4{,}000$ 為 $P(x)$ 僅有的臨界數且 $P''(x) < 0$，故最大利潤為 $P(4{,}000) = 11{,}000$ 元.

以 $x=4{,}000$ 代入價格需求方程式中，得

$$p = 10 - \frac{4{,}000}{1{,}000} = 6 \ (元)$$

故公司若每週生產 4,000 台電腦且每台以 6 元出售，則每週可獲取最大利潤 11,000 元.

本例題所有的結果圖示於圖 5-21 中．讀者由圖示中亦可注意到，當

$$P'(x) = R'(x) - C'(x) = 0$$

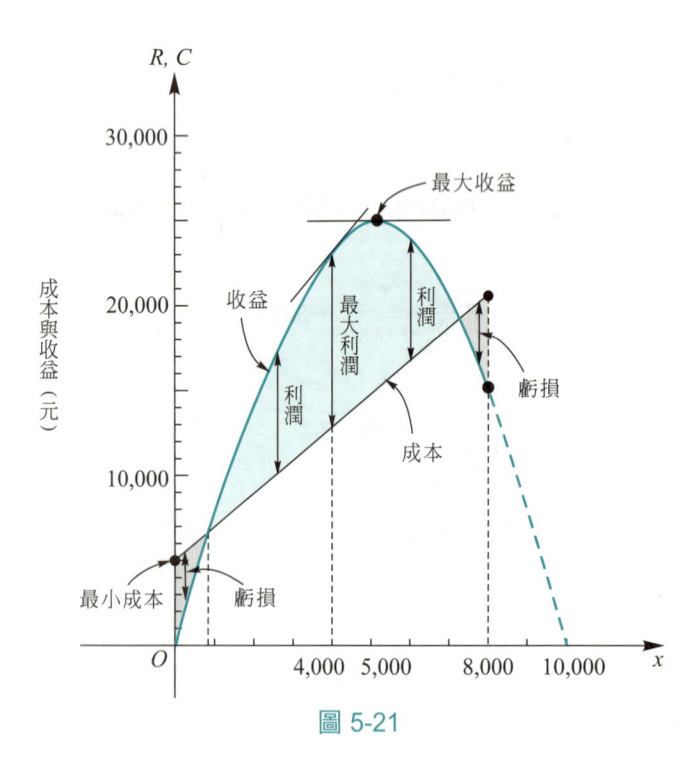

圖 5-21

利潤最大. 亦即,當邊際收益等於邊際成本時利潤最大 (在 4,000 台生產水準之下,收益遞增率與成本之遞增率完全相同 —— 注意兩曲線在該點之斜率完全相同).

習題 5-5

1. 求內接於半徑為 r 之半圓的最大矩形面積.
2. 求內接於橢圓 $\dfrac{x^2}{a^2}+\dfrac{y^2}{b^2}=1$ 且具有最大面積之矩形的尺寸.
3. 求內接於半徑為 r 的球且體積為最大之正圓柱的高.
4. 若二數的差為 40,其積為最小,則此二數為何?
5. 若二正數的和為 40,其積為最大,則此二數為何?
6. 若二正數的積為 64,其和為最小,則此二數為何?
7. 求在雙曲線 $x^2-y^2=1$ 上與點 (0, 2) 最接近的點.
8. 設柑橘園每公畝種 24 棵柑橘樹,成熟後每棵每年可收成 600 個柑橘,若每公畝再多種一棵,則每棵每年減少收成 12 個. 今欲得到最多的柑橘,每公畝應種多少棵?
9. 某公司估計,每週製造 x 支球拍的總成本 $C(x)$ (以元計) 為

$$C(x)=400+4x+0.0001x^2$$

每支球拍售價 p 元,此處 p 與 x 之關係為 $p=10-0.0004x$,若每支製成的球拍都售出,試求每週之生產水準為多少才能替公司帶來最大之利潤?

10. 利台公司的每天平均成本函數 (每單位以元計) 為

$$\overline{C}(x)=0.0001x^2-0.08x+40+\dfrac{5,000}{x},\quad x>0$$

x 表該公司生產某型電子計算機的數量. 試證明對該公司而言,每天生產 500 單位的生產水準可帶來最小之平均成本.

5-6 均值定理

　　均值定理是可微分函數的一重要性質，微積分中很多定理之證明，皆得依賴均值定理．這個定理之幾何意義，我們甚易瞭解．我們都知道一可微分函數之圖形，乃是圓滑的連續曲線，令 $A(a, f(a))$ 與 $B(b, f(b))$ 為圖形上任意兩點，則曲線在 A、B 之間必至少存有一點 $P(c, f(c))$ 使得在該點的切線與通過 A 與 B 的割線平行，如圖 5-22 所示．

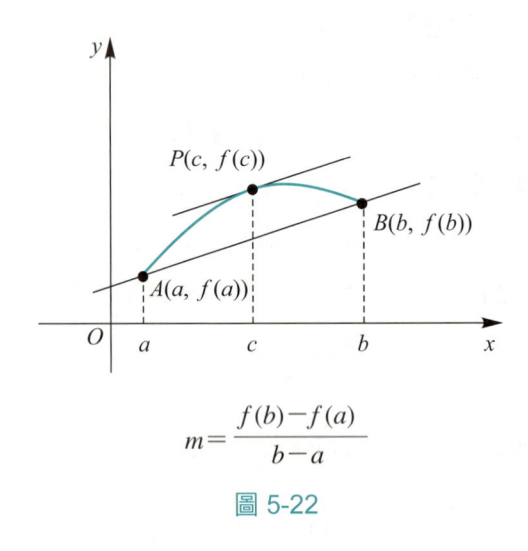

$$m=\frac{f(b)-f(a)}{b-a}$$

圖 5-22

　　此一幾何事實可用斜率表示如下

$$\frac{f(b)-f(a)}{b-a}=f'(c)$$

等號左端的式子表通過 A 與 B 之直線斜率，若將等號兩端同乘以 $b-a$，則得下面之定理．

定理 5-7　均值定理

若函數 f 在 $[a, b]$ 為連續，在 (a, b) 為可微分，則在 (a, b) 中存在一數 c 使得
$$f(b)-f(a)=f'(c)(b-a).$$

在定理 5-7 中，若 $f(a)=f(b)=0$，則連接 $A(a, f(a))$ 及 $B(b, f(b))$ 兩點的直線斜率為 $\dfrac{f(b)-f(a)}{b-a}=0$，因此至少存在一數 $c\in(a, b)$ 使得 $f'(c)=0$.

我們知道常數函數的導函數為零，如今，利用均值定理證明其逆也成立．

定理 5-8

若 $f'(x)=0$ 對區間 I 中所有 x 均成立，則 f 在 I 上為常數函數．

此定理留給讀者自證．

定理 5-9　洛爾定理

若 (1) f 在 $[a, b]$ 為連續，(2) f 在 (a, b) 為可微分，(3) $f(a)=f(b)$，則在 (a, b) 中至少存在一數 c，使得 $f'(c)=0$.

滿足洛爾定理一些代表性的圖形如圖 5-23 所示．

例題 1　令 $f(x)=x^3-x^2-x+1$, $x\in[-1, 2]$. 試求所有的 c 值使滿足均值定理的結論．

解　$f'(x)=3x^2-2x-1$，而

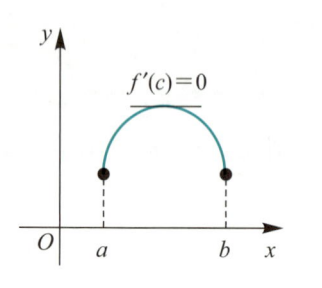

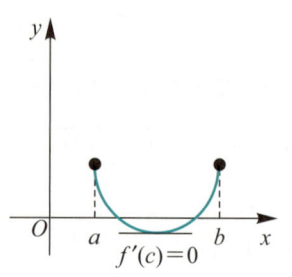

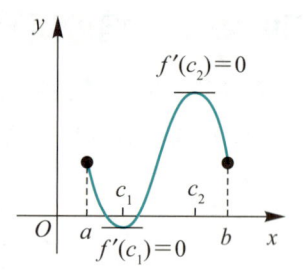

圖 5-23

$$\frac{f(2)-f(-1)}{2-(-1)} = \frac{3-0}{3} = 3c^2-2c-1$$

故 $\qquad 3c^2-2c-1=1$

解二次方程式 $\qquad 3c^2-2c-2=0$

得 $\qquad c = \dfrac{2\pm\sqrt{4+24}}{6} = \dfrac{1\pm\sqrt{7}}{3}$

即 $c_1 = \dfrac{1-\sqrt{7}}{3}$，$c_2 = \dfrac{1+\sqrt{7}}{3}$，二數皆位於區間 $(-1, 2)$ 中，圖形如圖 5-24 所示.

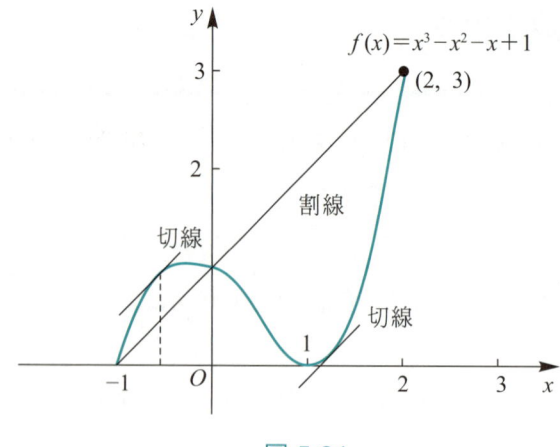

圖 5-24

第五章　微分的應用

例題 2 令 $f(x)=x^{2/3}$, $x\in[-8, 27]$，試證均值定理之結論不成立，並說明其原因.

解 $f'(x)=\dfrac{d}{dx}x^{2/3}=\dfrac{2}{3}x^{-1/3}$, $x\neq 0$，且

$$\frac{f(27)-f(-8)}{27-(-8)}=\frac{9-4}{35}=\frac{1}{7}$$

我們必須解

$$\frac{2}{3}c^{-1/3}=\frac{1}{7}$$

得

$$c=\left(\frac{14}{3}\right)^3=\frac{2744}{27}$$

但 $c=\dfrac{2744}{27}$ 不在區間 $(-8, 27)$ 中. 其原因是 $f(x)$ 在區間 $(-8, 27)$ 中並非處處可微分，因為 $f'(0)$ 不存在. 圖形如圖 5-25 所示.

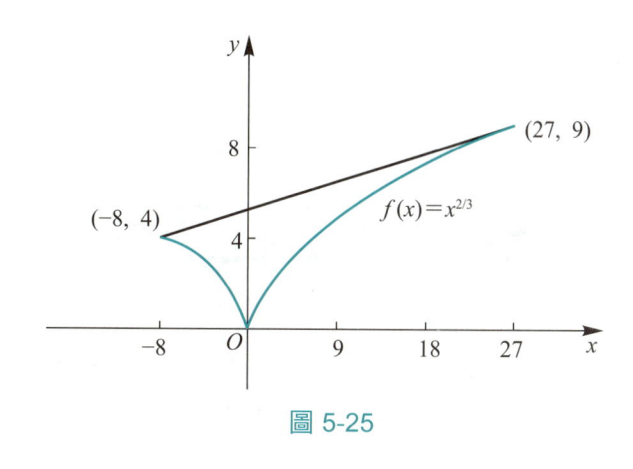

圖 5-25

例題 3 設 $f(x)=x^4-2x^2-8$，求區間 $(-2, 2)$ 中的所有 c 值使得 $f'(c)=0$.

解 因 $f(-2)=f(2)=0$，而 f 為多項式函數，故 f 在 $[-2, 2]$ 為連續，且 f 在 $(-2, 2)$ 為可微分，故 $f(x)$ 滿足洛爾定理的三個條件. 所以至少存在一數 c, $-2<c<2$，使得 $f'(c)=0$.

$$f'(x) = 4x^3 - 4x$$
$$f'(c) = 4c^3 - 4c = 0$$

解得 $\qquad c = 0, \ 1, \ -1$

故在 $(-2, 2)$ 中的所有 c 值為 -1、0 與 1，如圖 5-26 所示.

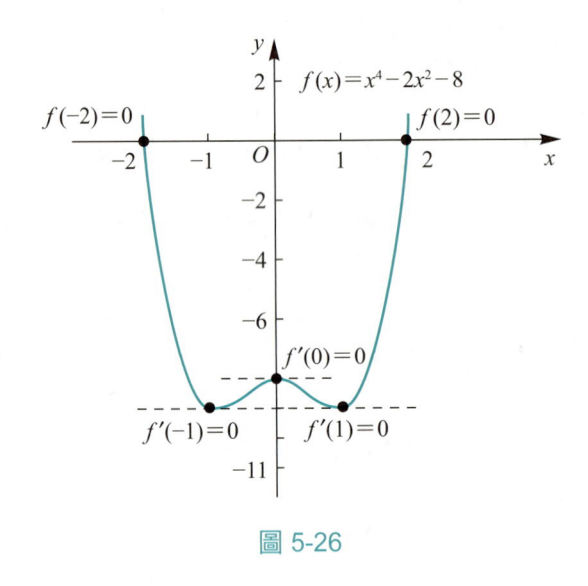

圖 5-26

習題 5-6

在 1～3 題中，驗證 f 在所予區間滿足均值定理的假設，並求 c 的所有值使其滿足定理的結論.

1. $f(x) = 3x^2 + 6x - 5$, $[-2, 1]$

2. $f(x) = 4 + \sqrt{x-1}$, $[1, 5]$

3. $f(x) = \dfrac{x^2 - 1}{x - 2}$, $[-1, 1]$

4. 依洛爾定理，求函數 $f(x) = \dfrac{1 - x^2}{1 + x^2}$ 在區間 $[-1, 1]$ 內之 c 值.

5. 函數 $f(x)=1-x^{2/3}$ 在 $[-1, 1]$ 中是否滿足洛爾定理.

6. 試利用均值定理求 $\sqrt[4]{82}$ 之近似值.

(提示：利用均值定理，當 $c \to a$ 時，$f(b)-f(a) \approx f'(a)(b-a)$.)

5-7 羅必達法則

在本節中，我們詳述求函數極限的一個重要的新方法.

在 $\lim\limits_{x \to 2} \dfrac{x^2-4}{x-2}$ 與 $\lim\limits_{x \to 1} \dfrac{\ln x}{x-1}$ 的每一者中，分子與分母皆趨近 0. 習慣上，將這種極限描述為不定型 $\dfrac{0}{0}$. 使用 "不定" 這兩個字是因為要做更進一步的分析，才能對極限的存在與否下結論. 第一個極限可用代數的處理方法而獲得，即，

$$\lim_{x \to 2} \frac{x^2-4}{x-2} = \lim_{x \to 2} \frac{(x+2)(x-2)}{x-2} = \lim_{x \to 2} (x+2) = 4$$

但第二個極限就不能仿照第一個極限的求法來處理，故想要處理第二個極限，就得利用**羅必達法則**.

若 $\lim\limits_{x \to a} f(x)=0$ 且 $\lim\limits_{x \to a} g(x)=0$，則稱 $\lim\limits_{x \to a} \dfrac{f(x)}{g(x)}$ 為不定型 $\dfrac{0}{0}$.

若 $\lim\limits_{x \to a} f(x)=\infty$（或 $-\infty$）且 $\lim\limits_{x \to a} g(x)=\infty$（或 $-\infty$），則稱 $\lim\limits_{x \to a} \dfrac{f(x)}{g(x)}$ 為不定型 $\dfrac{\infty}{\infty}$.

不定型 $\dfrac{0}{0}$ 與 $\dfrac{\infty}{\infty}$

定理 5-10　羅必達法則

設兩函數 f 與 g 在某包含 a 的開區間 I 為可微分（可能在 a 除外），且 $x \neq a$ 時，$g'(x) \neq 0$，又 $\lim\limits_{x \to a} \dfrac{f(x)}{g(x)}$ 為不定型 $\dfrac{0}{0}$ 或 $\dfrac{\infty}{\infty}$。

若 $\lim\limits_{x \to a} \dfrac{f'(x)}{g'(x)}$ 存在，或 $\lim\limits_{x \to a} \dfrac{f'(x)}{g'(x)} = \infty$（或 $-\infty$），則

$$\lim_{x \to a} \dfrac{f(x)}{g(x)} = \lim_{x \to a} \dfrac{f'(x)}{g'(x)}.$$

註　讀者應注意以下兩點：

1. 在羅必達法則中，$x \to a$ 可代以下列任一者：$x \to a^+$，$x \to a^-$，$x \to \infty$，$x \to -\infty$。

2. 有時，在同一個問題中，必須使用多次羅必達法則，才能對極限之存在與否下結論。

例題 1　求 $\lim\limits_{x \to 1^+} \dfrac{\ln x}{\sqrt{x-1}}$。

解
$$\lim_{x \to 1^+} \dfrac{\ln x}{\sqrt{x-1}} = \lim_{x \to 1^+} \dfrac{\dfrac{1}{x}}{\dfrac{1}{2}(x-1)^{-1/2}}$$

$$= \lim_{x \to 1^+} \dfrac{1}{x} \cdot \dfrac{2\sqrt{x-1}}{1}$$

$$= \lim_{x \to 1^+} \frac{2\sqrt{x-1}}{x} = 0.$$

例題 2 求 $\lim_{x \to 0} \dfrac{x^2}{e^x - 1 - x}$.

解 因 $\lim_{x \to 0} x^2 = 0$ 且 $\lim_{x \to 0} (e^x - 1 - x) = 0$，故依羅必達法則，

$$\lim_{x \to 0} \frac{x^2}{e^x - 1 - x} = \lim_{x \to 0} \frac{2x}{e^x - 1}$$

因上式右邊的極限仍為不定型 $\dfrac{0}{0}$，故再利用羅必達法則，可得

$$\lim_{x \to 0} \frac{2x}{e^x - 1} = \lim_{x \to 0} \frac{2}{e^x} = \frac{2}{e^0} = 2$$

於是，$\lim_{x \to 0} \dfrac{x^2}{e^x - 1 - x} = \lim_{x \to 0} \dfrac{2x}{e^x - 1} = \lim_{x \to 0} \dfrac{2}{e^x} = 2.$

例題 3 求 $\lim_{x \to 0^+} \dfrac{\ln x^2}{\ln(e^x - 1)}$.

解 因所予極限為不定型 $\dfrac{\infty}{\infty}$，故依羅必達法則，

$$\lim_{x \to 0^+} \frac{\ln x^2}{\ln(e^x - 1)} = \lim_{x \to 0^+} \frac{\frac{1}{x^2}(2x)}{\frac{1}{e^x - 1} e^x} = \lim_{x \to 0^+} \frac{\frac{2}{x}}{\frac{e^x}{e^x - 1}} = 2 \lim_{x \to 0^+} \frac{1 - e^{-x}}{x}$$

因上式右邊的極限仍為不定型 $\dfrac{0}{0}$，故再利用羅必達法則，可得

$$2 \lim_{x \to 0^+} \frac{1 - e^{-x}}{x} = 2 \lim_{x \to 0^+} \frac{e^{-x}}{1} = 2$$

於是，$$\lim_{x \to 0^+} \frac{\ln x^2}{\ln (e^x - 1)} = 2.$$

例題 4 求 $\lim\limits_{x \to \infty} \dfrac{\ln x}{\sqrt[3]{x}}$.

解 因所予極限為不定型 $\dfrac{\infty}{\infty}$，故依羅必達法則，

$$\lim_{x \to \infty} \frac{\ln x}{\sqrt[3]{x}} = \lim_{x \to \infty} \frac{\frac{1}{x}}{\frac{1}{3} x^{-2/3}} = \lim_{x \to \infty} \frac{3}{\sqrt[3]{x}} = 0.$$

不定型 $0 \cdot \infty$ 與 $\infty - \infty$

若 $\lim\limits_{x \to a} f(x) = 0$ 且 $\lim\limits_{x \to a} g(x) = \infty$ 或 $-\infty$，則稱 $\lim\limits_{x \to a} [f(x)\, g(x)]$ 為**不定型 $0 \cdot \infty$**。通常，我們寫成 $f(x)\, g(x) = \dfrac{f(x)}{\frac{1}{g(x)}}$ 以便轉換成 $\dfrac{0}{0}$ 型，或寫成 $f(x)\, g(x) = \dfrac{g(x)}{\frac{1}{f(x)}}$ 以便轉換成 $\dfrac{\infty}{\infty}$ 型，之後，它們可依羅必達法則來處理。

例題 5 求 $\lim\limits_{x \to 0^+} x^2 \ln x$.

解 所予極限為不定型 $0 \cdot \infty$. 因此，

$$\lim_{x \to 0^+} x^2 \ln x = \lim_{x \to 0^+} \frac{\ln x}{\frac{1}{x^2}} \quad \dfrac{\infty}{\infty}$$

$$= \lim_{x \to 0^+} \frac{\frac{1}{x}}{-\frac{2}{x^3}} \quad 羅必達法則$$

$$= \lim_{x \to 0^+} \left(-\frac{x^2}{2}\right) = 0.$$

若 $\lim_{x \to a} f(x) = \infty$ 且 $\lim_{x \to a} g(x) = \infty$，則稱 $\lim_{x \to a} [f(x) - g(x)]$ 為<u>不定型</u> $\infty - \infty$. 在此情形下，若適當改變 $f(x) - g(x)$ 的表示式，則可利用前面幾種不定型之一來處理.

例題 6 求 $\lim_{x \to 0} \left(\dfrac{1}{e^x - 1} - \dfrac{1}{x}\right)$.

解 所予極限為不定型 $\infty - \infty$. 利用通分可得

$$\lim_{x \to 0} \left(\frac{1}{e^x - 1} - \frac{1}{x}\right) = \lim_{x \to 0} \frac{x - e^x + 1}{xe^x - x}$$

此為不定型 $\dfrac{0}{0}$. 利用羅必達法則兩次，可得

$$\lim_{x \to 0} \frac{x - e^x + 1}{xe^x - x} = \lim_{x \to 0} \frac{1 - e^x}{xe^x + e^x - 1} = \lim_{x \to 0} \frac{-e^x}{xe^x + e^x + e^x} = -\frac{1}{2}.$$

不定型 0^0、∞^0 與 1^∞

不定型 0^0、∞^0 與 1^∞ 是由極限 $\lim_{x \to a} [f(x)]^{g(x)}$ (或 $\lim_{x \to \infty} [f(x)]^{g(x)}$) 所產生.

1. 若 $\lim_{x \to a} f(x) = 0$ 且 $\lim_{x \to a} g(x) = 0$，則 $\lim_{x \to a} [f(x)]^{g(x)}$ 為不定型 0^0.

2. 若 $\lim_{x \to a} f(x) = \infty$ 且 $\lim_{x \to a} g(x) = 0$，則 $\lim_{x \to a} [f(x)]^{g(x)}$ 為不定型 ∞^0.

3. 若 $\lim_{x \to a} f(x) = 1$ 且 $\lim_{x \to a} g(x) = \infty$ 或 $-\infty$，則 $\lim_{x \to a} [f(x)]^{g(x)}$ 為不定型 1^∞.

上述任一情形可用自然對數處理如下：

$$\text{令 } y = [f(x)]^{g(x)}, \text{ 則 } \ln y = g(x) \ln f(x)$$

或將函數寫成指數形式

$$[f(x)]^{g(x)} = e^{g(x)\ln f(x)}$$

在這兩個方法的任一者中，需要先求出 $\lim\limits_{x \to a} [g(x) \ln f(x)]$，其為不定型 $0 \cdot \infty$。

若不定型為 0^0、∞^0 或 1^∞，則求 $\lim\limits_{x \to a} [f(x)]^{g(x)}$ 的步驟如下：

1. 令 $y = [f(x)]^{g(x)}$.
2. 取自然對數：$\ln y = \ln [f(x)]^{g(x)} = g(x) \ln f(x)$.
3. 求 $\lim\limits_{x \to a} \ln y$ (若極限存在).
4. 若 $\lim\limits_{x \to a} \ln y = L$，則 $\lim\limits_{x \to a} y = e^L$.

若 $x \to \infty$，或 $x \to -\infty$，或對單邊極限，這些步驟仍可使用.

例題 7 求 $\lim\limits_{x \to 0} (1+5x)^{1/x}$.

解 此為不定型 1^∞，所以，

$$\lim_{x \to 0} (1+5x)^{1/x} = \lim_{x \to 0} e^{1/x \ln(1+5x)} = \lim_{x \to 0} e^{\ln(1+5x)/x}$$

$$= e^{\lim\limits_{x \to 0} \ln(1+5x)/x} = e^{\lim\limits_{x \to 0} \frac{\frac{5}{1+5x}}{1}} = e^5.$$

例題 8 求 $\lim\limits_{x \to 0} (x+e^x)^{2/x}$.

解 此為不定型 1^∞. 令 $y = (x+e^x)^{2/x}$，取自然對數，

$$\ln y = \ln (x+e^x)^{2/x} = \frac{2}{x} \ln (x+e^x) = \frac{2 \ln (x+e^x)}{x}$$

$$\lim_{x \to 0} \ln y = 2 \lim_{x \to 0} \frac{\ln(x+e^x)}{x} = 2 \lim_{x \to 0} \frac{\frac{1}{x+e^x}(1+e^x)}{1} = 2 \cdot 2 = 4$$

故 $\lim\limits_{x \to 0} y = e^4$

所以，$\lim\limits_{x \to 0} (x+e^x)^{2/x} = e^4$.

習題 5-7

求下列各題中的極限.

1. $\lim\limits_{x \to 2} \dfrac{5x^2-7x-6}{2x^2-5x+2}$

2. $\lim\limits_{x \to 0} \dfrac{6^x-3^x}{x}$

3. $\lim\limits_{x \to 0} \dfrac{x+1-e^x}{x^2}$

4. $\lim\limits_{x \to -\infty} \dfrac{\ln(1+2e^x)}{e^x}$

5. $\lim\limits_{x \to \infty} \dfrac{e^{2x}}{x^2}$

6. $\lim\limits_{x \to \infty} \dfrac{\ln x}{x}$

7. $\lim\limits_{x \to \infty} \dfrac{\ln(\ln x)}{\ln x}$

8. $\lim\limits_{x \to \infty} \dfrac{x^3}{2^x}$

9. $\lim\limits_{x \to \infty} x(1-e^{x^{-1}})$

10. $\lim\limits_{x \to 1} \left(\dfrac{1}{x-1} - \dfrac{1}{\ln x} \right)$

11. $\lim\limits_{x \to 0^+} x^x$

12. $\lim\limits_{x \to 0^+} (e^x-1)^x$ $\left(\text{提示：} \lim\limits_{x \to 0^+} (e^x-1)^x = \lim\limits_{x \to 0^+} e^{x \ln(e^x-1)} = e^{\lim\limits_{x \to 0^+} x \ln(e^x-1)} \right)$

13. $\lim\limits_{x \to 1^-} (1-x)^{\ln x}$

14. $\lim\limits_{x \to \infty} (1+e^x)^{e^{-x}}$

15. $\lim\limits_{x \to 0} (1+ax)^{1/x}$, a 為常數

16. $\lim\limits_{x \to 0} (1+x^2)^{1/x^2}$

17. $\lim\limits_{x \to 0} \dfrac{\sqrt{1+x}-\sqrt{1-x}}{x}$

18. $\lim\limits_{x \to 2^+} \left(\dfrac{1}{x-2} - \dfrac{1}{\sqrt{x-2}} \right)$

19. $\lim\limits_{x \to \infty} x^{1/x}$

20. $\lim\limits_{x \to 0} (1+x)^{1/x}$

本章重點摘要

1. 函數的增減：

   假設函數 f 在 $[a, b]$ 為連續，且在 (a, b) 為可微分．

   (1) $\forall x \in (a, b)$, $f'(x) > 0 \Rightarrow f$ 在 $[a, b]$ 上遞增．

   (2) $\forall x \in (a, b)$, $f'(x) < 0 \Rightarrow f$ 在 $[a, b]$ 上遞減．

2. 極值存在定理：

   (1) 若函數 f 在閉區間 $[a, b]$ 為連續，則 f 在 $[a, b]$ 上不但有極大值且有極小值．

   (2) 若連續與閉區間的假設當中有任一者不滿足，則不能保證極大值或極小值存在．

3. 令 D_f 表函數 f 的定義域，且 $c \in D_f$．若 $f'(c)=0$ 抑或 $f'(c)$ 不存在，則稱 c 為函數 f 的一個臨界數．若函數有相對極值，則相對極值必發生在臨界數處，但在臨界數處並不能保證一定有相對極值．

4. 若函數 f 在 c 處具有相對極值，則 $f'(c)=0$ 抑或 $f'(c)$ 不存在．反之，若 $f'(c)=0$ 或 $f'(c)$ 不存在，則 $f(c)$ 未必為相對極值．

5. 函數的相對極值：

   (1) 相對極值的必要條件：

   函數 f 在 c 具有極值僅限於 $f'(c)=0$ 抑或 $f'(c)$ 不存在之點．

   (2) 極值的充分條件 (一階導數判別法)：

   若 $f'(c)=0$ 或 $f'(c)$ 不存在，且又當 x 通過 c 時，

   (i) 若 $f'(x)$ 的值由"正"變為"負"，則 $f(c)$ 為相對極大值．

   (ii) 若 $f'(x)$ 的值由"負"變為"正"，則 $f(c)$ 為相對極小值．

   (3) 極值的充分條件 (二階導數判別法)：

   (i) 若 $f'(c)=0$ 且 $f''(c)<0$，則 $f(c)$ 為相對極大值．

   (ii) 若 $f'(c)=0$ 且 $f''(c)>0$，則 $f(c)$ 為相對極小值．

(iii) 若 $f'(c)=0$ 且 $f''(c)=0$，則相對極值是否存在無法判別.

6. 曲線 $y=f(x)$ 的凹性：

   (1) 若 $f''(x) > 0$ (即，f' 為遞增函數)，則曲線 $y=f(x)$ 為上凹.

   (2) 若 $f''(x) < 0$ (即，f' 為遞減函數)，則曲線 $y=f(x)$ 為下凹.

7. (1) 反曲點的定義：

   設函數 f 在包含 c 的開區間 (a, b) 為連續，若 f 的圖形在 (a, c) 為上凹且在 (c, b) 為下凹，抑或 f 的圖形在 (a, c) 為下凹且在 (c, b) 為上凹，則稱點 $(c, f(c))$ 為 f 之圖形上的反曲點.

   (2) 反曲點的必要條件：

   若 $(x_0, f(x_0))$ 為 f 圖形之反曲點，則 $f''(x_0)=0$ 或 $f''(x_0)$ 不存在，但 $x_0 \in D_f$.

   (3) 反曲點的充分條件：

   (i) $f'(x)$ 由遞增轉為遞減或由遞減轉為遞增的點.

   (ii) $f''(x)$ 的正負值改變之處.

   (iii) $f''(x)=0$ 但 $f'''(x) \neq 0$ 的點.

8. 均值定理

   若 (1) f 在 $[a, b]$ 為連續.

   (2) f 在 (a, b) 為可微分.

   則存在 $c \in (a, b)$ 使得 $\dfrac{f(b)-f(a)}{b-a}=f'(c)$ 或 $f(b)-f(a)=f'(c)(b-a)$.

9. 洛爾定理

   若 (1) f 在 $[a, b]$ 為連續.

   (2) f 在 (a, b) 為可微分.

   (3) $f(a)=f(b)$ 或 $f(a)=f(b)=0$.

   則在 (a, b) 中至少存在一數 c，使得 $f'(c)=0$.

10. 羅必達法則

    設兩函數 f 與 g 在某包含 a 的開區間 I 為可微分 (可能在 a 除外)，且

$x \neq a$ 時，$g'(x) \neq 0$，又 $\lim\limits_{x \to a} \dfrac{f(x)}{g(x)}$ 為不定型 $\dfrac{0}{0}$ 或 $\dfrac{\infty}{\infty}$。

若 $\lim\limits_{x \to a} \dfrac{f'(x)}{g'(x)}$ 存在或 $\lim\limits_{x \to a} \dfrac{f'(x)}{g'(x)} = \infty$ (或 $-\infty$)，則

$$\lim_{x \to a} \dfrac{f(x)}{g(x)} = \lim_{x \to a} \dfrac{f'(x)}{g'(x)}.$$

不定積分

本章學習目標

- 不定積分
- 不定積分之代換積分法
- 與對數函數有關的積分
- 與指數函數有關的積分
- 分部積分法
- 不定積分在經濟理論上的應用
- 指數的成長模式與衰變模式

6-1 不定積分

在第三章中，我們已知道如何求解導函數問題：給予一函數，求它的導函數．但是，在許多問題中，常常需要求解導函數問題的相反問題：給予一函數 f，求出一函數 F 使得 $F'=f$．若這樣的函數存在，則它稱為 f 的一反導函數．

定義 6-1

若 $F'=f$，則稱函數 F 為函數 f 的一反導函數．

例如，函數 $\frac{2}{3}x^3$、$\frac{2}{3}x^3+2$、$\frac{2}{3}x^3-5$ 皆為 $f(x)=2x^2$ 的反導函數，因 $\frac{d}{dx}\left(\frac{2}{3}x^3\right)=\frac{d}{dx}\left(\frac{2}{3}x^3+2\right)=\frac{d}{dx}\left(\frac{2}{3}x^3-5\right)=2x^2$．

事實上，一個函數的反導函數並不唯一．若 F 為 f 的反導函數，則對每一常數 C，由 $G(x)=F(x)+C$ 所定義的函數 G 亦為 f 的反導函數．

定理 6-1

若 f 與 g 皆為可微分函數，且 $f'(x)=g'(x)$ 對於 $[a, b]$ 中的所有 x 皆成立，則 $f(x)=g(x)+C$ 對於 $[a, b]$ 中的所有 x 皆成立，此處 C 為任意常數．如圖 6-1 所示．

第六章　不定積分

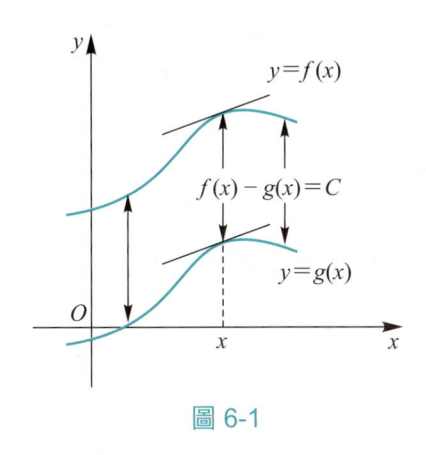

圖 6-1

求反導函數的過程稱為反微分或積分．若 $\dfrac{d}{dx}[F(x)]=f(x)$，則形如 $F(x)+C$ 的函數皆是 $f(x)$ 的反導函數．

定義 6-2

函數 f（或 $f(x)$）的不定積分為

$$\int f(x)\,dx = F(x)+C \tag{6-1}$$

此處 $F'(x)=f(x)$，且 C 為任意常數．

不定積分 $\int f(x)\,dx$ 僅是指明 $f(x)$ 的反導函數是形如 $F(x)+C$ 的函數之另一方式而已，$f(x)$ 稱為<u>被積分函數</u>，dx 稱為<u>積分變數</u> x 的微分，C 稱為<u>不定積分常數</u>．

定理 6-2

(1) $\dfrac{d}{dx}\left(\displaystyle\int f(x)\,dx\right)=f(x)$　　(2) $\displaystyle\int \dfrac{d}{dx}f(x)\,dx=f(x)+C$

例如，$\dfrac{d}{dx}\left(\displaystyle\int \sqrt{x^2+3}\ dx\right)=\sqrt{x^2+3}$，$\displaystyle\int \dfrac{d}{dx}\sqrt{x^2+3}\ dx=\sqrt{x^2+3}+C.$

不定積分的基本性質

求解不定積分問題，須先明瞭不定積分之基本性質

1. $\displaystyle\int x^n\ dx=\dfrac{x^{n+1}}{n+1}+C,\ n\neq -1$ (6-2)

2. $\displaystyle\int dx=x+C$ (6-3)

證明　因 $\quad \dfrac{d}{dx}\left(\dfrac{x^{n+1}}{n+1}\right)=(n+1)\cdot \dfrac{x^{n+1-1}}{n+1}=x^n$

故 $\quad \displaystyle\int x^n\ dx=\dfrac{x^{n+1}}{n+1}+C$

若令 $n=0$，則 $\displaystyle\int dx=x+C.$

3. $\displaystyle\int kf(x)\ dx=k\displaystyle\int f(x)\ dx,\ k$ 為常數. (6-4)

證明　令 $F'(x)=f(x)$，則

$$\dfrac{d}{dx}[k\,F(x)]=k\,F'(x)=kf(x)$$

可知 $kF(x)$ 為 $kf(x)$ 之反導函數

故 $\quad \displaystyle\int kf(x)\ dx=k\displaystyle\int f(x)\ dx.$

4. $\displaystyle\int [f(x)+g(x)]\ dx=\displaystyle\int f(x)\ dx+\displaystyle\int g(x)\ dx$ (6-5)

證明 令 $F'(x)=f(x)$, $G'(x)=g(x)$, 則

$$\frac{d}{dx}[F(x)+G(x)]=F'(x)+G'(x)=f(x)+g(x)$$

可知 $F(x)+G(x)$ 為 $f(x)+g(x)$ 之反導函數

故 $$\int [f(x)+g(x)]\,dx = \int f(x)\,dx + \int g(x)\,dx.$$

註 讀者亦可對右式微分，則可得到左式之被積分函數

$$D_x\left[\int f(x)\,dx + \int g(x)\,dx\right] = D_x \int f(x)\,dx + D_x \int g(x)\,dx = f(x)+g(x)$$

性質 4 可推廣至多個函數和的不定積分，亦即，

$$\int [k_1 f_1(x) + k_2 f_2(x) + \cdots + k_n f_n(x)]\,dx$$
$$= k_1 \int f_1(x)\,dx + k_2 \int f_2(x)\,dx + \cdots + k_n \int f_n(x)\,dx. \tag{6-6}$$

5. $\displaystyle \int [u(x)]^n\, u'(x)\,dx = \frac{[u(x)]^{n+1}}{n+1}+C,\ n\neq -1,\ C$ 為常數. $\tag{6-7}$

證明 由定理 3-7 知，

$$\frac{d}{dx}\left[\frac{[u(x)]^{n+1}}{n+1}\right] = (n+1)\frac{[u(x)]^n\, u'(x)}{n+1}$$
$$= [u(x)]^n\, u'(x)$$

可得 $$\int [u(x)]^n\, u'(x)\,dx = \frac{[u(x)]^{n+1}}{n+1}+C,\ n\neq -1.$$

例題 1 求 $\int \dfrac{1}{x^2}\,dx$.

解 $\int \dfrac{1}{x^2}\,dx = \int x^{-2}\,dx = \dfrac{x^{-2+1}}{-2+1} + C = -\dfrac{1}{x} + C$

例題 2 求 $\int \sqrt{x}\,dx$.

解 $\int \sqrt{x}\,dx = \int x^{1/2}\,dx = \dfrac{x^{(1/2)+1}}{\dfrac{1}{2}+1} + C = \dfrac{2}{3} x^{3/2} + C$

例題 3 求 $\int |x|\,dx$.

解 若 $x \geq 0$，則 $|x| = x$，所以，

$$\int |x|\,dx = \int x\,dx = \dfrac{1}{2}x^2 + C$$

若 $x < 0$，則 $|x| = -x$，所以，

$$\int |x|\,dx = \int -x\,dx = -\dfrac{1}{2}x^2 + C$$

故 $\int |x|\,dx = \begin{cases} \dfrac{1}{2}x^2 + C, & \text{若 } x \geq 0 \\ -\dfrac{1}{2}x^2 + C, & \text{若 } x < 0 \end{cases}$

例題 4 求 $\int (3x^6 - 5x^2 + 7x + 2)\,dx$.

解 $\int (3x^6 - 5x^2 + 7x + 2)\, dx = 3\int x^6\, dx - 5\int x^2\, dx + 7\int x\, dx + \int 2\, dx$

$$= \underbrace{\frac{3}{7}x^7 - \frac{5}{3}x^3 + \frac{7}{2}x^2 + 2x}_{\text{反導數}} + \underbrace{C}_{\text{任意常數}}.$$

例題 5 求 $\displaystyle\int \frac{x^2 - x}{x}\, dx$.

解 $\displaystyle\int \frac{x^2 - x}{x}\, dx = \int \left(\frac{x^2}{x} - \frac{x}{x}\right) dx = \int x\, dx - \int dx = \frac{1}{2}x^2 - x + C$

例題 6 求 $\displaystyle\int \frac{x^{-1} - x^{-2} + x^{-3}}{x^2}\, dx$.

解 $\displaystyle\int \frac{x^{-1} - x^{-2} + x^{-3}}{x^2}\, dx = \int \frac{x^{-1}}{x^2}\, dx - \int \frac{x^{-2}}{x^2}\, dx + \int \frac{x^{-3}}{x^2}\, dx$

$$= \int x^{-3}\, dx - \int x^{-4}\, dx + \int x^{-5}\, dx$$

$$= -\frac{1}{2}x^{-2} + \frac{1}{3}x^{-3} - \frac{1}{4}x^{-4} + C$$

例題 7 求 $\displaystyle\int \frac{x^2 - 16}{x + 4}\, dx$.

解 $\displaystyle\int \frac{x^2 - 16}{x + 4}\, dx = \int \frac{(x+4)(x-4)}{x+4}\, dx = \int (x - 4)\, dx$

$$= \frac{1}{2}x^2 - 4x + C$$

例題 8 求 $\int \dfrac{x^2-5x+6}{x-3}\, dx.$

解 $\int \dfrac{x^2-5x+6}{x-3}\, dx = \int \dfrac{(x-2)(x-3)}{x-3}\, dx = \int (x-2)\, dx$

$\qquad\qquad\qquad = \dfrac{1}{2}x^2 - 2x + C$

例題 9 求 $\int \dfrac{x-1}{\sqrt{x}+1}\, dx.$

解 $\int \dfrac{x-1}{\sqrt{x}+1}\, dx = \int \dfrac{(x-1)(\sqrt{x}-1)}{(\sqrt{x}+1)(\sqrt{x}-1)}\, dx = \int \dfrac{(x-1)(\sqrt{x}-1)}{x-1}\, dx$

$\qquad = \int (\sqrt{x}-1)\, dx = \int \sqrt{x}\, dx - \int dx = \dfrac{2}{3}x^{3/2} - x + C$

例題 10 求 $\int \sqrt{x^2+2}\, 2x\, dx.$

解 若視 $u(x) = x^2+2$，則 $u'(x) = 2x.$

故 $\int \sqrt{x^2+2}\, 2x\, dx = \int \underbrace{(x^2+2)^{1/2}}_{[u(x)]^{1/2}}\, \underbrace{(2x)\, dx}_{u'(x)}$

$\qquad\qquad\qquad = \dfrac{(x^2+2)^{3/2}}{\frac{3}{2}} + C = \dfrac{2}{3}(x^2+2)^{3/2} + C.$

例題 11 求 $\int \dfrac{7x^2}{\sqrt{4x^3-5}}\, dx.$

解 若視 $u(x) = 4x^3-5$，則 $u'(x) = 12x^2,$

故
$$\int \frac{7x^2}{\sqrt{4x^3-5}}\,dx = \frac{7}{12}\int \underbrace{(4x^3-5)^{-1/2}}_{[u(x)]^{-1/2}}\ \underbrace{(12x^2)}_{u'(x)}\,dx$$

$$= \frac{7}{12}\cdot \frac{(4x^3-5)^{(-1/2)+1}}{-\frac{1}{2}+1}+C$$

$$= \frac{7}{6}\sqrt{4x^3-5}+C.$$

讀者若欲知 $\dfrac{7}{6}\sqrt{4x^3-5}$ 是否正確，可直接微分它，得

$$\frac{d}{dx}\left[\frac{7}{6}\sqrt{4x^3-5}\right] = \frac{7}{6}\frac{d}{dx}\sqrt{4x^3-5}$$

$$= \frac{7}{6}\cdot\frac{1}{2}(4x^3-5)^{-1/2}\frac{d}{dx}(4x^3-5)$$

$$= \frac{7}{12}\cdot\frac{1}{\sqrt{4x^3-5}}\cdot 12x^2$$

$$= \frac{7x^2}{\sqrt{4x^3-5}}.$$

例題 12 求 $\displaystyle\int \sqrt{1+\frac{1}{x^3}}\ \frac{1}{x^4}\,dx.$

解 若視 $u(x)=1+\dfrac{1}{x^3}$，則 $u'(x)=\dfrac{-3}{x^4}$，故

$$\int \sqrt{1+\frac{1}{x^3}}\ \frac{1}{x^4}\,dx = -\frac{1}{3}\int \sqrt{1+\frac{1}{x^3}}\left(\frac{-3}{x^4}\right)dx$$

$$= -\frac{1}{3} \frac{\left(1+\frac{1}{x^3}\right)^{(1/2)+1}}{\frac{1}{2}+1} + C$$

$$= -\frac{2}{9}\left(1+\frac{1}{x^3}\right)^{3/2} + C.$$

習題 6-1

在 1~4 題中，求各函數的反導函數.

1. $f(x) = 6x^2 - 4x + 3$

2. $f(x) = 3\sqrt{x} + \dfrac{2}{\sqrt{x}}$

3. $f(x) = \left(x - \dfrac{1}{x}\right)^2$

4. $f(x) = \dfrac{x^3 + 3x^2 - 9x - 2}{x - 2}$

5. 求 $\displaystyle\int \dfrac{(\sqrt{x}+3)^2}{\sqrt{x}}\, dx.$

6. 求 $\displaystyle\int \dfrac{x^2}{(x^3-1)^2}\, dx.$

7. 求 $\displaystyle\int \left(1+\dfrac{1}{x}\right)^3 \dfrac{1}{x^2}\, dx.$

8. 求 $\displaystyle\int \dfrac{1}{\sqrt{x}\,(1+\sqrt{x})^2}\, dx.$

$\left(\text{提示：} \displaystyle\int \dfrac{1}{\sqrt{x}\,(1+\sqrt{x})^2}\, dx = \int (1+\sqrt{x})^{-2}\dfrac{1}{\sqrt{x}}\, dx,\ \text{視}\ u(x) = 1+\sqrt{x}.\right)$

9. 求 $\displaystyle\int \sqrt[3]{\dfrac{1-\sqrt[3]{x}}{x^2}}\, dx.$

$$\left(\text{提示}：\int \sqrt[3]{\frac{1-\sqrt[3]{x}}{x^2}}\,dx = \int \frac{(1-x^{1/3})^{1/3}}{x^{2/3}}\,dx,\ \text{視}\ u(x)=1-x^{1/3}.\right)$$

10. 求 $\displaystyle\int \frac{x}{\sqrt{x^2+4}}\,dx$.

11. 求 $f(x)=\sqrt[3]{x}$ 的反導函數 $F(x)$，使其滿足 $F(1)=2$.

12. 求 $\displaystyle\int [\ln(x+1)]^{4/5}\frac{1}{x+1}\,dx$.

13. 求 $\displaystyle\int (e^{\sqrt{x+1}})^2\frac{e^{\sqrt{x+1}}}{\sqrt{x+1}}\,dx$.

6-2 不定積分之代換積分法

若 F 為 f 的反導函數，g 為可微分函數，且 $F(g(x))$ 為合成函數，則由連鎖法則可得

$$\frac{d}{dx}F(g(x))=F'(g(x))\,g'(x)=f(g(x))\,g'(x)$$

由此，得到積分公式

$$\int f(g(x))\,g'(x)\,dx=F(g(x))+C,\ \text{其中}\ F'=f$$

在上式中，若令 $u=g(x)$ 且以微分 du 代替 $g'(x)\,dx$，則可得下面的定理.

定理 6-3

若 F 為 f 的反導函數，且令 $u=g(x)$，$du=g'(x)\,dx$，則

$$\int f(g(x))\,g'(x)\,dx = \int f(u)\,du = F(u)+C = F(g(x))+C.$$

例題 1 求 $\displaystyle\int \frac{1}{\sqrt{x}\,(1+\sqrt{x})^2}\,dx.$

解 令 $u=1+\sqrt{x} \Rightarrow du = d(1+\sqrt{x}) = \dfrac{dx}{2\sqrt{x}}$

故 $\dfrac{dx}{\sqrt{x}} = 2du$

所以，$\displaystyle\int \frac{1}{\sqrt{x}\,(1+\sqrt{x})^2}\,dx = \int \frac{2du}{u^2} = 2\int u^{-2}\,du = -2u^{-1}+C$

$$= \frac{-2}{1+\sqrt{x}}+C.$$

例題 2 求 $\displaystyle\int (x+1)\sqrt{2-x}\,dx.$

解 令 $u=2-x$，則 $du=-dx$，即 $dx=-du$。

又 $x=2-u$，可得 $x+1=3-u$。

故 $\displaystyle\int (x+1)\sqrt{2-x}\,dx = -\int (3-u)\sqrt{u}\,du = \int (u^{3/2}-3u^{1/2})\,du$

$$= \frac{2}{5}u^{5/2} - 2u^{3/2} + C \qquad\text{對變數 } u \text{ 積分}$$

$$= \frac{2}{5}(2-x)^{5/2} - 2(2-x)^{3/2} + C. \qquad\text{以 } u=2-x \text{ 代回}$$

習題 6-2

試求 1～10 題中的積分.

1. $\displaystyle\int \frac{x^2}{(x^3-1)^2}\,dx$

2. $\displaystyle\int \frac{x}{\sqrt[3]{x+2}}\,dx$ (提示：令 $u=\sqrt[3]{1+2x}$)

3. $\displaystyle\int x\sqrt[3]{x+2}\,dx$

4. $\displaystyle\int \sqrt[3]{\frac{1-\sqrt[3]{x}}{x^2}}\,dx$ (提示：令 $u=1-\sqrt[3]{x}$)

5. $\displaystyle\int \frac{1}{x^4}\sqrt{\frac{x^3+1}{x^3}}\,dx$ (提示：令 $u=1+\frac{1}{x^3}$)

6. $\displaystyle\int \frac{x}{\sqrt[3]{1-2x^2}}\,dx$ (提示：令 $u=\sqrt[3]{1-2x^2}$)

7. $\displaystyle\int \sqrt{x}\sqrt{4+x\sqrt{x}}\,dx$ (提示：令 $u=4+x\sqrt{x}$)

8. $\displaystyle\int (x+1)\sqrt{2x-3}\,dx$ (提示：令 $u=2x-3$)

9. $\displaystyle\int \frac{x+1}{\sqrt{(2x+1)^3}}\,dx$ (提示：令 $u=2x+1$)

10. $\displaystyle\int \frac{x^2-1}{\sqrt{2x-1}}\,dx$

6-3 與對數函數有關的積分

我們可利用對數函數的微分公式，導出與對數函數有關的積分公式.

因 $\dfrac{d}{dx} \ln |x| = \dfrac{1}{x}$，故

$$\int \dfrac{dx}{x} = \ln |x| + C, \quad x \neq 0 \tag{6-8}$$

若 u 為 x 的函數，則

$$\int \dfrac{du}{u} = \ln |u| + C, \quad u \neq 0. \tag{6-9}$$

例題 1 求 $\displaystyle\int (\ln x)^5 \dfrac{1}{x} dx$.

解 若視 $u(x) = \ln x$，則 $u'(x) = \dfrac{1}{x}$，故

$$\int \underbrace{(\ln x)^5}_{[u(x)]^5} \underbrace{\dfrac{1}{x}}_{u'(x)} dx = \dfrac{1}{6} (\ln x)^6 + C.$$

例題 2 求 $\displaystyle\int \dfrac{dx}{x \ln x^2}$.

解 令 $u = \ln x^2 \Rightarrow du = d(\ln x^2) = \dfrac{1}{x^2} 2x \, dx = \dfrac{2}{x} dx$

故
$$\dfrac{dx}{x} = \dfrac{du}{2}$$

於是，$\displaystyle\int \frac{dx}{x \ln x^2} = \int \frac{\frac{du}{2}}{u} = \frac{1}{2}\int \frac{du}{u} = \frac{1}{2}\ln |u| + C$

$\displaystyle\qquad\qquad\qquad = \frac{1}{2}\ln |\ln x^2| + C.$

例題 3 求 $\displaystyle\int \frac{4x+2}{x^2+x+5} dx.$

解 令 $u = x^2+x+5$，則 $du = (2x+1)\,dx$

故 $\displaystyle\int \frac{4x+2}{x^2+x+5} dx = \int \frac{2(2x+1)\,dx}{x^2+x+5} = 2\int \frac{du}{u} = 2\ln|u| + C$

$\qquad\qquad = 2\ln|x^2+x+5| + C$

$\qquad\qquad = 2\ln(x^2+x+5) + C.$ 因 $x^2+x+5 > 0,\ \forall\, x \in \mathbb{R}$

例題 4 求 $\displaystyle\int \frac{\log(x+3)}{x+3} dx.$

解 利用對數換底，知

$$\log(x+3) = \frac{\ln(x+3)}{\ln 10}$$

所以，

$\displaystyle\int \frac{\log(x+3)}{x+3} dx = \int \frac{\frac{\ln(x+3)}{\ln 10}}{x+3} dx = \frac{1}{\ln 10}\int \frac{\ln(x+3)}{x+3} dx$

$\displaystyle\qquad = \frac{1}{\ln 10}\int \ln(x+3)\, d[\ln(x+3)]$ 　　視 $u = \ln(x+3)$，利用公式

$\displaystyle\qquad = \frac{1}{\ln 10}\cdot \frac{[\ln(x+3)]^2}{2} + C$ 　　$\displaystyle\int u^n\, du = \frac{u^{n+1}}{n+1} + C$

$$= \frac{[\ln(x+3)]^2}{2\ln 10} + C.$$

習題 6-3

求 1～10 題中的積分.

1. $\displaystyle\int \frac{1}{2x-1}\,dx$

2. $\displaystyle\int \frac{1}{x(\ln x)^2}\,dx$

3. $\displaystyle\int \frac{2x}{(x+1)^2}\,dx$

4. $\displaystyle\int \frac{(3+\ln x)^4}{x}\,dx$

5. $\displaystyle\int \frac{1-\ln x}{x}\,dx$

6. $\displaystyle\int \frac{1}{x\sqrt{\log x}}\,dx$ $\left(\text{提示}: \log x = \frac{\ln x}{\ln 10}\right)$

7. $\displaystyle\int [\ln(\ln x)]^4 \frac{1}{(x\ln x)}\,dx$ (提示：令 $u=\ln(\ln x)$)

8. $\displaystyle\int \frac{x\ln(1-x^2)}{1-x^2}\,dx$ (提示：令 $u=\ln(1-x^2)$)

9. $\displaystyle\int \frac{1}{x\ln x\ln(\ln x)}\,dx$ (提示：令 $u=\ln(\ln x)$)

10. $\displaystyle\int \frac{(\ln x)^n}{x}\,dx$ (提示：討論 $n \neq -1$；$n=-1$)

6-4 與指數函數有關的積分

由於自然指數函數 $f(x)=e^x$ 的導函數為其本身，故其不定積分亦為其本身，只需加上一個不定積分常數即可，故

$$\int e^x \, dx = e^x + C \tag{6-10}$$

若 u 為 x 的函數，則

$$\int e^u \, du = e^u + C. \tag{6-11}$$

例題 1 求 $\int x^2 e^{x^3+1} \, dx$.

解 令 $u = x^3+1$，則 $du = 3x^2 \, dx$，$x^2 \, dx = \dfrac{du}{3}$.

故 $\int x^2 e^{x^3+1} \, dx = \int \dfrac{1}{3} e^u \, du = \dfrac{1}{3} \int e^u \, du = \dfrac{1}{3} e^u + C = \dfrac{1}{3} e^{x^3+1} + C.$

例題 2 求 $\int \dfrac{e^{\sqrt{x}}}{\sqrt{x}} \, dx$.

解 令 $u = \sqrt{x}$，則 $du = \dfrac{dx}{2\sqrt{x}}$，$\dfrac{dx}{\sqrt{x}} = 2 \, du$.

故 $\int \dfrac{e^{\sqrt{x}}}{\sqrt{x}} \, dx = \int e^u \cdot 2 \, du = 2 \int e^u \, du = 2 e^u + C = 2 e^{\sqrt{x}} + C.$

由於一般指數函數的導函數公式為 $\dfrac{d}{dx} a^x = a^x \ln a$，我們可推出其不定積分公

式為

$$\int a^x \, dx = \frac{a^x}{\ln a} + C, \quad a > 0, \ a \neq 1 \tag{6-12}$$

若 u 為 x 的函數，則

$$\int a^u \, du = \frac{a^u}{\ln a} + C, \quad a > 0, \ a \neq 1 \tag{6-13}$$

例題 3 求 $\displaystyle\int \frac{3^{1/x}}{x^2} \, dx$.

解 令 $u = \dfrac{1}{x}$，則 $du = \dfrac{-dx}{x^2}$，

故 $\displaystyle\int \frac{3^{1/x}}{x^2} \, dx = \int 3^u(-du) = -\int 3^u \, du = -\frac{3^u}{\ln 3} + C = -\frac{3^{1/x}}{\ln 3} + C.$

例題 4 求 $\displaystyle\int e^x \, 2^{e^x} \, dx$.

解 令 $u = e^x$，則 $du = e^x \, dx$，

故 $\displaystyle\int e^x \, 2^{e^x} \, dx = \int 2^u \, du = \frac{2^u}{\ln 2} + C = \frac{2^{e^x}}{\ln 2} + C.$

習題 6-4

求 1～8 題中的積分.

1. $\displaystyle\int e^{3x+1} \, dx$

2. $\displaystyle\int \frac{e^x}{1+e^x} \, dx$

3. $\displaystyle\int \frac{e^{\sqrt[3]{x}}}{\sqrt[3]{x^2}} \, dx$ (提示：令 $u = x^{1/3}$)

4. $\displaystyle\int \frac{e^{4/x}}{x^2} \, dx$

5. $\int \dfrac{e^{2x}}{e^x+1}\, dx$ （提示：$\dfrac{e^{2x}}{e^x+1}=e^x-1+\dfrac{1}{e^x+1}$）

6. $\int \dfrac{10^{\sqrt{x}}}{\sqrt{x}}\, dx$ （提示：令 $u=\sqrt{x}$）

7. $\int (x^{\sqrt{3}}+\sqrt{3}^{\,x})\, dx$

8. $\int (4-x)^2\, 5^{(4-x)^3}\, dx$

6-5 分部積分法

若 f 與 g 皆為可微分函數，則

$$\dfrac{d}{dx}[f(x)\,g(x)]=f'(x)\,g(x)+f(x)\,g'(x)$$

積分上式可得

$$\int [f'(x)\,g(x)+f(x)\,g'(x)]\, dx = f(x)\,g(x)$$

或

$$\int f'(x)\,g(x)\, dx + \int f(x)\,g'(x)\, dx = f(x)\,g(x)$$

上式可整理為

$$\int f(x)\,g'(x)\, dx = f(x)\,g(x) - \int f'(x)\,g(x)\, dx$$

若令 $u=f(x)$ 且 $v=g(x)$，則 $du=f'(x)\,dx$，$dv=g'(x)\,dx$，故上面的公式可寫成

$$\int u\,dv = uv - \int v\,du \tag{6-14}$$

在利用公式 (6-14) 時，如何選取 u 及 dv，並無一定的步驟可循，通常盡量將容易積分的部分視為 dv，而剩下部分視為 u。基於此理由，利用公式 (6-14) 求不定積分的方法稱為 **分部積分法**．

例題 1 求 $\int xe^x\,dx$．

解 令 $u=x$，$dv=e^x\,dx$，則 $du=dx$，$v=\int e^x\,dx=e^x$

故
$$\int xe^x\,dx = xe^x - \int e^x\,dx = xe^x - e^x + C.$$

註 在上面例題中，我們由 dv 計算 v 時，省略積分常數，而寫成 $v=\int e^x\,dx=e^x$．假使我們放入一個積分常數，而寫成 $v=\int e^x\,dx=e^x+C_1$，則常數 C_1 最後將抵銷．在分部積分法中總是如此，因此，我們由 dv 計算 v 時，通常省略常數．

讀者應注意，欲成功地利用分部積分法，必須選取適當的 u 與 dv，使得新積分較原積分容易．例如，假使我們在例題 1 中令 $u=e^x$，$dv=x\,dx$，則 $du=e^x\,dx$，$v=\dfrac{1}{2}x^2$，故

$$\int xe^x\,dx = \frac{1}{2}x^2 e^x - \frac{1}{2}\int x^2 e^x\,dx$$

上式右邊的積分比原積分複雜，這是由於 dv 的選取不當所致．

例題 2 求 $\int \ln x \, dx$.

解 令 $u = \ln x$, $dv = dx$, 則 $du = \dfrac{dx}{x}$, $v = x$.

故 $\int \ln x \, dx = x \ln x - \int x \dfrac{dx}{x} = x \ln x - \int dx = x \ln x - x + C$.

例題 3 求 $\int x^2 e^x \, dx$.

解 令 $u = x^2$, $dv = e^x \, dx$, 則 $du = 2x \, dx$, $v = e^x$.

故 $\int x^2 e^x \, dx = x^2 e^x - 2 \int x e^x \, dx$

利用例題 1 知, $\int x e^x \, dx = x e^x - e^x + C'$

所以, $\int x^2 e^x \, dx = x^2 e^x - 2(x e^x - e^x + C')$
$= x^2 e^x - 2x e^x + 2 e^x + C$ （令 $-2C' = C$）.

例題 4 求 $\int x^2 (\ln x)^2 \, dx$.

解 令 $u = (\ln x)^2$, $dv = x^2 \, dx$, 則 $du = 2 \ln x \dfrac{dx}{x}$, $v = \dfrac{x^3}{3}$.

故 $\int x^2 (\ln x)^2 \, dx = (\ln x)^2 \dfrac{x^3}{3} - \int \dfrac{x^3}{3} 2 \ln x \dfrac{dx}{x}$
$= (\ln x)^2 \dfrac{x^3}{3} - \dfrac{2}{3} \int x^2 \ln x \, dx$

令 $u = \ln x$, $dv = x^2 \, dx$, 則 $du = \dfrac{dx}{x}$, $v = \dfrac{x^3}{3}$.

故 $\int x^2 \ln x \, dx = \ln x \cdot \dfrac{x^3}{3} - \int \dfrac{x^3}{3} \cdot \dfrac{dx}{x} = \ln x \cdot \dfrac{x^3}{3} - \dfrac{1}{9} x^3$

最後求得，

$$\int x^2 (\ln x)^2 \, dx = (\ln x)^2 \dfrac{x^3}{3} - \dfrac{2}{3} \ln x \cdot \dfrac{x^3}{3} + \dfrac{2}{27} x^3 + C.$$

最後，我們在下面略述可利用分部積分法計算的一些積分型：

1. $\int x^n e^{ax} \, dx$，其中 n 為正整數．此處，令 $u = x^n$，$dv = e^{ax} \, dx$．

2. $\int x^m (\ln x)^n \, dx$，$m \neq -1$．此處，令 $u = (\ln x)^n$，$dv = x^m \, dx$．

習題 6-5

求 1～11 題中的積分.

1. $\int x e^{2x} \, dx$

2. $\int \sqrt{x} \, \ln x \, dx$ (提示：令 $u = \ln x$，$dv = x^{1/2} \, dx$.)

3. $\int x^3 e^{x^2} \, dx$ (提示：令 $u = x^2$，$dv = x e^{x^2} \, dx$.)

4. $\int x^3 \ln x \, dx$ (提示：令 $u = \ln x$，$dv = x^3 \, dx$.)

5. $\int (\ln x)^2 \, dx$ (提示：令 $u = \ln x$，$dv = \ln x \, dx$，並參照例題 2.)

6. $\int x^3 e^{-x^2}\, dx$ (提示：令 $u=x^2$, $dv=e^{-x^2} x\, dx$.)

7. $\int \dfrac{x^3}{\sqrt{x^2+1}}\, dx$ (提示：令 $u=x^2$, $dv=\dfrac{x}{\sqrt{x^2+1}}\, dx$.)

8. $\int 3^x x\, dx$

9. $\int x\sqrt{x+1}\, dx$ (提示：令 $u=x$, $dv=\sqrt{x+1}\, dx$.)

10. $\int x^3(x^2-1)^6\, dx$ (提示：令 $u=x^2$, $dv=x(x^2-1)^6\, dx$.)

11. $\int (x+a)^n \ln(x+a)\, dx$, $n \neq -1$ (提示：令 $u=\ln(x+a)$, $dv=(x+a)^n\, dx$.)

試導出下列各積分的簡化公式.

12. $\int x^n e^x\, dx = x^n e^x - n\int x^{n-1} e^x\, dx$

13. $\int (\ln x)^n\, dx = x(\ln x)^n - n\int (\ln x)^{n-1}\, dx$

6-6 不定積分在經濟理論上的應用

1. 若已知邊際成本函數 $MC(x) = \dfrac{dC(x)}{dx}$，則 $C(x) = \int MC(x)\, dx$.

2. 若已知邊際收益函數 $MR(x) = \dfrac{dR(x)}{dx}$，則 $R(x) = \int MR(x)\, dx$.

3. 若已知邊際利潤函數 $MP(x) = \dfrac{dP(x)}{dx}$，則 $P(x) = \int MP(x)\, dx$.

例題 1 設某公司生產 x 件物品時的邊際成本為 $32-0.04x$，若已知生產 1 件物品的成本為 50 元，試求生產 100 件時所需之成本．

解 設生產 x 件物品需成本 $C(x)$，而邊際成本為
$$C'(x)=32-0.04x$$

故
$$C(x)=\int (32-0.04x)\,dx=32x-0.02x^2+C$$

$$C(1)=50=32-0.02+C \Rightarrow C=18.02$$

$$C(x)=32x-0.02x^2+18.02$$

故生產 100 件之物品需

$$C(100)=3{,}200-200+18.02=3{,}018.02\ (元).$$

例題 2 若邊際收益函數為
$$R'(x)=8-6x-2x^2$$

試求總收益函數及平均收益函數．

解
$$R(x)=\int R'(x)\,dx=\int (8-6x-2x^2)\,dx$$

$$=8x-3x^2-\frac{2}{3}x^3+C$$

因
$$R(0)=C=0$$

故總收益函數為
$$R(x)=8x-3x^2-\frac{2}{3}x^3$$

平均收益函數為
$$\overline{R}(x)=\frac{R(x)}{x}=8-3x-\frac{2}{3}x^2.$$

習題 6-6

1. 設某產品的邊際成本函數為 $C'(x) = 10 + 24x - 3x^2$，如生產一單位之成本為 25 元，求總成本函數.

2. 若邊際收益函數為 $R'(x) = 12 - 8x + x^2$. 試求總收益函數及平均收益函數，又 x 的限制為何？

3. 若邊際收益函數為 $R'(x) = \dfrac{3}{x^2} - \dfrac{2}{x}$，且 $R(1) = 6$，求總收益函數及需求函數.

4. 某公司生產 x 單位的商品時，其邊際成本函數為 $40 - 0.04x$ 元，若固定成本為 100 元，求

    (1) 生產 x 單位的成本.

    (2) 生產 20 單位的成本.

5. 邊際利潤函數為 $35 - 0.6x^2$，$P(0) = -50$ 元，求利潤函數.

6. 假設 $R(x)$ 為某公司銷售其產品 x 單位的收益，若邊際收益函數 $R'(x) = 50 - 0.1x$，求

    (1) $R(x)$.

    (2) 銷售 10 單位的收益.

    假設銷售零單位的收入為零.

7. 某公司生產 x 個商品的邊際成本為 $30 - 0.04x$ (元)，而固定成本為 800 元.

    (1) 求生產 x 單位的成本.

    (2) 求生產 20 單位的成本.

    (3) 求生產 25 單位的成本.

    (4) 生產由 20 單位提升到 25 單位時的總成本為多少？

6-7 指數的成長模式與衰變模式

指數函數與對函數互為反函數，適用於經濟理論之成長問題．當以時間為變數之最佳成長問題，必須利用指數對數函數，例如以牟利為目的之養豬戶，毛豬飼養愈久，則其收益隨之增加，但養豬成本亦隨時間之延長而增加．若收益與成本皆按指數法則成長，因而養豬戶之收益函數與成本函數，均可視為時間之指數函數．此刻，利潤等於收益減成本，故養豬戶得決定最佳飼養期間以賺取最大利潤．

定理 6-4

設某數量 y 為 t 的函數，且其變化率 (對於時間) 與當時的數量成正比，即 $\dfrac{dy}{dt} \propto y$．設比例常數為 k，則

$$\frac{dy}{dt} = ky$$

(若 y 隨 t 增加而增加，則 $k > 0$；否則 $k < 0$．) 此一方程式稱為微分方程式，其解為

$$y = y_0 e^{kt} \tag{6-15}$$

其中 y_0 表 $t=0$ 時之數量．當 $k > 0$ 時，k 稱為成長常數 (growth constant)，故 (6-15) 式稱為自然指數成長；當 $k < 0$ 時，k 稱為衰變常數 (decay constant)，故 (6-15) 式稱為自然指數衰變，如圖 6-2 所示．

自然指數成長　　　　　　　　自然指數衰變

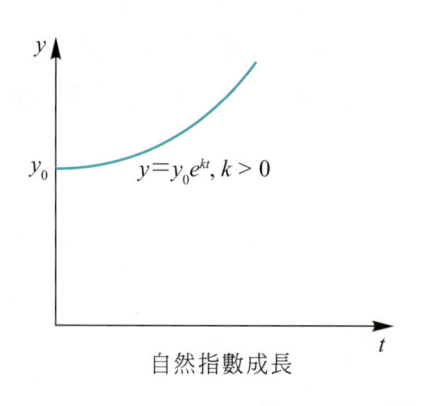

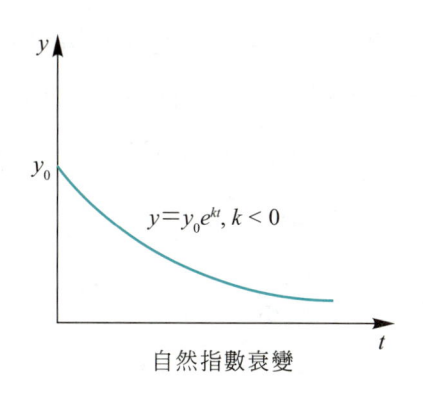

圖 6-2

我們必須證明下列微分方程式之解為 $y=y_0 e^{kt}$，

$$\begin{cases} \dfrac{dy}{dt}=ky \\ y(0)=y_0 \end{cases} \tag{6-16}$$

將微分方程式 $\dfrac{dy}{dt}=ky$ 改寫成下列之形式：

$$\dfrac{dy}{y}=k\,dt$$

等號兩邊積分，得

$$\ln y=kt+C_1$$

因而

$$y=Ce^{kt} \quad (C=e^{C_1})$$

將 $t=0$，$y=y_0$ 代入上式，得

$$y_0=Ce^0=C$$

於是，微分方程式之解為

$$y=y_0 e^{kt}.$$

註　1. **微分方程式**為一含有導函數或微分的方程式．若一可微分函數 $y=f(t)$ 可滿足微分方程式，則稱之為微分方程式之**解**．

　　2. $y(0)=y_0$ 之意義，表時間 $t=0$ 時，$y=y_0$．

指數函數通常用來當作人口成長問題或放射性物質之衰退問題的數量模式. 當數量增加不受限制時，就可以使用指數模式；但當數量增加受到限制時，最好的模式就是生態成長函數 (logistic growth function)，其模式為

$$Q(t) = \frac{C}{1 + Ae^{-Ckt}}$$

其圖形如圖 6-3 所示.

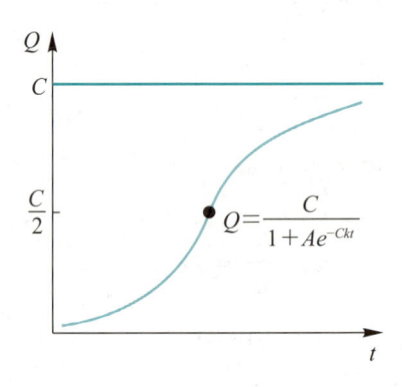

圖 6-3　生態成長曲線

例題 1　在某一適合細菌繁殖的環境中，中午 12 點時，細菌數估計約為 10,000，2 個小時後約為 40,000，試問在下午 5 點時，細菌總數為多少？

解　設微分方程式 $\dfrac{dy}{dt} = ky$ 滿足此條件，則 $y = y_0 e^{kt}$. 現有兩個條件，即，$t=0$ 時，$y=10,000$；$t=2$ 時，$y=40,000$.

故
$$10,000 = y_0 e^0$$
$$y_0 = 10,000$$

因此得到
$$y = 10,000 e^{kt}$$

上式中，代入 $t=2$ 與 $y=40,000$，則
$$40,000 = 10,000 e^{2k}$$

故
$$k = \frac{1}{2} \ln 4 \approx 0.693$$

當 $t=5$ 時，求得
$$y=10{,}000e^{0.693\times 5}\approx 319{,}765.$$

例題 2 由於經濟不景氣，大偉男童服裝社發現該公司年度利潤已經由 1999 年的 $740,000 落到 2003 年的 $630,000．若利潤依照自然指數衰變模式變化，則 2005 年的利潤為多少？(令 $t=0$ 代表 1999 年.)

解 令 y 為利潤，t 為時間 (以年計)，並考慮自然指數衰變模式
$$y=Ce^{kt}$$

由題意知當 $t=0$ 時 $y=740{,}000$，求得
$$740{,}000=Ce^0$$
$$C=740{,}000$$

故求得
$$y=740{,}000e^{kt}$$

再利用 $t=4$，$y=630{,}000$，求 k，得
$$630{,}000=740{,}000e^{4k}$$
$$k=\frac{1}{4}\ln\frac{630{,}000}{740{,}000}\approx -0.0402$$

於是自然指數衰變模式為
$$y=740{,}000e^{-0.0402t}$$

最後求得 2005 年 (令 $t=6$) 之利潤為
$$y=740{,}000e^{-0.0402\times 6}\approx \$581{,}406.5.$$

例題 3 某社區中學在流行性感冒期間 t 天後，感染流行性感冒的人數可依下列生態成長模式來估計，
$$Q(t)=\frac{5{,}000}{1+1{,}249e^{-kt}}$$

其中 t 以天為單位，Q 為人數.

(1) 若感冒流行第 5 天，被感染到流行性感冒的人數為 50 人，試求在第 10 天感染流行感冒的人數.

(2) 當 t 無限制增加時，此模式的極限為何？

解 (1) 由所給予的資料中顯示

$$Q(5)=50$$

因此，

$$Q(5)=\frac{5,000}{1+1,249e^{-5k}}=50$$

或

$$50(1+1,249e^{-5k})=5,000$$

則

$$1+1,249e^{-5k}=\frac{5,000}{50}=100$$

$$e^{-5k}=\frac{99}{1,249}$$

$$-5k=\ln\frac{99}{1,249}$$

即

$$k=-\frac{\ln\frac{99}{1,249}}{5}\approx 0.507$$

所以，t 天之後感染流行性感冒的人數為

$$Q(t)=\frac{5,000}{1+1,249e^{-0.507t}}$$

故在第 10 天感染流行性感冒的人數為

$$Q(10)=\frac{5,000}{1+1,249e^{-0.507\times 10}}\approx 565$$

或大約 565 人.

(2) 當 t 趨近無限大時，$Q(t)$ 之極限為

$$\lim_{t \to \infty} \frac{5{,}000}{1+1{,}249e^{-0.507t}} = \lim_{t \to \infty} \frac{5{,}000}{1+\dfrac{1{,}249}{e^{0.507t}}} = \frac{5{,}000}{1+0} = 5{,}000$$

故當 t 無限制增加時，感染到流行感冒的人數約為 5,000 人.

習題 6-7

1. 某培養皿中細菌的數目在 10 小時內從 5,000 增加到 15,000，設其增加的速率與目前細菌的數目成正比，求培養皿中細菌在任何時間 t 的數目表示式，並估計 20 小時末細菌的數目.

2. C^{14} 的半衰期為 5730 年，即，經過 5730 年後，C^{14} 的量會衰減至原有量的一半. 如果 C^{14} 的現有量為 50 克，
   (1) 2000 年後，C^{14} 的剩餘量將是多少？
   (2) 多少年後，C^{14} 會衰減至 20 克？

3. 假設某城鎮於 1970 年 1 月的人口數為 200 萬，並假設人口的成長率與當時的人口數成正比，即，比例常數為每年 0.01，試問該城鎮的人口數何時會超過 300 萬？

4. 有一種放射性物質的半衰期為 810 年，現有此物質 10 克，問 300 年後剩下多少？

5. 某公司購入一生產機器，原始價值為 1,000 元，若該機器之折舊率（價值遞減率）與當期之價值成比例，又已知使用 3 年後的價值為 800 元，試問該機器使用 6 年後之價值為若干？

6. 在某一適合細菌繁殖的培養皿中，細菌繁殖的數目可由下列之生態成長函數來決定

$$y = \frac{2{,}000}{1 + 49e^{-0.3t}}$$

其中 y 為 t 個月後的細菌數目．試問
(1) 起初的細菌數為多少？
(2) 12 個月後的細菌數為多少？
(3) 培養皿中最多可繁殖的細菌數為多少？

7. 為了測驗學習，一教育測驗心理學家要人記住一長串的阿拉伯數字，每隔幾分鐘再測驗記住的數字．假設學習曲線為

$$y = 18(1 - e^{-0.3t})$$

其中 y 為記住的數字個數，而 t 為時間 (以分鐘計)．
(1) 利用所給定的方程式，證明開始時記住的數字個數為零．
(2) 受測驗者在 1、2、3、4、5 及 10 分鐘記住的數字個數約為多少？
(3) 依此方程式，受測驗者能記住之數字個數的上限是多少？
(4) 依 (1)、(2) 及 (3) 的結果，描繪 $y = 18(1 - e^{-0.3t})$ 的圖形．

本章重點摘要

1. 設 $F'(x)=f(x)$ 且 C 表任一常數，則符號

$$\int f(x)\,dx = F(x)+C$$

稱為函數 f 的<u>不定積分</u>.

2. 不定積分的基本性質

   (1) $\displaystyle\int x^n\,dx = \frac{x^{n+1}}{n+1}+C,\ n\neq -1$

   (2) $\displaystyle\int kf(x)\,dx = k\int f(x)\,dx,\ k$ 為常數

   (3) $\displaystyle\int [f(x)\pm g(x)]\,dx = \int f(x)\,dx \pm \int g(x)\,dx$

   (4) $\displaystyle\int [k_1 f(x)\pm k_2 g(x)]\,dx = k_1\int f(x)\,dx \pm k_2\int g(x)\,dx$

   (5) $\displaystyle\int [u(x)]^n u'(x)\,dx = \frac{[u(x)]^{n+1}}{n+1}+C,\ n\neq -1$

3. <u>不定積分之代換積分法</u>

   若 F 為 f 的反導函數，且令 $u=g(x)$，$du=g'(x)\,dx$，則

$$\int f(g(x))\,g'(x)\,dx = \int f(u)\,du = F(u)+C = F(g(x))+C.$$

4. 與對數函數有關之積分：若 u 為 x 的可微分函數，則

$$\int \frac{du}{u} = \ln|u|+C,\ u\neq 0.$$

5. 與指數函數有關之積分：

   若 u 為 x 的可微分函數，則

   (1) $\int e^u \, du = e^u + C$

   (2) $\int a^u \, du = \dfrac{a^u}{\ln a} + C$

6. 分部積分法公式：

   令 $u = f(x)$ 及 $v = g(x)$ 皆為可微分函數，則

   $$\int f(x) \, g'(x) \, dx = f(x) \, g(x) - \int f'(x) \, g(x) \, dx$$

   即

   $$\int u \, dv = uv - \int v \, du.$$

7. (1) 若已知邊際成本函數 $MC(x) = \dfrac{dC(x)}{dx}$，則 $C(x) = \int MC(x) \, dx$.

   (2) 若已知邊際收益函數 $MR(x) = \dfrac{dR(x)}{dx}$，則 $R(x) = \int MR(x) \, dx$.

   (3) 若已知邊際利潤函數 $MP(x) = \dfrac{dP(x)}{dx}$，則 $P(x) = \int MP(x) \, dx$.

8. 微分方程式 $\begin{cases} \dfrac{dy}{dt} = ky \\ y(0) = y_0 \end{cases}$ 之解為 $y = y_0 e^{kt}$.

定積分及其應用 7

● **本章學習目標**

◎ 面積的概念
◎ 定積分
◎ 定積分的代換積分法
◎ 瑕積分
◎ 平面區域的面積
◎ 函數的平均值
◎ 定積分在經濟學上的應用

定積分 (definite integral) 原先是為計算一塊不規則平面區域之面積，而發展出來的.

7-1 面積的概念

在敘述定積分的定義之前，我們先考慮平面上某一封閉區域且以極限的方法求該區域之面積，這可以幫助我們誘導出定積分之定義，就像是我們利用切線的斜率來誘導導函數的定義. 但讀者應特別注意本節中所討論的面積並不可拿來視為定積分的定義.

定義 7-1

若存在一正數 M，使得函數 f 在其定義域中滿足 $|f(x)| \leq M$，則稱 f 在此定義域中為**有界**，而 f 稱之為**有界函數**.

設 $f(x)$ 為 $a \leq x \leq b$ 區間內之連續正值有界函數，且曲線 c 為

$$y = f(x)$$

之圖形，其圖形如圖 7-1(ii) 所示.

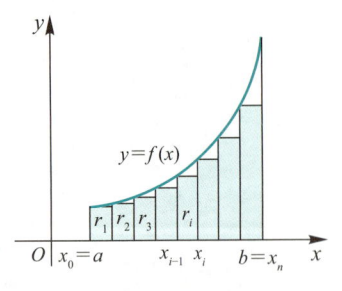

(i) 內接矩形之面積總和較區域 Q 之面積小

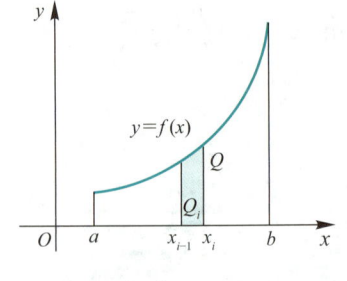

(ii) 有界區域 Q

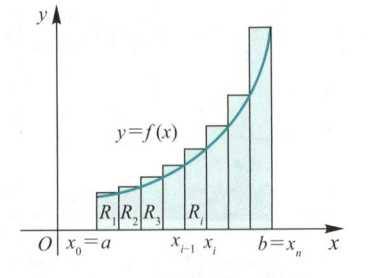

(iii) 外接矩形之面積總和較區域 Q 之面積大

圖 7-1

將 $[a, b]$ 區間以

$$a = x_0 < x_1 < x_2 < \cdots < x_{n-1} < x_n = b$$

諸點分為 n 個小區間

$$[a, x_1], [x_1, x_2], \cdots, [x_{n-1}, b]$$

我們稱此區分為區間 $[a, b]$ 之一**分割**,記作

$$P = \{a = x_0 < x_1 < x_2 < x_3 < \cdots < x_{n-1} < x_n = b\}$$

於是將有界區域 Q 分為 n 個細長條,各條之寬度可不必相等,如圖 7-1(i)(iii) 所示.

若 f 在 $[a, b]$ 上為嚴格遞增之連續函數,依極值存在定理知:$f(x)$ 在每一子區間 $[x_{i-1}, x_i]$ 上皆具有極小值與極大值. 令 r_i 表第 i 個內接矩形與 R_i 表第 i 個外接矩形,則 r_i 之高度即為 $f(x)$ 在 $[x_{i-1}, x_i]$ 上之極小值,而 R_i 之高度即為 $f(x)$ 在 $[x_{i-1}, x_i]$ 上之極大值. 若 Q_i 表曲線下第 i 個子區域的細長條面積,如圖 7-1(ii) 所示. 我們得下列的不等式

$$r_i \text{ 之面積} \leq Q_i \text{ 之面積} \leq R_i \text{ 之面積}$$

欲決定內接矩形與外接矩形面積之和,令

$$\Delta x_i = \text{第 } i \text{ 個子區間 } [x_{i-1}, x_i] \text{ 之長度}$$
$$f(m_i) = f \text{ 在 } [x_{i-1}, x_i] \text{ 上之極小值}$$
$$f(M_i) = f \text{ 在 } [x_{i-1}, x_i] \text{ 上之極大值}$$

則

$$r_i \text{ 之面積 } = f(m_i)(\Delta x_i) = \text{第 } i \text{ 個內接矩形面積}$$
$$R_i \text{ 之面積 } = f(M_i)(\Delta x_i) = \text{第 } i \text{ 個外接矩形面積}$$

將這些面積求和,得

$$L_f(P) \text{ (函數 } f \text{ 關於 } P \text{ 的下和)} = \sum_{i=1}^{n} f(m_i) \Delta x_i \text{ (內接矩形之面積和)}$$

$$U_f(P) \text{ (函數 } f \text{ 關於 } P \text{ 的上和)} = \sum_{i=1}^{n} f(M_i) \Delta x_i \text{ (外接矩形之面積和)}$$

由圖 7-1(i)(ii)(iii) 知，$L_f(P)$ 較區域 Q 之實際面積小，而 $U_f(P)$ 較區域 Q 之實際面積大．於是

$$L_f(P) \leq A \leq U_f(P)$$

若 $n \to \infty$，則

$$\Delta x_i \to 0, \quad i=1, 2, 3, \cdots, n$$

故

$$\lim_{n \to \infty} L_f(P) = A = \lim_{n \to \infty} U_f(P)$$

或

$$\lim_{n \to \infty} \sum_{i=1}^{n} f(m_i) \Delta x_i = A = \lim_{n \to \infty} \sum_{i=1}^{n} f(M_i) \Delta x_i. \tag{7-1}$$

例題 1 若 $f(x)=x^2$ 在閉區間 $[a, b]=[0, 4]$ 中被 $P=\{0, 1, 2, 3, 4\}$ 分割成四個相等的子區間．試求 $U_f(P)$ 與 $L_f(P)$ 為何？

解 因 $f(x)=x^2$ 在 $[0, 4]$ 上為嚴格遞增函數，$\Delta x = 1$，則

$$U_f(P) = 1 \cdot 1 + 4 \cdot 1 + 9 \cdot 1 + 16 \cdot 1 = 30$$
$$L_f(P) = 0 \cdot 1 + 1 \cdot 1 + 4 \cdot 1 + 9 \cdot 1 = 14.$$

例題 2 試利用上和 (外接矩形法) 與下和 (內接矩形法) 求曲線 $y=x^2$ 與 x-軸由 $x=0$ 至 $x=2$ 所圍成有界區域之面積．

解 為了便於計算，我們將區間 $[0, 2]$ 分割成 n 個相等之子區間，其長度為

$$\Delta x = \frac{b-a}{n} = \frac{2-0}{n} = \frac{2}{n}$$

如圖 7-2 所示，由於 $f(x)=x^2$ 在區間 $[0, 2]$ 上為遞增，故 f 在每個子區間上

(i) 內接矩形　　(ii) 外接矩形

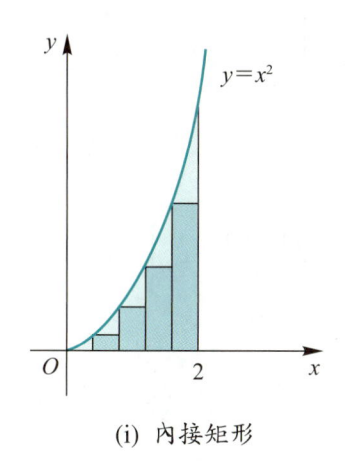

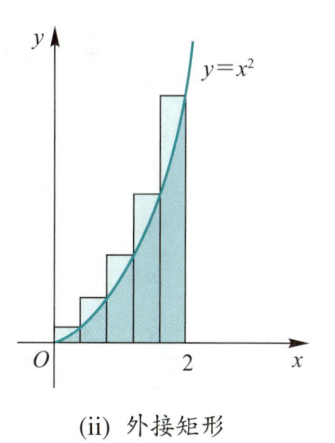

圖 7-2

之極小值發生在子區間之左端點，而 f 之極大值發生在子區間之右端點．所以

$$m_1 = x_0 = 0 \qquad M_1 = x_1 = \frac{2}{n}$$

$$m_2 = x_1 = \frac{2}{n} \qquad M_2 = x_2 = \frac{4}{n}$$

$$m_3 = x_2 = \frac{4}{n} \qquad M_3 = x_3 = \frac{6}{n}$$

$$\vdots \qquad\qquad \vdots$$

$$m_i = x_{i-1} = \frac{2(i-1)}{n} \qquad M_i = x_i = \frac{2i}{n}$$

於是，

下和

$$L_f(P) = \sum_{i=1}^{n} f(m_i)\,\Delta x = \sum_{i=1}^{n} f\left[\frac{2(i-1)}{n}\right]\left(\frac{2}{n}\right)$$

$$= \sum_{i=1}^{n} \left[\frac{2(i-1)}{n}\right]^2 \left(\frac{2}{n}\right)$$

$$= \sum_{i=1}^{n} \left(\frac{8}{n^3}\right)(i^2 - 2i + 1)$$

$$= \frac{8}{n^3}\left[\sum_{i=1}^{n} i^2 - 2\sum_{i=1}^{n} i + \sum_{i=1}^{n} 1\right]$$

$$\left(\sum_{i=1}^{n} i^2 = \frac{n(n+1)(2n+1)}{6}, \quad \sum_{i=1}^{n} i = \frac{n(n+1)}{2}\right)$$

$$= \frac{8}{n^3}\left[\frac{n(n+1)(2n+1)}{6} - 2\cdot\frac{n(n+1)}{2} + n\right]$$

$$= \frac{8}{3} - \frac{4}{n} + \frac{4}{3n^2}$$

上和 $\quad U_f(P) = \sum_{i=1}^{n} f(M_i)\Delta x = \sum_{i=1}^{n} f\left(\frac{2i}{n}\right)\left(\frac{2}{n}\right)$

$$= \sum_{i=1}^{n}\left(\frac{2i}{n}\right)^2\left(\frac{2}{n}\right) = \frac{8}{n^3}\sum_{i=1}^{n} i^2$$

$$= \frac{8}{n^3}\left[\frac{n(n+1)(2n+1)}{6}\right]$$

$$= \frac{8}{3} + \frac{4}{n} + \frac{4}{3n^2}$$

故 $\quad \lim_{n\to\infty}\left(\frac{8}{3} - \frac{4}{n} + \frac{4}{3n^2}\right) = \frac{8}{3}$

$$\lim_{n\to\infty}\left(\frac{8}{3} + \frac{4}{n} + \frac{4}{3n^2}\right) = \frac{8}{3}$$

因此求得面積 $A = \frac{8}{3}$ 平方單位.

讀者應注意求連續曲線 $y = f(x)$ 下方且在區間 $[a, b]$ 上方之面積的兩個同義方法

$$A = \lim_{n\to\infty}\sum_{i=1}^{n} f(m_i)\Delta x \quad \text{(內接矩形)}$$

與
$$A = \lim_{n \to \infty} \sum_{i=1}^{n} f(M_i) \Delta x \quad \text{(外接矩形)}. \tag{7-2}$$

習題 7-1

1. 設 $f(x)=x^2$、$x_1=0$、$x_2=2$、$x_3=4$、$x_4=6$ 與 $\Delta x=2$，求 $\sum_{i=1}^{4} f(x_i) \Delta x$.

2. 若 $[a, b]=[-2, 0]$，$P=\left\{-2, -1, -\dfrac{1}{4}, 0\right\}$，$f(x)=-x$，求 $U_f(P)$ 與 $L_f(P)$ 為何？

3. 求 $\lim\limits_{n \to \infty} \dfrac{\sum_{i=1}^{n} i^2}{n^3+1}$.

4. 試求 $f(x)=3x+1$ 在 $[1, 4]$ 上所圍成區域的面積.

    (1) 利用內接矩形法. $\left(\text{提示：令 } m_i = x_{i-1} = 1 + \dfrac{3(i-1)}{n}\right)$

    (2) 利用外接矩形法. $\left(\text{提示：令 } M_i = x_i = 1 + \dfrac{3i}{n}\right)$

5. 試求 $f(x)=x^2$ 在 $[0, 1]$ 上所圍成區域的面積.

    (1) 利用內接矩形法.

    (2) 利用外接矩形法.

7-2 定積分

現在我們想利用面積的計算概念誘導出定積分的定義.

定義 7-2 分割與範數

設 $[a, b]$ 為一閉區間,若實數 $x_0, x_1, x_2, \cdots, x_n$ 滿足 $a=x_0<x_1<x_2<x_3<\cdots<x_{n-1}<x_n=b$,如圖 7-3 所示,則稱 $P=\{a=x_0<x_1<x_2<\cdots<x_{n-1}<x_n=b\}$ 為 $[a, b]$ 之一分割,而 $\Delta x_i=x_i-x_{i-1}$ 表第 i 個子區間的長度, $\|P\|=\text{Max}\{\Delta x_i | i=1, 2, 3, \cdots, n\}$ 稱為分割 P 的**範數** (norm).

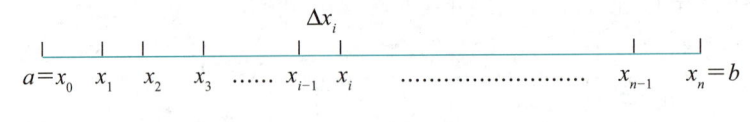

$$\overset{\Delta x_i}{\underset{a=x_0 \quad x_1 \quad x_2 \quad x_3 \quad \cdots\cdots \quad x_{i-1} \quad x_i \quad \cdots\cdots\cdots\cdots\cdots\cdots \quad x_{n-1} \quad x_n=b}{\rule{10cm}{0.4pt}}}$$

圖 7-3

定義 7-3 黎曼和

設 $f(x)$ 在 $[a, b]$ 上為一連續函數, $P=\{a=x_0<x_1<x_2<\cdots<x_{n-1}<x_n=b\}$ 為 $[a, b]$ 之任一分割,並令 $\bar{x}_i \in [x_{i-1}, x_i]$,則 $R_n=\sum_{i=1}^{n} f(\bar{x}_i)\Delta x_i$ 稱為函數 f 關於分割 P 的**黎曼和** (Riemann sum),如圖 7-4 所示.

第七章　定積分及其應用　285

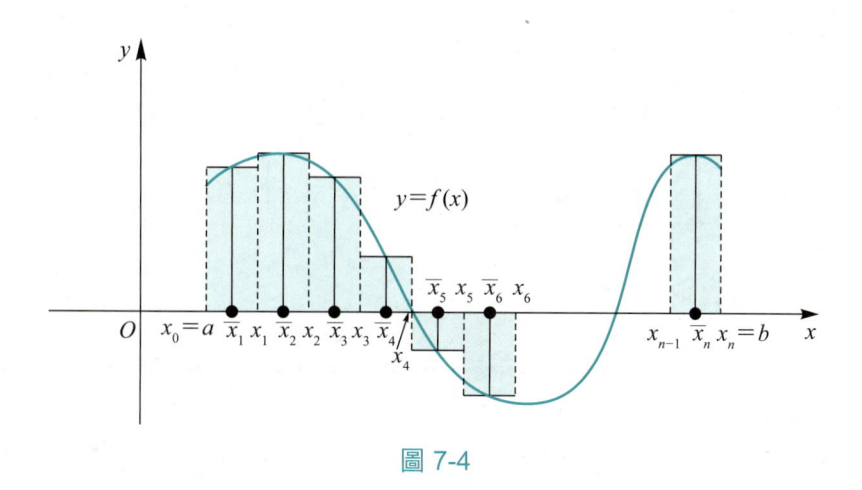

圖 7-4

定義 7-4　定積分

設 f 在 $[a, b]$ 中為一連續函數，$P = \{a = x_0 < x_1 < x_2 < \cdots < x_{n-1} < x_n = b\}$ 為 $[a, b]$ 之任一分割，若存在一定實數 L，使得 $\lim\limits_{\|P\| \to 0} \sum\limits_{i=1}^{n} f(\bar{x}_i) \Delta x_i = L$，則 L 稱為 f 由 $x = a$ 至 $x = b$ 的定積分．以 $\int_a^b f(x)\, dx = L$ 表之，亦稱 f 在 $[a, b]$ 為可積分．其中 a、b 分別稱為定積分之下限及上限．

讀者應注意，當 $f(x) > 0$ 時，定積分 $\int_a^b f(x)\, dx$ 之值表區域 $R = \{(x, y) \mid a \leq x \leq b,\ 0 \leq y \leq f(x)\}$ 之面積．

在定義定積分 $\int_a^b f(x)\, dx$ 時，我們假定 $a < b$．為了除去這個限制，我們將它的定義推廣到 $a > b$ 或 $a = b$ 的情形是很有用的．

定義 7-5

(1) 若 $a > b$，且 $\int_b^a f(x)\,dx$ 存在，則 $\int_a^b f(x)\,dx = -\int_b^a f(x)\,dx$．

(2) 若 $f(a)$ 存在，則 $\int_a^a f(x)\,dx = 0$．

例題 1 在區間 $[-1, 2]$ 上將 $\lim\limits_{\|P\|\to 0} \sum\limits_{i=1}^{n} [2(\overline{x}_i)^2 - 3\overline{x}_i + 5]\,\Delta x_i$ 表成定積分的形式．

解 比較所予極限與定義 7-4 中的極限，我們選取

$$f(x) = 2x^2 - 3x + 5, \quad a = -1, \quad b = 2$$

所以，

$$\lim\limits_{\|P\|\to 0} \sum\limits_{i=1}^{n} [2(\overline{x}_i)^2 - 3\overline{x}_i + 5]\,\Delta x_i = \int_{-1}^{2} (2x^2 - 3x + 5)\,dx.$$

定理 7-1 定積分存在定理

若 f 在 $[a, b]$ 中為連續函數，則 f 在 $[a, b]$ 為可積分．

例題 2 函數 $f(x) = \begin{cases} \dfrac{1}{x^2}, & \text{若 } x \neq 0 \\ 1, & \text{若 } x = 0 \end{cases}$，則 $\int_{-2}^{2} f(x)\,dx$ 不存在，因為 $f(x)$ 在 $[-2, 2]$ 上不連續（由於 $\lim\limits_{x\to 0} f(x)$ 不存在）．

定理 7-2　定積分之性質

若兩函數 f 與 g 在 $[a, b]$ 為可積分，且 c 為常數，則

(1) $\displaystyle\int_a^b c\,dx = c(b-a)$

(2) $\displaystyle\int_a^b c f(x)\,dx = c\int_a^b f(x)\,dx$

(3) $\displaystyle\int_a^b [f(x) \pm g(x)]\,dx = \int_a^b f(x)\,dx \pm \int_a^b g(x)\,dx$

定理 7-3　定積分在區間上之可加性

若函數 f 在含有任意三數 a、b 與 c 的閉區間為可積分，則

$$\int_a^b f(x)\,dx = \int_a^c f(x)\,dx + \int_c^b f(x)\,dx$$

不論 a、b 及 c 的次序為何.

尤其，若 f 在 $[a, b]$ 為連續且非負值，又 $a < c < b$，則定理 7-3 有一個簡單的幾何解釋，即，

$$A = \text{在 } f \text{ 的圖形下方由 } a \text{ 到 } b \text{ 的面積} = A_1 + A_2$$

如圖 7-5 所示.

圖 7-5

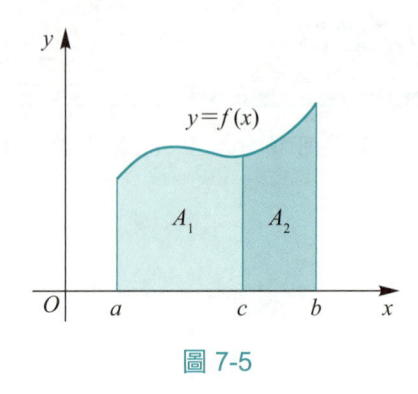

例題 3 試將 $\int_7^{10} f(x)\,dx - \int_7^2 f(x)\,dx$ 表成單一積分.

解
$$\int_7^{10} f(x)\,dx - \int_7^2 f(x)\,dx = \int_7^{10} f(x)\,dx + \int_2^7 f(x)\,dx \qquad 定義\ 7\text{-}5$$
$$= \int_2^7 f(x)\,dx + \int_7^{10} f(x)\,dx$$
$$= \int_2^{10} f(x)\,dx. \qquad 定理\ 7\text{-}3$$

定理 7-4　微積分基本定理

設 f 在 $[a, b]$ 上為連續，且 F 為 f 之任一反導數，則
$$\int_a^b f(x)\,dx = F(b) - F(a).$$

證明 令 $P = \{x_0 < x_1 < x_2 < \cdots < x_{n-1} < x_n\}$（其中 $a = x_0$, $b = x_n$）為 $[a, b]$ 上之任一分割，則

$$F(b)-F(a)=F(x_n)-F(x_{n-1})+F(x_{n-1})-F(x_{n-2})+\cdots+F(x_1)-F(x_0)$$
$$=\sum_{i=1}^{n}[F(x_i)-F(x_{i-1})]$$

由導數的均值定理，考慮 F 在區間 $[x_{i-1},\ x_i]$ 為連續，且在 $(x_{i-1},\ x_i)$ 為可微分，得

$$\frac{F(x_i)-F(x_{i-1})}{x_i-x_{i-1}}=F'(\bar{x}_i),\ \bar{x}_i\in(x_{i-1},\ x_i)$$

則 $\qquad F(x_i)-F(x_{i-1})=F'(\bar{x}_i)\,\Delta x_i=f(\bar{x}_i)\,\Delta x_i \qquad F'(x)=f(x)$

故 $\qquad F(b)-F(a)=\sum_{i=1}^{n}f(\bar{x}_i)\,\Delta x_i$

上式左端為一常數，右端為 f 在 $[a,\ b]$ 上的一個黎曼和，等號兩端，當 $\|P\|\to 0$ 時，取極限，得

$$F(b)-F(a)=\lim_{\|P\|\to 0}\sum_{i=1}^{n}f(\bar{x}_i)\,\Delta x_i=\int_{a}^{b}f(x)\,dx$$

上式我們通常寫成

$$\int_{a}^{b}f(x)\,dx=F(x)\Big|_{a}^{b}=F(b)-F(a)$$

符號 $F(x)\Big|_{a}^{b}$ 有時記為 $F(x)\Big|_{x=a}^{x=b}$ 或 $[F(x)]_{a}^{b}$。

定理 7-5

若 k 為常數，$n\neq -1$，則

$$\int_{a}^{b}kx^n\,dx=\frac{kx^{n+1}}{n+1}\Big|_{a}^{b}=\frac{k}{n+1}(b^{n+1}-a^{n+1})$$

$$\int_{a}^{b}(u(x))^n\,u'(x)\,dx=\frac{1}{n+1}[(u(b))^{n+1}-(u(a))^{n+1}].$$

定理 7-6　定積分之分部積分法

$$\int_a^b u\,dv = uv\Big|_a^b - \int_a^b v\,du.$$

例題 4　試求曲線 $y=x^2$ 在 [0, 1] 間之面積．

解　面積為 $\displaystyle\int_0^1 x^2\,dx = \dfrac{x^3}{3}\Big|_0^1 = \dfrac{1}{3} - \dfrac{0}{3} = \dfrac{1}{3}.$

例題 5　求 $\displaystyle\int_{-1}^2 (4x-6x^2)\,dx.$

解
$$\int_{-1}^2 \underbrace{(4x-6x^2)}_{f(x)}\,dx = \underbrace{4\cdot\frac{x^2}{2} - 6\cdot\frac{x^3}{3}}_{F(x)}\Big|_{-1}^2 \qquad \text{求反導數}$$

$$= \underbrace{\left[4\cdot\frac{(2)^2}{2} - 6\cdot\frac{(2)^3}{3}\right]}_{F(2)} \qquad \text{微積分基本定理}$$

$$- \underbrace{\left[4\cdot\frac{(-1)^2}{2} - 6\cdot\frac{(-1)^3}{3}\right]}_{F(-1)}$$

$$= (8-16) - (2+2) = -12.$$

例題 6　求 $\displaystyle\int_0^1 (x^2+x)^{1/2}(2x+1)\,dx.$

解　令 $u = x^2+x$，則 $du = (2x+1)\,dx$

因此，
$$\int (x^2+x)^{1/2}(2x+1)\,dx = \int u^{1/2}\,du = \frac{2}{3}u^{3/2}+C$$
$$= \frac{2}{3}(x^2+x)^{3/2}+C$$

由微積分基本定理，知
$$\int_0^1 (x^2+x)^{1/2}(2x+1)\,dx = \frac{2}{3}(x^2+x)^{3/2}+C\Big|_0^1$$
$$= \frac{2}{3}(2)^{3/2}+C-[0+C]$$
$$= \frac{2}{3}(2)^{3/2}.$$

例題 7 求 $\displaystyle\int_0^1 \frac{\ln(x+1)}{x+1}\,dx$.

解
$$\int_0^1 \frac{\ln(x+1)}{x+1}\,dx = \int_0^1 \underbrace{\ln(x+1)}_{u(x)}\underbrace{\frac{1}{x+1}}_{u'(x)}\,dx = \frac{\ln^2(x+1)}{2}\Big|_0^1$$
$$= \frac{1}{2}\ln^2 2$$

例題 8 求 $\displaystyle\int_1^e x^3 \ln x\,dx$.

解 令 $u=\ln x$, $dv=x^3\,dx$, 則 $du=\dfrac{dx}{x}$, $v=\dfrac{x^4}{4}$.

故
$$\int_1^e x^3 \ln x\,dx = \ln x \cdot \frac{x^4}{4}\Big|_1^e - \int_1^e \frac{x^4}{4}\cdot\frac{dx}{x}$$
$$= \frac{e^4}{4} - \left(\frac{x^4}{16}\right)\Big|_1^e$$

$$= \frac{3e^4+1}{16}.$$

例題 9 求 $\int_0^1 x\,e^x\,dx$.

解 令 $u=x$, $dv=e^x\,dx$, 則 $du=dx$, $v=e^x$.

所以,
$$\int_0^1 x\,e^x\,dx = x\,e^x\Big|_0^1 - \int_0^1 e^x\,dx$$
$$= e - e^x\Big|_0^1 = e-(e-1)$$
$$= 1.$$

習題 7-2

下列 1～3 題中，在所予區間上將每一極限表成定積分的形式.

1. $\lim\limits_{\|P\|\to 0}\sum\limits_{i=1}^{n}[3(\bar{x}_i)^2-5\bar{x}_i]\Delta x_i$; $[0,\ 1]$

2. $\lim\limits_{\|P\|\to 0}\sum\limits_{i=1}^{n}2\pi\bar{x}_i[1+(\bar{x}_i)^3]\Delta x_i$; $[0,\ 4]$

3. $\lim\limits_{\|P\|\to 0}\sum\limits_{i=1}^{n}[\sqrt[3]{\bar{x}_i}+2\bar{x}_i]\Delta x_i$; $[-4,\ -3]$

下列 4～7 題中，以單一積分 $\int_a^b f(x)\,dx$ 的形式表示.

4. $\int_1^3 f(x)\,dx + \int_3^6 f(x)\,dx + \int_6^{12} f(x)\,dx$

5. $\int_5^8 f(x)\,dx + \int_0^5 f(x)\,dx$

6. $\displaystyle\int_2^{10} f(x)\,dx - \int_2^7 f(x)\,dx$

7. $\displaystyle\int_{-3}^5 f(x)\,dx - \int_{-3}^0 f(x)\,dx + \int_5^6 f(x)\,dx$

下列 8～19 題中，用微積分基本定理求每一定積分之值．

8. $\displaystyle\int_0^4 \sqrt{x}\,dx$

9. $\displaystyle\int_1^8 \sqrt[3]{x}\,dx$

10. $\displaystyle\int_{-4}^{-2} \left(x^2 + \frac{1}{x^3}\right) dx$

11. $\displaystyle\int_1^4 \frac{x^4 - 8}{x^2}\,dx$

12. $\displaystyle\int_3^9 \sqrt{2x-2}\,dx$

13. $\displaystyle\int_0^4 -(3t^{3/2} + t^{1/2})\,dx$

14. $\displaystyle\int_1^4 \frac{-3}{(2x+1)^2}\,dx$

15. $\displaystyle\int_1^3 \frac{\sqrt{\ln x}}{x}\,dx$ （提示：$\displaystyle\int_1^3 \frac{\sqrt{\ln x}}{x}\,dx = \int_1^3 \underbrace{(\ln x)^{1/2}}_{[u(x)]^{1/2}} \underbrace{\left(\frac{1}{x}\right)}_{u'(x)} dx$）

16. $\displaystyle\int_1^2 \frac{3}{x(1+\ln x)}\,dx$

（提示：$3\displaystyle\int_1^2 \frac{1}{x(1+\ln x)}\,dx = 3\int_1^2 \frac{d(1+\ln x)}{1+\ln x}$，視 $u = 1 + \ln x$．）

17. $\displaystyle\int_0^1 e^{x^2} x\,dx$

18. $\displaystyle\int_2^e \frac{dx}{x \ln x}$

19. $\displaystyle\int_0^1 e^{\sqrt{x}}\,dx$

20. 試求曲線 $y = x^2 + 1$ 在 [1, 2] 間之面積．

7-3 定積分的代換積分法

定理 7-7 定積分代換定理

設函數 g 在 $[a, b]$ 具有連續的導函數，且 f 在 $g(a)$ 至 $g(b)$ 為連續．令 $u = g(x)$，則

$$\int_a^b f(g(x))\, g'(x)\, dx = \int_{g(a)}^{g(b)} f(u)\, du.$$

證明 令 F 為 f 的反導函數，即，$F' = f$，則

$$\frac{d}{dx}[F(g(x))] = F'(g(x))\, g'(x) \qquad \text{合成函數的連鎖律}$$
$$= f(g(x))\, g'(x) \qquad F'(x) = f(x)$$

故
$$\int_a^b f(g(x))\, g'(x)\, dx = F(g(x)) \Big|_a^b = F(g(b)) - F(g(a))$$
$$= F(u) \Big|_{u=g(a)}^{u=g(b)} = \int_{g(a)}^{g(b)} f(u)\, du.$$

例題 1 求 $\displaystyle\int_1^4 \frac{\sqrt{x}}{(9 - x\sqrt{x})^2}\, dx$.

解 令 $u = 9 - x\sqrt{x}$，則 $du = -\dfrac{3}{2}\sqrt{x}\, dx$，故 $\sqrt{x}\, dx = -\dfrac{2}{3}\, du.$

當 $x=1$，則 $u=8$；當 $x=4$，則 $u=1$. 故

$$\int_1^4 \frac{\sqrt{x}}{(9-x\sqrt{x})^2}\,dx = -\frac{2}{3}\int_8^1 \frac{1}{u^2}\,du = \frac{2}{3}\left(\frac{1}{u}\bigg|_8^1\right)$$

利用微積分基本定理計算等值的定積分

$$= \frac{2}{3} - \frac{1}{12}$$

$$= \frac{7}{12}.$$

例題 2 試求 $\displaystyle\int_0^4 \frac{(x+2)\,dx}{\sqrt{2x+1}}$.

解 令 $u=\sqrt{2x+1}$，則 $u^2=2x+1$，$x=\dfrac{u^2-1}{2}$，$dx=u\,du$，於是，當 $x=0$ 時，$u=1$；當 $x=4$ 時，$u=3$. 故

$$\int_0^4 \frac{(x+2)\,dx}{\sqrt{2x+1}} = \int_1^3 \frac{\left(\dfrac{u^2-1}{2}+2\right)u\,du}{u}$$

$$= \frac{1}{2}\int_1^3 (u^2+3)\,du$$

$$= \frac{1}{2}\left(\frac{u^3}{3}+3u\right)\bigg|_1^3$$

計算等值的定積分

$$= \frac{22}{3}.$$

例題 3 求 $\int_0^2 x^3 e^{x^4} dx$.

解 令 $u=x^4$，則 $du=4x^3 \, dx$，故 $x^3 \, dx = \dfrac{du}{4}$.

當 $x=0$ 時，$u=0$；當 $x=2$ 時，$u=16$.

$$\int_0^2 x^3 e^{x^4} dx = \int_0^{16} e^u \frac{du}{4} = \frac{1}{4}\int_0^{16} e^u \, du = \frac{1}{4}\left[e^u \Big|_0^{16} \right]$$

計算等值的定積分

$$= \frac{1}{4}(e^{16}-1).$$

定理 7-8　對稱定理

(1) 若 f 為偶函數，則

$$\int_{-a}^{a} f(x) \, dx = 2\int_0^a f(x) \, dx.$$

(2) 若 f 為奇函數，則

$$\int_{-a}^{a} f(x) \, dx = 0.$$

例題 4 求 $\int_{-5}^{5} \dfrac{x^5}{x^2+4} dx$.

解 因 $f(x) = \dfrac{x^5}{x^2+4}$ 是奇函數，故

$$\int_{-5}^{5} \frac{x^5}{x^2+4} dx = 0.$$

習題 7-3

試利用定積分之代換積分法求下列各定積分.

1. $\int_0^2 \dfrac{x^3}{\sqrt{x^2+4}}\,dx$

2. $\int_0^{25} \dfrac{dx}{\sqrt{4+\sqrt{x}}}$ （提示：令 $u=4+\sqrt{x}$）

3. $\int_1^4 \dfrac{1}{x^2}\sqrt{1+\dfrac{1}{x}}\,dx$ （提示：令 $u=1+\dfrac{1}{x}$）

4. $\int_1^2 \dfrac{e^{4/x}}{x^2}\,dx$

5. $\int_1^e \dfrac{(1+\ln x)^2}{x}\,dx$

6. $\int_1^{10} \dfrac{(\log x)^3}{x}\,dx$ （提示：$\log x = \dfrac{\ln x}{\ln 10}$）

7. $\int_0^1 e^{\sqrt{x}}\,dx$ （提示：令 $u=\sqrt{x}$）

8. $\int_2^4 \dfrac{e^{\sqrt{x}}}{\sqrt{x}}\,dx$

7-4　瑕積分

在 7-2 節中我們所討論之定積分 $\int_a^b f(x)\,dx$，區間 $[a, b]$ 必須為有限，但如下列無限區間之積分，我們稱之為**瑕積分**.

區　間	積　分
$[a, \infty)$	$\int_a^\infty f(x)\,dx$
$(-\infty, b]$	$\int_{-\infty}^b f(x)\,dx$
$(-\infty, \infty)$	$\int_{-\infty}^\infty f(x)\,dx$

我們可考慮函數 $f(x) = \dfrac{1}{x^2}$ 在 $[1, \infty)$ 為連續且非負值，故在 f 的圖形下方由 1 到 t 的面積 $A(t)$ 為

$$A(t) = \int_1^t \frac{1}{x^2}\,dx = -\frac{1}{x}\bigg|_1^t = 1 - \frac{1}{t}$$

其圖形如圖 7-6 所示．

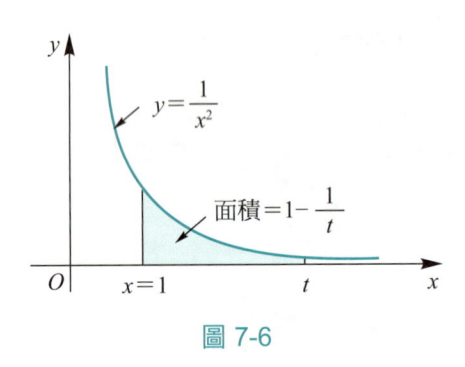

圖 7-6

無論我們選擇多大的 t 值，$A(t) < 1$，且

$$\lim_{t \to \infty} A(t) = \lim_{t \to \infty}\left(1 - \frac{1}{t}\right) = 1$$

上式的極限可以解釋為位於 f 的圖形下方與 x-軸上方以及 $x = 1$ 右方的無界區域的面積，並以符號 $\int_1^\infty \dfrac{1}{x^2}\,dx$ 來表示此數值，故

$$\int_1^\infty \frac{1}{x^2}\,dx = \lim_{t \to \infty} \int_1^t \frac{1}{x^2}\,dx = 1$$

因此，我們有下面的定義.

定義 7-6

(1) 對每一數 $t \geq a$，若 $\int_a^t f(x)\,dx$ 存在，則定義

$$\int_a^\infty f(x)\,dx = \lim_{t \to \infty} \int_a^t f(x)\,dx.$$

(2) 對每一數 $t \leq b$，若 $\int_t^b f(x)\,dx$ 存在，則定義

$$\int_{-\infty}^b f(x)\,dx = \lim_{t \to -\infty} \int_t^b f(x)\,dx$$

以上各式若極限存在，則稱該瑕積分為 <u>收斂</u> 或 <u>收斂積分</u>，而極限值即為瑕積分的值. 若極限不存在，則稱該瑕積分為 <u>發散</u> 或 <u>發散積分</u>.

(3) 若 $\int_c^\infty f(x)\,dx$ 與 $\int_{-\infty}^c f(x)\,dx$ 皆為收斂，則稱瑕積分 $\int_{-\infty}^\infty f(x)\,dx$ 為 <u>收斂</u> 或 <u>收斂積分</u>，定義為

$$\int_{-\infty}^\infty f(x)\,dx = \int_{-\infty}^c f(x)\,dx + \int_c^\infty f(x)\,dx$$

若上式等號右邊任一積分發散，則稱 $\int_{-\infty}^\infty f(x)\,dx$ 為 <u>發散</u> 或 <u>發散積分</u>.

例題 1 求 $\displaystyle\int_{-\infty}^{-1} \frac{1}{x^2}\,dx$.

解 依瑕積分之定義，得

$$\int_{-\infty}^{-1} \frac{1}{x^2}\,dx = \lim_{t\to-\infty}\int_{t}^{-1} \frac{1}{x^2}\,dx = \lim_{t\to-\infty}\int_{t}^{-1} x^{-2}\,dx$$

$$= \lim_{t\to-\infty}\left[-\frac{1}{x}\right]_{t}^{-1} = -\lim_{t\to-\infty}\left(-1-\frac{1}{t}\right) = 1.$$

例題 2 判斷瑕積分 $\displaystyle\int_{2}^{\infty} \frac{1}{(x-1)^2}\,dx$ 是否收斂？

解

$$\int_{2}^{\infty} \frac{1}{(x-1)^2}\,dx = \lim_{t\to\infty}\int_{2}^{t} \frac{1}{(x-1)^2}\,dx \qquad\text{瑕積分的定義}$$

$$= \lim_{t\to\infty}\left(\left.\frac{-1}{x-1}\right|_{2}^{t}\right) \qquad\text{求反導數}$$

$$= \lim_{t\to\infty}\left(\frac{-1}{t-1}+\frac{1}{2-1}\right) \qquad\text{微積分基本定理}$$

$$= 0+1 = 1$$

故此瑕積分收斂且其值為 1.

例題 3 計算 $\displaystyle\int_{e}^{\infty} \frac{1}{x(\ln x)^2}\,dx$.

解

$$\int_{e}^{\infty} \frac{1}{x(\ln x)^2}\,dx = \lim_{t\to\infty}\int_{e}^{t} \frac{1}{x(\ln x)^2}\,dx = \lim_{t\to\infty}\int_{e}^{t} (\ln x)^{-2}\frac{1}{x}\,dx$$

$$= \lim_{t\to\infty}\int_{e}^{t} (\ln x)^{-2}\,d(\ln x) = \lim_{t\to\infty}\left(\left.-\frac{1}{\ln x}\right|_{e}^{t}\right)$$

$$= -\lim_{t\to\infty}\left(\frac{1}{\ln t}-\frac{1}{\ln e}\right) \qquad \lim_{t\to\infty}\frac{1}{\ln t}=0$$

$$= 1.$$

例題 4 計算 $\int_{-\infty}^{0} xe^x \, dx$.

解
$$\int_{-\infty}^{0} xe^x \, dx = \lim_{t \to -\infty} \int_{t}^{0} xe^x \, dx$$

利用分部積分法，令 $u=x$，$dv=e^x \, dx$，則 $du=dx$，$v=e^x$. 故

$$\int_{t}^{0} xe^x \, dx = xe^x \Big|_{t}^{0} - \int_{t}^{0} e^x \, dx = -te^t - 1 + e^t$$

我們知道當 $t \to -\infty$ 時，$e^t \to 0$，利用羅必達法則可得

$$\lim_{t \to -\infty} te^t = \lim_{t \to -\infty} \frac{t}{e^{-t}} = \lim_{t \to -\infty} \frac{1}{-e^{-t}} = \lim_{t \to -\infty} (-e^t) = 0$$

故
$$\int_{-\infty}^{0} xe^x \, dx = \lim_{t \to -\infty} (-te^t - 1 + e^t) = -1.$$

習題 7-4

判斷下列 1～6 題各積分是收斂抑或發散？並計算收斂積分的值.

1. $\int_{1}^{\infty} \dfrac{dx}{x^{4/3}}$

2. $\int_{-\infty}^{1} xe^{-x^2} \, dx$

3. $\int_{1}^{\infty} \dfrac{\ln x}{x} \, dx$

4. $\int_{3}^{\infty} \dfrac{dx}{x^2 - 1}$ $\left(\text{提示}: \dfrac{1}{x^2-1} = \dfrac{1/2}{x-1} + \dfrac{-1/2}{x+1}\right)$

5. $\int_{-\infty}^{\infty} \dfrac{x}{e^{|x|}} \, dx$

$\left(\text{提示}: \int_{-\infty}^{\infty} \dfrac{x}{e^{|x|}} \, dx = \int_{-\infty}^{0} \dfrac{x}{e^{|x|}} \, dx + \int_{0}^{\infty} \dfrac{x}{e^{|x|}} \, dx = \int_{-\infty}^{0} \dfrac{x}{e^{-x}} \, dx + \int_{0}^{\infty} \dfrac{x}{e^{x}} \, dx\right)$

6. $\displaystyle\int_{-\infty}^{0} \frac{dx}{x^2-3x+2}$ $\left(\text{提示：} \dfrac{1}{x^2-3x+2} = \dfrac{1}{x-2} - \dfrac{1}{x-1}\right)$

7. 試求使瑕積分 $\displaystyle\int_{1}^{\infty} \frac{1}{x^p}\,dx$ 收斂的 p 值．

7-5 平面區域的面積

到目前為止，我們已定義並計算位於函數圖形下方的區域面積，在本節裡，我們將利用定積分來討論求面積之各種方法．

曲線與 x-軸所圍成區域之面積

若函數 $y=f(x)$ 在 $[a, b]$ 為連續，對於每一 $x \in [a, b]$，$f(x) \geq 0$，則由曲線 $y=f(x)$、x-軸與直線 $x=a$ 及 $x=b$ 所圍成平面區域之面積為

$$A = \lim_{n \to \infty} \sum_{i=1}^{n} f(\bar{x}_i)\,\Delta x_i = \int_{a}^{b} f(x)\,dx \tag{7-3}$$

如圖 7-7 所示．

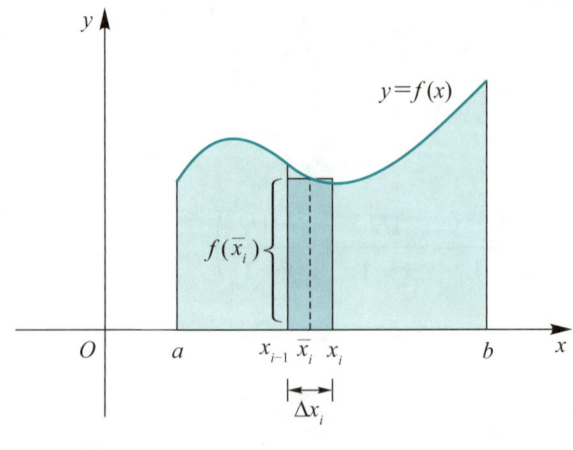

圖 7-7

假設對每一 $x \in [a, b]$，$f(x) \leq 0$，則由曲線 $y=f(x)$、x-軸與直線 $x=a$ 及 $x=b$ 所圍成區域之面積為

$$A = \lim_{n \to \infty} \sum_{i=1}^{n} [-f(\bar{x}_i)] \Delta x_i = -\int_a^b f(x)\, dx \tag{7-4}$$

但有時 $f(x)$ 在 $[a, b]$ 內一部分為正值，一部分為負值，即曲線一部分在 x-軸之上方，一部分在 x-軸之下方，如圖 7-8 所示．

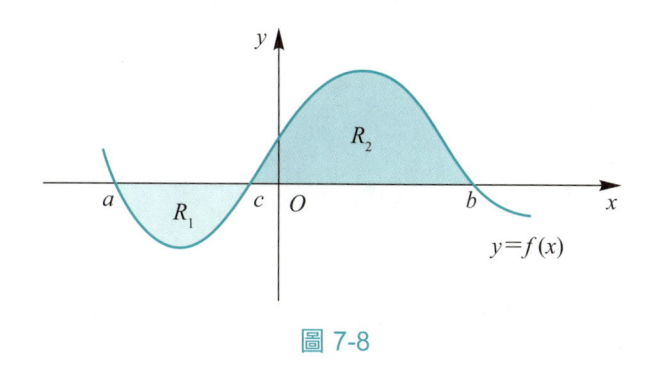

圖 7-8

因面積恆為正，故

$$A = \int_a^b |f(x)|\, dx \tag{7-5}$$

則面積為 $$A = \int_a^b |f(x)|\, dx = -\int_a^c f(x)\, dx + \int_c^b f(x)\, dx$$

其中 $-\int_a^c f(x)\, dx$ 表區域 R_1 之面積，$\int_c^b f(x)\, dx$ 表區域 R_2 之面積．

讀者應注意，當我們計算 (7-5) 式之積分時，仍然需要將它分成對應於若干個區域的積分．

例題 1 試求在曲線 $y=3e^{-x}$ 下方且在 [0, 2] 區間內的區域面積.

解
$$A = \int_0^2 3e^{-x}\,dx = -3\int_0^2 e^{-x}\,d(-x) = -3e^{-x}\Big|_0^2$$
$$= -3(e^{-2} - e^0) = \frac{3(e^2-1)}{e^2}.$$

例題 2 試求由曲線 $y = x^3 - 3x^2 - x + 3$、x-軸與兩直線 $x = -1$、$x = 2$ 所圍成區域之面積.

解 區域如圖 7-9 所示. 故面積
$$A = \int_{-1}^2 |x^3 - 3x^2 - x + 3|\,dx$$
$$= \int_{-1}^1 (x^3 - 3x^2 - x + 3)\,dx - \int_1^2 (x^3 - 3x^2 - x + 3)\,dx$$
$$= \left(\frac{x^4}{4} - x^3 - \frac{x^2}{2} + 3x\right)\Big|_{-1}^1 - \left(\frac{x^4}{4} - x^3 - \frac{x^2}{2} + 3x\right)\Big|_1^2$$
$$= 4 - \left(-\frac{7}{4}\right) = \frac{23}{4}.$$

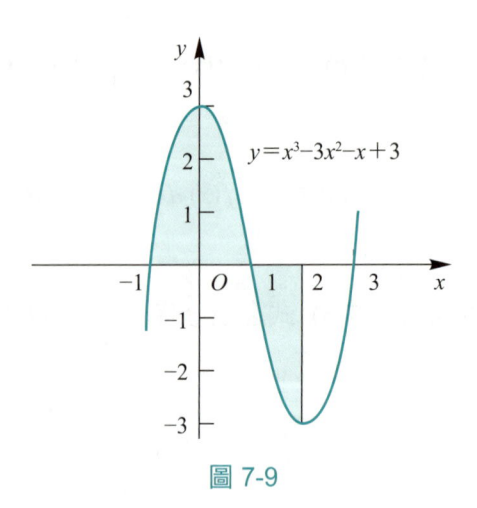

圖 7-9

圖 7-10

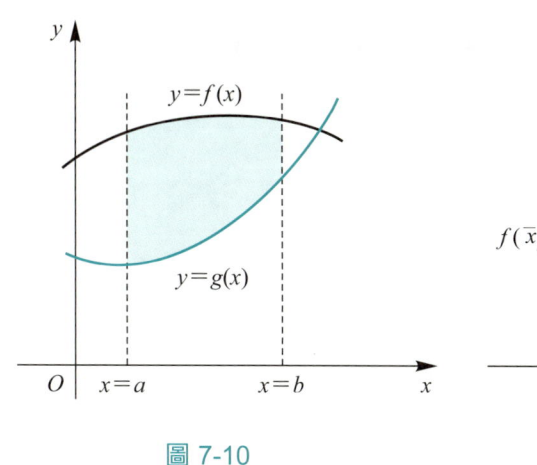

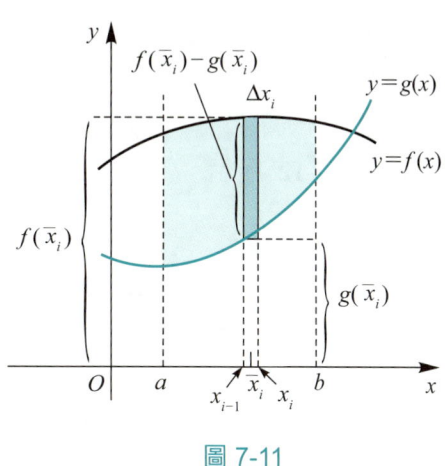

圖 7-11

兩曲線間所圍成區域之面積

若一平面區域是由兩曲線 $y=f(x)$、$y=g(x)$ 與兩直線 $x=a$、$x=b$ ($a<b$) 所圍成，且對任一 $x\in[a, b]$，皆有 $f(x)\geq g(x)$，如圖 7-10 所示．

我們將 $[a, b]$ 分成 n 個子區間，分割點為 x_i，並取 $[x_{i-1}, x_i]$ 中的點 $\bar{x}_i$．則每一個長條形之面積近似於 $[f(\bar{x}_i)-g(\bar{x}_i)]\Delta x_i$，如圖 7-11 所示．

這些 n 個長條形面積之和為

$$\sum_{i=1}^{n}[f(\bar{x}_i)-g(\bar{x}_i)]\Delta x_i$$

因 $f(x)$ 與 $g(x)$ 在 $[a, b]$ 上連續，可知 $f(x)-g(x)$ 在 $[a, b]$ 亦連續且極限存在，故平面區域之面積為

$$A=\lim_{n\to\infty}\sum_{i=1}^{n}[f(\bar{x}_i)-g(\bar{x}_i)]\Delta x_i=\int_{a}^{b}[f(x)-g(x)]dx. \tag{7-6}$$

讀者應注意 $f(x)-g(x)$ 表示每一細條矩形之高度，甚至於當 $g(x)$ 之圖形位於 x-軸之下方亦是．此時由於 $g(x)<0$，所以減去 $g(x)$ 等於加上一個正數．倘若 $f(x)$ 及 $g(x)$ 皆為負的時候，$f(x)-g(x)$ 亦為細條矩形之高度．

例題 3 試求曲線 $y=f(x)=x^2+1$ 與直線 $y=g(x)=x-1$、$x=0$、$x=3$ 所圍成區域之面積.

解 區域如圖 7-12 所示.

$$A=\int_0^3 [\underbrace{(x^2+1)}_{\substack{\text{區域之}\\ \text{上邊界}\\ y=f(x)}}-\underbrace{(x-1)}_{\substack{\text{區域之}\\ \text{下邊界}\\ y=g(x)}}]\,dx=\int_0^3 (x^2-x+2)\,dx$$

$$=\left(\frac{x^3}{3}-\frac{x^2}{2}+2x\right)\Big|_0^3 \qquad\qquad \text{求反導數}$$

$$=9-\frac{9}{2}+6-0 \qquad\qquad \text{微積分基本定理}$$

$$=\frac{21}{2}.$$

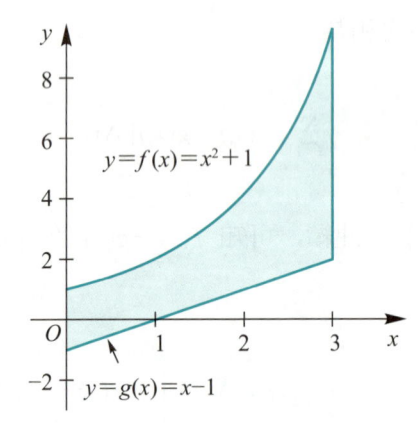

圖 7-12

習題 7-5

試求 1～5 題中曲線所圍成區域的面積.

1. $y = x^2 - 4$ 與 $y = -x + 2$
2. $y = x^2$ 與 $y = x^3 + 2x^2 - 2x$
3. $y = -x^2 + 2x + 3$ 與 $y = x^2 - 1$
4. $y = x^2$ 與 $y = 2x - x^2$
5. $y = e^x - 1$、$y = \dfrac{4}{e^x} - 1$ 與 x-軸
6. 求 $y = e^{-x}$、$xy = 1$、$x = 1$ 與 $x = 2$ 等圖形所圍成平面區域的面積.
7. 求 $y = 2^x$、$x + y = 1$、$x = 1$ 等圖形所圍成平面區域的面積.

7-6 函數的平均值

已知 n 個數 $y_1, y_2, \cdots, y_n$，我們很容易計算它們的平均值 y_{ave}：

$$y_{\text{ave}} = \frac{y_1 + y_2 + \cdots + y_n}{n}$$

一般而言，我們也可計算函數 f 在 $[a, b]$ 的平均值. 首先，我們將區間分割成具有相等長度 $\Delta x = \dfrac{b-a}{n}$ 的 n 個子區間，然後，在每一個子區間 $[x_{i-1}, x_i]$ 中選取任一數 $\bar{x}_i$，則 $f(\bar{x}_1), f(\bar{x}_2), \cdots, f(\bar{x}_n)$ 的平均值為

$$\frac{f(\bar{x}_1) + f(\bar{x}_2) + \cdots + f(\bar{x}_n)}{n}$$

因 $n = \dfrac{b-a}{\Delta x}$，故平均值變成

$$\frac{f(\bar{x}_1)+f(\bar{x}_2)+\cdots+f(\bar{x}_n)}{\dfrac{b-a}{\Delta x}}=\frac{1}{b-a}[f(\bar{x}_1)\Delta x+f(\bar{x}_2)\Delta x+\cdots+f(\bar{x}_n)\Delta x]$$

$$=\frac{1}{b-a}\sum_{i=1}^{n}f(\bar{x}_i)\Delta x$$

令 $n\to\infty$，則

$$\lim_{n\to\infty}\frac{1}{b-a}\sum_{i=1}^{n}f(\bar{x}_i)\Delta x=\frac{1}{b-a}\int_{a}^{b}f(x)\,dx.$$

定義 7-7

若函數 f 在 $[a, b]$ 為可積分，則 f 在 $[a, b]$ 上的**平均值**定義為

$$f_{\text{ave}}=\frac{1}{b-a}\int_{a}^{b}f(x)\,dx. \tag{7-7}$$

假設 $f(x)$ 為一非負值函數，則定積分

$$\int_{a}^{b}f(x)\,dx$$

乃是 f 的圖形下方由 $x=a$ 到 $x=b$ 的面積，如圖 7-13 所示．觀察此圖，$f(x)$ 的圖形上每一點到另一點的"高度"皆不同．我們能否將 $f(x)$ 以一常數函數 $g(x)=\bar{f}$ 代替 (有固定的高度)，使 f 與 g 的每一個圖形下方的面積皆會相同？如果可以，則因

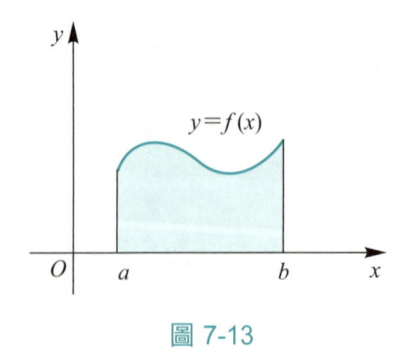

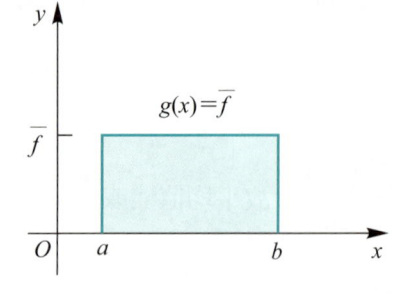

圖 7-13

圖 7-14　f 在 $[a, b]$ 上的平均值為 $\bar{f}$

為 g 的圖形下方由 $x=a$ 到 $x=b$ 的面積為 $(b-a)\bar{f}$，如圖 7-14 所示，我們可得

$$(b-a)\bar{f} = \int_a^b f(x)\,dx$$

或

$$\bar{f} = \frac{1}{b-a}\int_a^b f(x)\,dx$$

所以 $\bar{f}$ 為 f 在 $[a, b]$ 上的平均值. 於是，具有底 $(b-a)$ 且高為 $\bar{f}$ 之矩形的面積與 f 的圖形下方由 $x=a$ 到 $x=b$ 之面積相同.

例題 1 求 $f(x)=x^2$ 在區間 $[1, 4]$ 上的平均值.

解 $f_{\text{ave}} = \dfrac{1}{b-a}\int_a^b f(x)\,dx = \dfrac{1}{4-1}\int_1^4 x^2\,dx = \dfrac{21}{3} = 7$

例題 2 某房屋在民國 84 年 1 月 1 日到民國 89 年 1 月 1 日期間內的中間價格約略以函數表之如下：

$$f(t) = t^3 - 7t^2 + 17t + 130,\quad 0 \leq t \leq 5$$

此處 $f(t)$ 以千元為單位且 t 表年度（$t=0$ 相當於民國 84 年初）. 試問在此期間區間中，此房屋的平均中間價格為何？

解 於固定之期間區間，房屋之平均中間價格為

$$f_{\text{ave}} = \frac{1}{5-0}\int_0^5 (t^3 - 7t^2 + 17t + 130)\,dt$$

$$= \frac{1}{5}\left(\frac{1}{4}t^4 - \frac{7}{3}t^3 + \frac{17}{2}t^2 + 130t\right)\bigg|_0^5$$

$$= \frac{1}{5}\left[\frac{1}{4}(5)^4 - \frac{7}{3}(5)^3 + \frac{17}{2}(5)^2 + 130(5)\right]$$

$$\approx 145.417 \text{ (千元)}$$

或 145,417 元.

習題 7-6

試求下列函數在已知區間的平均值.

1. $f(x)=x^2-2x$; $[0, 3]$
2. $f(x)=x^3-x$; $[1, 3]$
3. $f(x)=\sqrt{x}$; $[4, 9]$
4. $f(x)=xe^{x^2}$; $[1, 4]$
5. 若 $f(x)=\sqrt{x+3}$，在區間 $[1, 6]$ 中求一 c 值使 $f(c)=f_{\text{ave}}$.
6. 利台成衣公司的營運在最初 t 年內，銷售金額近似於函數

$$S(t)=t\sqrt{0.2t^2+4}$$

此處 $S(t)$ 以萬元為單位. 試求利台成衣公司營運最初 5 年內，每年平均銷售金額為若干？

7-7 定積分在經濟學上的應用

消費者剩餘

在自由競爭市場中，需求曲線與供給曲線的交點，經濟學上稱為均衡點. 此點對應之需求量稱為均衡需求量 x_e，當時的價格稱為均衡價格 p_e，此時需求者與供給者均樂於交易. 如圖 7-15 所示.

現假設某商品之供需關係在市場上是平衡的，且設此時之每單位價格為 p_e，按需求函數之意義，有些消費者願意以高於 p_e 之價格購買該商品. 例如，當每單位價格為 p_1 時，消費者願意購買之數量為 x_1，但市場供需平衡之價格為低於 p_1 之 p_e，故實際上這些消費者以較低之市場價格 p_e 購買而獲得利益.

圖 7-15

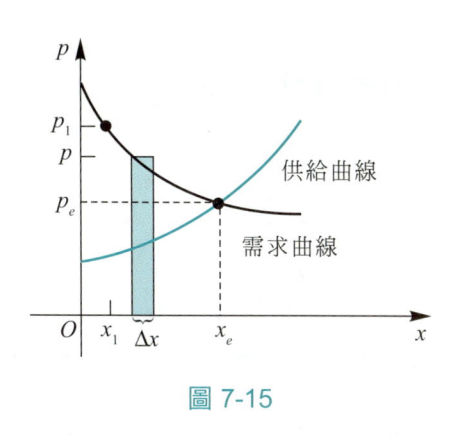

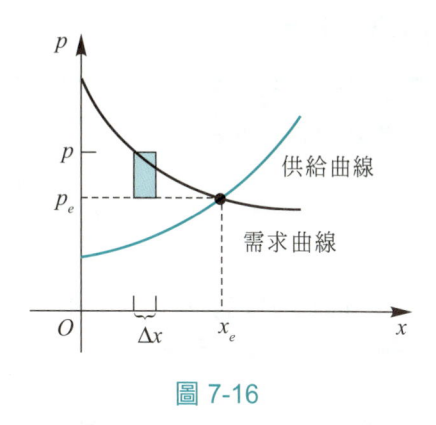

圖 7-16

圖 7-15 中所示矩形之面積為 $p\,\Delta x$，可視為每單位價格為 p 時消費者購買 Δx 單位之商品所花費之總金額．因市場之實際價格為 p_e，當消費者購買 Δx 單位時僅需支付 $p_e\,\Delta x$，因此其所獲得之利益為

$$p\,\Delta x - p_e\,\Delta x = (p - p_e)\,\Delta x$$

上式就是高為 $p-p_e$ 且寬為 Δx 之矩形面積，如圖 7-16 所示．利用定積分求這些矩形由 $x=0$ 至 $x=x_e$ 的面積之總和，得

$$\int_0^{x_e} (p - p_e)\,\Delta x \tag{7-8}$$

(7-8) 式在某些條件下，代表願意支付高於平衡價格之消費者所獲得之總利益，此總利益稱為**消費者剩餘** (consumers' surplus)，簡稱 C.S.．若需求函數定義為 $p=d(x)$，則

$$C.S. = \int_0^{x_e} (d(x) - p_e)\,dx = \int_0^{x_e} d(x)\,dx - \int_0^{x_e} p_e\,dx$$

因 p_e 為常數，故

$$C.S. = \int_0^{x_e} d(x)\,dx - p_e\,x_e.$$

定義 7-8

消費者剩餘定義為

$$C.S. = \int_0^{x_e} d(x)\,dx - p_e x_e \tag{7-9}$$

此處 $d(x)$ 為需求函數，p_e 為市場均衡價格，且 x_e 為市場均衡量．

上式定積分之幾何意義，如圖 7-17 所示，就是消費者剩餘為需求曲線 $p=d(x)$ 與 $p=p_e$ 之間，和直線 $x=0$、$x=x_e$ 所圍成區域之面積．

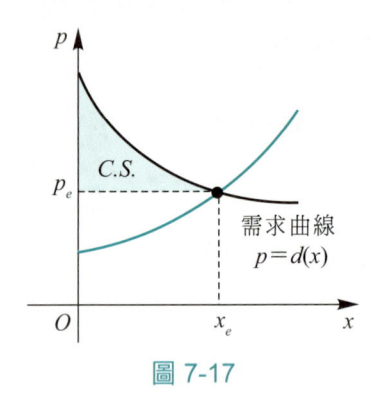

圖 7-17

生產者剩餘

當某商品在市場上之平衡價格為 p_e，按供給函數之意義，有些生產者願意以低於 p_e 之價格供應市場，但實際上生產者以較高之價格 p_e 供應市場而獲得利益，故生產者所獲得之總利益稱為生產者剩餘 (producers' surplus)，簡稱 $P.S.$．若供給函數定義為

$$p = s(x)$$

則願意以低於平衡價格 p_e 供應市場之生產者所獲得之總利益為

$$P.S.=\int_0^{x_e}(p_e-s(x))\,dx=\int_0^{x_e}p_e\,dx-\int_0^{x_e}s(x)\,dx=p_e\,x_e-\int_0^{x_e}s(x)\,dx.$$

定義 7-9

生產者剩餘定義為

$$P.S.=p_e\,x_e-\int_0^{x_e}s(x)\,dx \tag{7-10}$$

此處 $s(x)$ 為供給函數，p_e 為市場均衡價格，且 x_e 為市場均衡量.

以幾何意義而言，生產者剩餘為供給曲線 $p=s(x)$ 與 $p=p_e$ 之間，和直線 $x=0$、$x=x_e$ 所圍成區域之面積，如圖 7-18 所示.

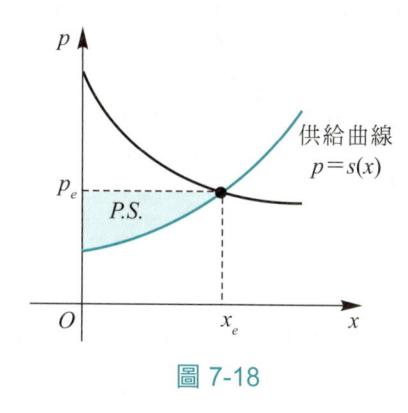

圖 7-18

例題 1 某商品之需求函數 $d(x)$ 與供給函數 $s(x)$ 分別定義如下

$$p=d(x)=100-0.05x$$
$$p=s(x)=10+0.1x$$

當市場供需均衡時，試求消費者與生產者剩餘.

解 首先求出均衡點 $(x_e,\,p_e)$，即求需求曲線方程式與供給曲線方程式之交點，解得

$$x_e=600,\quad p_e=70$$

圖 7-19

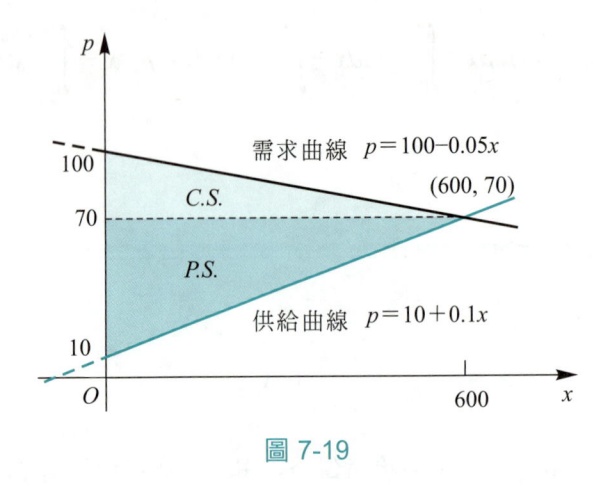

如圖 7-19 所示.

消費者剩餘為

$$C.S. = \int_0^{x_e} d(x)\,dx - x_e\,p_e = \int_0^{600} (100 - 0.05x)\,dx - (600)(70)$$

$$= (100x - 0.025x^2)\Big|_0^{600} - 42{,}000$$

$$= 9{,}000$$

又生產者剩餘為

$$P.S. = x_e\,p_e - \int_0^{x_e} s(x)\,dx = (600)(70) - \int_0^{600} (10 + 0.1x)\,dx$$

$$= 42{,}000 - (10x + 0.05x^2)\Big|_0^{600}$$

$$= 18{,}000.$$

習題 7-7

1. 已知需求曲線 $p = 30 - 6x^2$，供給曲線 $p = 2x^2 + 4x + 6$.
   (1) 試繪此兩曲線.
   (2) 試求消費者剩餘與生產者剩餘.

2. 假設供給函數為 $p = s(x) = \dfrac{5x}{500 - x}$. 試求當價格水準為 20 元時之生產者剩餘.

3. 某公司銷售電視機的需求函數為
$$p = d(x) = \sqrt{9 - 0.02x}$$
此處 p 為單價 (以千元為單位) 且 x 為每週的需求量，相對應的供給函數為
$$p = s(x) = \sqrt{1 + 0.02x}$$
此處 x 為供給者在價格 p 下所願供給電視機之數量．試確定消費者剩餘及生產者剩餘各為若干？

4. 在獨占市場下的生產者追求利潤最大時，確定其銷售量及對應價格的需求函數為 $p = 20 - 4x^2$，邊際成本為 $C'(x) = 2x + 6$，試求相對應之消費者剩餘.

5. 已知需求函數為 $p = 20 - x^2$，供給函數為 $p = 2x^2$，求完全競爭下的生產者及消費者剩餘.

本章重點摘要

1. 設函數 f 定義在 $[a, b]$ 上，且 $\lim\limits_{\|P\| \to 0} \sum\limits_{i=1}^{n} f(\bar{x}_i) \Delta x_i$ 存在．則函數 f 由 a 到 b 的定積分，以 $\int_{a}^{b} f(x)\, dx$ 表示，定義為

$$\int_{a}^{b} f(x)\, dx = \lim\limits_{\|P\| \to 0} \sum\limits_{i=1}^{n} f(\bar{x}_i) \Delta x_i$$

若 $\lim\limits_{\|P\| \to 0} \sum\limits_{i=1}^{n} f(\bar{x}_i) \Delta x_i$ 存在，則稱 f 在 $[a, b]$ 為**可積分**，且定積分 $\int_{a}^{b} f(x)\, dx$ 存在．

2. 定積分的性質

    (1) $\int_{a}^{b} c\, dx = c(b-a)$，$c$ 為常數

    (2) $\int_{a}^{b} c f(x)\, dx = c \int_{a}^{b} f(x)\, dx$，$c$ 為常數

    (3) $\int_{a}^{b} [f(x) \pm g(x)]\, dx = \int_{a}^{b} f(x)\, dx \pm \int_{a}^{b} g(x)\, dx$

    (4) $\int_{a}^{b} f(x)\, dx = \int_{a}^{c} f(x)\, dx + \int_{c}^{b} f(x)\, dx$

    (5) $\int_{a}^{b} f(x)\, dx = \int_{a}^{c_1} f(x)\, dx + \int_{c_1}^{c_2} f(x)\, dx + \cdots + \int_{c_{n-1}}^{c_n} f(x)\, dx + \int_{c_n}^{b} f(x)\, dx$

3. 微積分基本定理

    設函數 f 在 $[a, b]$ 為連續，且 $F'(x) = f(x)$，則

$$\int_{a}^{b} f(x)\, dx = F(b) - F(a).$$

4. 定積分代換定理

設函數 g 在 $[a, b]$ 具有連續的導函數，且 f 在 $g(a)$ 至 $g(b)$ 為連續．令 $u=g(x)$，則

$$\int_a^b f(g(x))\,g'(x)\,dx = \int_{g(a)}^{g(b)} f(u)\,du.$$

5. 積分區間為無限的積分

(1) $\displaystyle\int_a^\infty f(x)\,dx = \lim_{t\to\infty}\int_a^t f(x)\,dx$

(2) $\displaystyle\int_{-\infty}^b f(x)\,dx = \lim_{t\to-\infty}\int_t^b f(x)\,dx$

(3) $\displaystyle\int_{-\infty}^\infty f(x)\,dx = \lim_{s\to-\infty}\int_s^c f(x)\,dx + \lim_{t\to\infty}\int_c^t f(x)\,dx,\ c\in\mathbb{R}$

6. 設 f 與 g 在 $[a, b]$ 皆為連續，且 $f(x) \geq g(x)$ 對於 $[a, b]$ 中的所有 x 皆成立，則由兩曲線 $y=f(x)$, $y=g(x)$，以及兩直線 $x=a$、$x=b$ 所圍成之區域的面積為

$$A = \int_a^b [f(x) - g(x)]\,dx.$$

7. 若函數 f 在 $[a, b]$ 為可積分，則 f 在 $[a, b]$ 上的平均值定義為

$$f_{\text{ave}} = \frac{1}{b-a}\int_a^b f(x)\,dx.$$

8. 消費者剩餘

$$C.S. = \int_0^{x_e} d(x)\,dx - p_e x_e$$

其中 $d(x)$ 為需求函數，p_e 為市場均衡價格，且 x_e 為市場均衡量．

9. 生產者剩餘

$$P.S. = p_e\, x_e - \int_0^{x_e} s(x)\, dx$$

其中 $s(x)$ 為供給函數.

多變數微積分

● 本章學習目標

◎ 多變數函數
◎ 偏導函數
◎ 偏導數在幾何及經濟學上的應用
◎ 最佳化
◎ 疊積分
◎ 二重積分

8-1 多變數函數

地球表面上某點處的溫度 T 與該點的經度 x 以及緯度 y 有關，我們可視 T 為二變數 x 與 y 的函數，寫成 $T=f(x, y)$.

正圓柱的體積 V 與它的底半徑 r 以及高度 h 有關．事實上，我們知道 $V=\pi r^2 h$，我們稱 V 為 r 與 h 的函數，寫成 $V(r, h)=\pi r^2 h$.

定義 8-1

二變數函數是由二維空間 $I\!R^2$ 的某集合 A 映到 $I\!R$ (可視為 z-軸) 中的某集合 B 的一種對應關係，其中對 A 中的每一元素 (x, y)，在 B 中僅有唯一的實數 z 與其對應，以符號

$$z=f(x, y)$$

表示之．集合 A 稱為函數 f 的定義域，$f(A)$ 稱為 f 的值域．

圖 8-1 為二變數函數之圖示．

例題 1 試繪雙曲拋物面（又名馬鞍面）$z=\dfrac{y^2}{b^2}-\dfrac{x^2}{a^2}$ （其中 a、b 皆為正數）之圖形．

解 此曲面在 xy-平面上的軌跡為一對交於原點的直線 $\dfrac{y}{b}=\pm\dfrac{x}{a}$，在 yz-平面上的軌跡為拋物線 $z=\dfrac{y^2}{b^2}$，在 xz-平面上的軌跡為開口向下的拋物線 $z=-\dfrac{x^2}{a^2}$，在平行於 xy-平面之平面上的軌跡為雙曲線，在平行於其他坐標平面之平面上的軌跡為拋物線．讀者應注意，原點為此曲面在 yz-平面上之軌跡的最低點，且為

第八章　多變數微積分　**321**

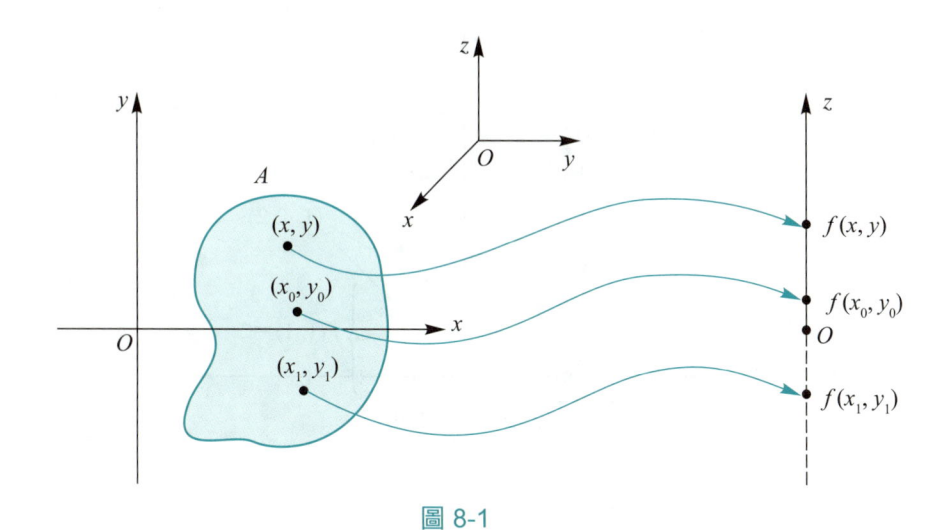

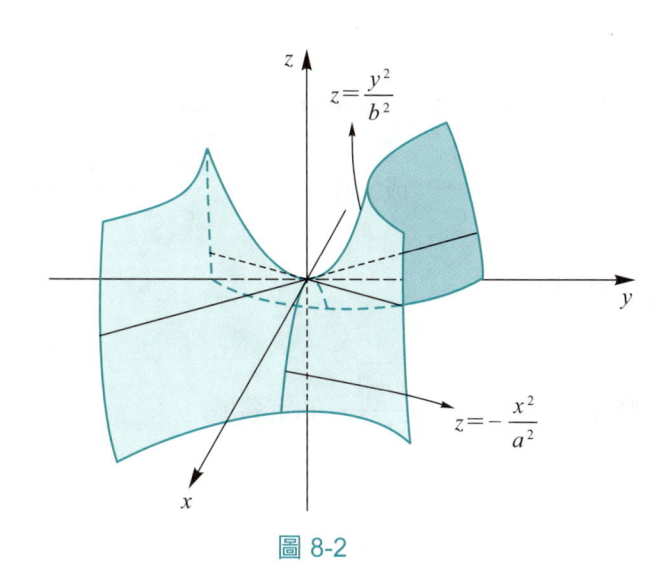

圖 8-1

圖 8-2

在 xz-平面上之軌跡的最高點，此點稱為曲面的鞍點．圖形如圖 8-2 所示．

例題 2　若 $f(x, y) = x^2 + y^2$，試求 (1) $f(1, 1)$, (2) $f(0, -2)$，並圖示之．

解　(1) $f(1, 1) = 1^2 + 1^2 = 2$, (2) $f(0, -2) = 0^2 + (-2)^2 = 4$，如圖 8-3 所示．

圖 8-3

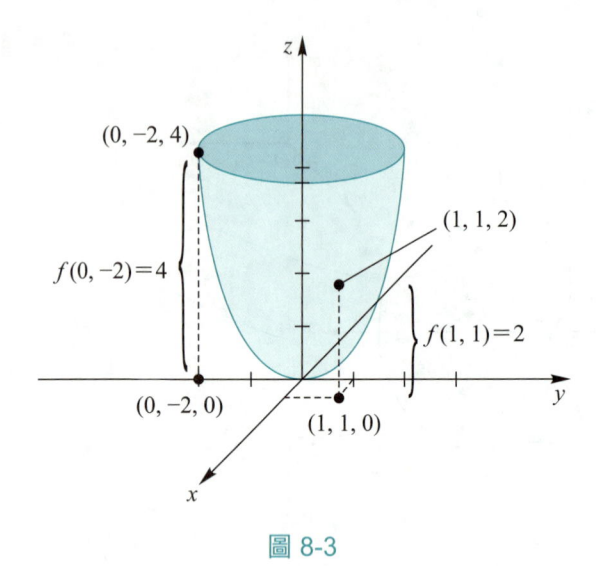

例題 3 若一平面方程式為 $ax+by+cz=d$, $c \neq 0$, 則

$$z = -\frac{a}{c}x - \frac{b}{c}y + \frac{d}{c} \quad 或 \quad f(x, y) = -\frac{a}{c}x - \frac{b}{c}y + \frac{d}{c}$$

為一函數, 其定義域為 $I\!R^2$.

例題 4 試確定函數 $f(x, y) = \dfrac{\sqrt{x+y+1}}{x-1}$ 的定義域.

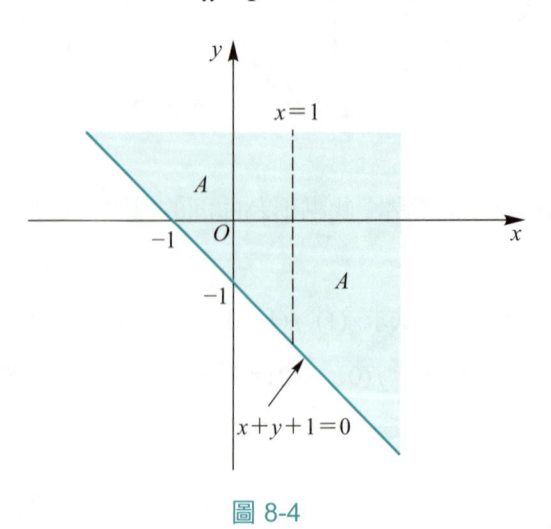

圖 8-4

解 欲使 $\sqrt{x+y+1}$ 的值有意義，必須是 $x+y+1 \geq 0$，故 f 的定義域為

$$A = \{(x, y) | x+y+1 \geq 0, x \neq 1\}$$

如圖 8-4 所示．

習題 8-1

在下列各題中，確定各函數 f 的定義域．

1. $f(x, y) = \dfrac{x}{y}$

2. $f(x, y) = \dfrac{xy}{2x-y}$

3. $f(x, y) = \sqrt{1+x} - e^{x/y}$

4. $f(x, y) = \ln(1-x^2-y^2)$

5. $f(x, y) = \dfrac{\sqrt{1-x^2-y^2}}{x^2}$

8-2 偏導函數

單變數函數 $y = f(x)$ 的導函數定義為

$$\frac{dy}{dx} = f'(x) = \lim_{h \to 0} \frac{f(x+h)-f(x)}{h}$$

可解釋為 y 對 x 的瞬時變化率．

在本節中，我們首先研究多變數函數的**偏導函數**．

定義 8-2

若 $z=f(x, y)$ 為二變數函數，則 f 對 x 的偏導函數 f_x 或 $\dfrac{\partial z}{\partial x}$ 與 f 對 y 的偏導函數 f_y 或 $\dfrac{\partial z}{\partial y}$ 分別定義如下：

$$\frac{\partial z}{\partial x}=f_x(x, y)=\lim_{h \to 0} \frac{f(x+h, y)-f(x, y)}{h} \quad \begin{pmatrix} y\ 保持固定 \\ 視\ y\ 為常數 \end{pmatrix}$$

$$\frac{\partial z}{\partial y}=f_y(x, y)=\lim_{h \to 0} \frac{f(x, y+h)-f(x, y)}{h} \quad \begin{pmatrix} x\ 保持固定 \\ 視\ x\ 為常數 \end{pmatrix}$$

倘若上述之極限存在.

例題 1 試利用偏導數之定義求二變數函數 $f(x, y)=x^2 y$ 之偏導數.

解 (i) $f_x(x, y)=\dfrac{\partial f}{\partial x}=\lim\limits_{h \to 0} \dfrac{f(x+h, y)-f(x, y)}{h}=\lim\limits_{h \to 0} \dfrac{(x+h)^2 y-x^2 y}{h}$

$=\lim\limits_{h \to 0} \dfrac{x^2 y+2xyh+h^2 y-x^2 y}{h}=\lim\limits_{h \to 0} \dfrac{(2xy+hy)h}{h}$

$=\lim\limits_{h \to 0}(2xy+hy)$

$=2xy$

(ii) $f_y(x, y)=\dfrac{\partial f}{\partial y}=\lim\limits_{h \to 0} \dfrac{f(x, y+h)-f(x, y)}{h}=\lim\limits_{h \to 0} \dfrac{x^2(y+h)-x^2 y}{h}$

$=\lim\limits_{h \to 0} \dfrac{x^2 y+x^2 h-x^2 y}{h}=\lim\limits_{h \to 0} x^2$

$=x^2.$

由例題 1 之結果得知，欲求 $f_x(x, y)$，我們視 y 為常數而依一般的方法，將 $f(x, y)$ 對 x 微分；同理，欲求 $f_y(x, y)$，可視 x 為常數而依一般的方法將 $f(x, y)$

對 y 微分. 例如, 若 $f(x, y)=3xy^2$, 則 $f_x(x, y)=3y^2$, $f_y(x, y)=6xy$.

其他偏導函數的記號為

$$f_x = \frac{\partial f}{\partial x}, \quad f_y = \frac{\partial f}{\partial y}$$

若 $z=f(x, y)$, 則寫成

$$f_x(x, y) = \frac{\partial}{\partial x} f(x, y) = \frac{\partial z}{\partial x} = z_x$$

$$f_y(x, y) = \frac{\partial}{\partial y} f(x, y) = \frac{\partial z}{\partial y} = z_y.$$

定理 8-1

若 $u=u(x, y)$, $v=v(x, y)$, 且 u 與 v 的偏導函數皆存在, r 為實數, 則

(1) $\dfrac{\partial}{\partial x}(u \pm v) = \dfrac{\partial u}{\partial x} \pm \dfrac{\partial v}{\partial x}$ $\quad \dfrac{\partial}{\partial y}(u \pm v) = \dfrac{\partial u}{\partial y} \pm \dfrac{\partial v}{\partial y}$ 偏導數之和 (差) 法則

(2) $\dfrac{\partial}{\partial x}(cu) = c \dfrac{\partial u}{\partial x}$ $\quad \dfrac{\partial}{\partial y}(cu) = c \dfrac{\partial u}{\partial y}$, c 為常數 偏導數之常數積法則

(3) $\dfrac{\partial}{\partial x}(uv) = u \dfrac{\partial v}{\partial x} + v \dfrac{\partial u}{\partial x}$ $\quad \dfrac{\partial}{\partial y}(uv) = u \dfrac{\partial v}{\partial y} + v \dfrac{\partial u}{\partial y}$ 偏導數之乘積法則

(4) $\dfrac{\partial}{\partial x}\left(\dfrac{u}{v}\right) = \dfrac{v \dfrac{\partial u}{\partial x} - u \dfrac{\partial v}{\partial x}}{v^2}$ $\quad \dfrac{\partial}{\partial y}\left(\dfrac{u}{v}\right) = \dfrac{v \dfrac{\partial u}{\partial y} - u \dfrac{\partial v}{\partial y}}{v^2}$ 偏導數之商法則

(5) $\dfrac{\partial}{\partial x}(u^r) = ru^{r-1} \dfrac{\partial u}{\partial x}$ $\quad \dfrac{\partial}{\partial y}(u^r) = ru^{r-1} \dfrac{\partial u}{\partial y}$ 偏導數之乘冪法則

例題 2 已知函數 $f(x, y) = x^2 - xy^2 + y^3$，求 $\dfrac{\partial f}{\partial x}$ 與 $\dfrac{\partial f}{\partial y}$。$f$ 在點 $(1, 3)$ 沿 x-方向之變化率為何？f 在點 $(1, 3)$ 沿 y-方向之變化率為何？

解 $\dfrac{\partial f}{\partial x} = 2x - y^2$, $\dfrac{\partial f}{\partial y} = -2xy + 3y^2$

f 在點 $(1, 3)$ 沿 x-方向之變化率為

$$f_x(1, 3) = \dfrac{\partial f}{\partial x}\bigg|_{(1, 3)} = 2 - 3^2 = -7$$

亦即，當 y 恆為 3 時，在 x-方向每增加 1 單位，函數 f 便減少 7 單位．f 在點 $(1, 3)$ 沿 y-方向之變化率為

$$f_y(1, 3) = \dfrac{\partial f}{\partial y}\bigg|_{(1, 3)} = -2(1)(3) + 3(3)^2 = 21$$

亦即，當 x 恆為 1 時在 y-方向每增加 1 單位，函數 f 便增加 21 單位．

例題 3 若 $f(x, y) = x^3y^2 + 2x^2y - 3x$，求 (1) $f_x(x, y)$ 與 $f_y(x, y)$，(2) $f_x(1, -2)$ 與 $f_y(1, -2)$．

解 (1) 視 y 為常數並對 x 微分，可得

$$f_x(x, y) = 3x^2y^2 + 4xy - 3$$

視 x 為常數並對 y 微分，可得

$$f_y(x, y) = 2x^3y + 2x^2.$$

(2) 利用 (1) 的結果，

$$f_x(1, -2) = 12 - 8 - 3 = 1$$
$$f_y(1, -2) = -4 + 2 = -2.$$

例題 4 求 $\dfrac{\partial}{\partial x}(4e^{x^2+y^2})$ 與 $\dfrac{\partial}{\partial y}(4e^{x^2+y^2})$.

解 (1) $\dfrac{\partial}{\partial x}(4e^{x^2+y^2}) = 4\dfrac{\partial}{\partial x}e^{x^2+y^2} = 4e^{x^2+y^2}\dfrac{\partial}{\partial x}(x^2+y^2)$

$\qquad\qquad = 4e^{x^2+y^2}\,2x$

$\qquad\qquad = 8xe^{x^2+y^2}$

(2) $\dfrac{\partial}{\partial y}(4e^{x^2+y^2}) = 4\dfrac{\partial}{\partial y}e^{x^2+y^2} = 4e^{x^2+y^2}\dfrac{\partial}{\partial y}(x^2+y^2)$

$\qquad\qquad = 4e^{x^2+y^2}\,2y$

$\qquad\qquad = 8ye^{x^2+y^2}$

例題 5 若 $f(x,\ y)=xe^{x^2y}$,求 $f_x(x,\ y)$ 與 $f_y(x,\ y)$.

解 $f_x(x,\ y) = \dfrac{\partial}{\partial x}(xe^{x^2y}) = x\dfrac{\partial}{\partial x}(e^{x^2y}) + e^{x^2y}\dfrac{\partial}{\partial x}(x)$ $\qquad$ 偏導數之乘積法則

$\qquad\qquad = xe^{x^2y}(2xy) + e^{x^2y}$ $\qquad\qquad\qquad\qquad$ y 視為常數對 x 微分

$\qquad\qquad = e^{x^2y}(2x^2y+1)$ $\qquad\qquad\qquad\qquad\qquad$ 提出 e^{x^2y}

$f_y(x,\ y) = \dfrac{\partial}{\partial y}(xe^{x^2y}) = x\dfrac{\partial}{\partial y}(e^{x^2y}) + e^{x^2y}\dfrac{\partial}{\partial y}(x)$ $\qquad$ 偏導數之乘積法則

$\qquad\qquad = xe^{x^2y}\dfrac{\partial}{\partial y}(x^2y)$ $\qquad\qquad\qquad\qquad\quad$ x 視為常數對 y 微分

$\qquad\qquad = xe^{x^2y}\,x^2$

$\qquad\qquad = x^3 e^{x^2y}$

例題 6 若 $u=(x^2y+xy)^z$,求 $\dfrac{\partial u}{\partial x}$、$\dfrac{\partial u}{\partial y}$ 與 $\dfrac{\partial u}{\partial z}$.

解 $\dfrac{\partial u}{\partial x} = \dfrac{\partial}{\partial x}(x^2y+xy)^z$ $\qquad\qquad\qquad\qquad\qquad$ y 與 z 視為常數對 x 微分

$$= z(x^2y+xy)^{z-1}\frac{\partial}{\partial x}(x^2y+xy) \qquad \text{偏導數之乘冪法則}$$

$$= z(x^2y+xy)^{z-1}(2xy+y)$$

$$\frac{\partial u}{\partial y} = \frac{\partial}{\partial y}(x^2y+xy)^z \qquad x \text{ 與 } z \text{ 視為常數對 } y \text{ 微分}$$

$$= z(x^2y+xy)^{z-1}\frac{\partial}{\partial y}(x^2y+xy) \qquad \text{偏導數之乘冪法則}$$

$$= z(x^2y+xy)^{z-1}(x^2+x)$$

$$\frac{\partial u}{\partial z} = \frac{\partial}{\partial z}(x^2y+xy)^z \qquad x \text{ 與 } y \text{ 視為常數對 } z \text{ 微分}$$

$$= (x^2y+xy)^z \ln(x^2y+xy). \qquad \text{指數函數的微分}$$

由於一階偏導函數 f_x 與 f_y 皆為 x 與 y 的函數，所以，可以再對 x 或 y 微分. f_x 與 f_y 的偏導函數稱為 f 的二階偏導函數，如下所示：

$$(f_x)_x = f_{xx} = \frac{\partial f_x}{\partial x} = \frac{\partial}{\partial x}\left(\frac{\partial f}{\partial x}\right) = \frac{\partial^2 f}{\partial x^2}$$

$$(f_x)_y = f_{xy} = \frac{\partial f_x}{\partial y} = \frac{\partial}{\partial y}\left(\frac{\partial f}{\partial x}\right) = \frac{\partial^2 f}{\partial y\, \partial x}$$

$$(f_y)_x = f_{yx} = \frac{\partial f_y}{\partial x} = \frac{\partial}{\partial x}\left(\frac{\partial f}{\partial y}\right) = \frac{\partial^2 f}{\partial x\, \partial y}$$

$$(f_y)_y = f_{yy} = \frac{\partial f_y}{\partial y} = \frac{\partial}{\partial y}\left(\frac{\partial f}{\partial y}\right) = \frac{\partial^2 f}{\partial y^2}.$$

讀者應注意，在 f_{xy} 中的 x 與 y 的順序是先對 x 作偏微分，再對 y 作偏微分. 但在 $\dfrac{\partial^2 f}{\partial x\, \partial y}$ 中，是先對 y 作偏微分，再對 x 作偏微分.

例題 7 若 $w = e^x + x \ln y + y \ln x$,試證 $w_{xy} = w_{yx}$.

解
$$w_x = \frac{\partial}{\partial x}(e^x + x \ln y + y \ln x) = e^x + \ln y + \frac{y}{x}$$

$$w_{xy} = \frac{\partial}{\partial y}\left(e^x + \ln y + \frac{y}{x}\right) = \frac{1}{y} + \frac{1}{x}$$

$$w_y = \frac{\partial}{\partial y}(e^x + x \ln y + y \ln x) = \frac{x}{y} + \ln x$$

$$w_{yx} = \frac{\partial}{\partial x}\left(\frac{x}{y} + \ln x\right) = \frac{1}{y} + \frac{1}{x}$$

故 $w_{xy} = w_{yx}$.

例題 8 若 $f(x, y) = x \ln y + ye^x$,求 f_{xxy} 與 f_{yyx}.

解
$$f_x = \frac{\partial}{\partial x}(x \ln y + ye^x) = \ln y + ye^x$$

$$f_{xx} = \frac{\partial}{\partial x}(\ln y + ye^x) = ye^x$$

$$f_{xxy} = \frac{\partial}{\partial y}(ye^x) = e^x$$

$$f_y = \frac{\partial}{\partial y}(x \ln y + ye^x) = \frac{x}{y} + e^x$$

$$f_{yy} = \frac{\partial}{\partial y}\left(\frac{x}{y} + e^x\right) = -\frac{x}{y^2}$$

$$f_{yyx} = \frac{\partial}{\partial x}\left(-\frac{x}{y^2}\right) = -\frac{1}{y^2}$$

習題 8-2

在 1～7 題中，求函數 f 的一階偏導函數.

1. $f(x, y) = \sqrt{3x^2 + y^2}$
2. $f(x, y) = \ln(x^2 - y^2)$
3. $f(x, y) = e^{y/x}$
4. $f(x, y) = 5^{\sqrt{x^2+y^2}}$
5. $f(x, y, z) = (y^2 + z^2)^x$
6. $f(x, y, z) = xe^z - ye^x + ze^{-y}$
7. $f(x, y, z) = x^{y/z}$
8. 若 $z = (x^2 + y^2)^{3/2}$，求 z_{xx}、z_{xy} 與 z_{yy}.
9. 若 $V = y \ln(x^2 + z^4)$，求 V_{zzy}.

8-3 偏導數在幾何及經濟學上的應用

偏導數在幾何上的應用

已知曲面 $z = f(x, y)$，若 y 固定，則平面 $y = y_0$ 平行於 xz-平面，它與曲面相交所成的曲線 $z = f(x, y_0)$ 通過 P 點，如圖 8-5 所示. 於是，

$$f_x(x_0, y_0) = \lim_{h \to 0} \frac{f(x_0 + h, y_0) - f(x_0, y_0)}{h}$$

代表曲線 C_1 在 $P(x_0, y_0, z_0)$ 沿著 x-方向之切線的斜率. 又曲面與平面 $y = y_0$ 的交線通過 P 點，而在平面 $y = y_0$ 上之切線方程式為

$$\begin{cases} y = y_0 \\ z - z_0 = f_x(x_0, y_0)(x - x_0) \end{cases} \tag{8-1}$$

同理，若 x 固定，則平面 $x = x_0$ 平行於 yz-平面，它與曲面相交所成的曲線 $z =$

第八章　多變數微積分

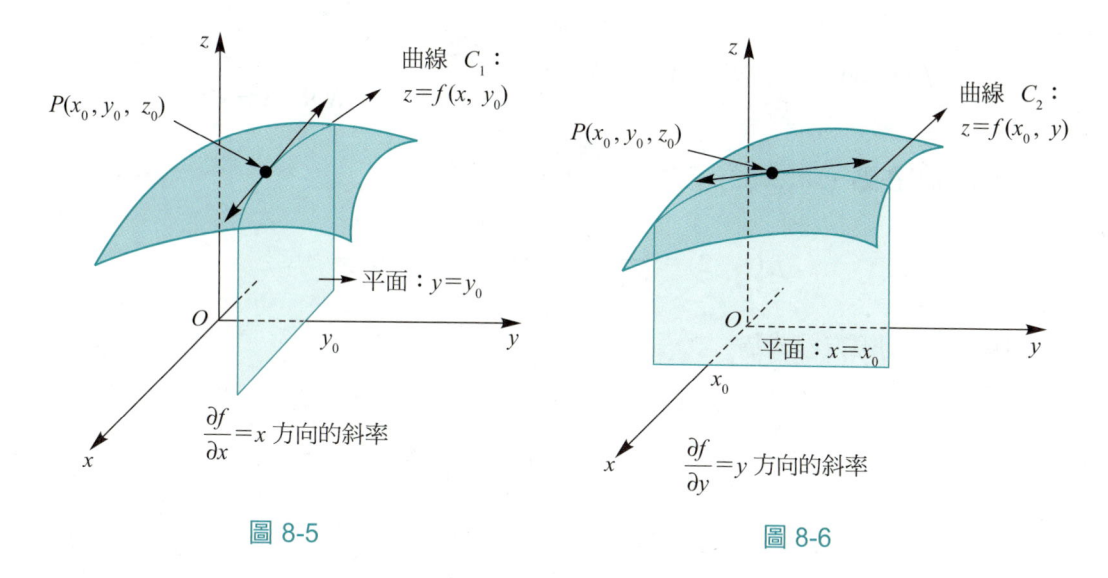

圖 8-5

圖 8-6

$f(x_0, y)$ 通過 P 點，如圖 8-6 所示. 而

$$f_y(x_0, y_0) = \lim_{h \to 0} \frac{f(x_0, y_0+h) - f(x_0, y_0)}{h}$$

代表曲線 C_2 在 $P(x_0, y_0, z_0)$ 沿著 y-方向之切線的斜率. 又曲面與平面 $x = x_0$ 的交線通過 P 點，而在平面 $x = x_0$ 上之切線的方程式為

$$\begin{cases} x = x_0 \\ z - z_0 = f_y(x_0, y_0)(y - y_0). \end{cases} \quad (8\text{-}2)$$

例題 1 求曲面 $36z = 4x^2 + 9y^2$ 與平面 $x = 3$ 的交線在點 $(3, 2, 2)$ 之切線的斜率.

解 因 $z = f(x, y) = \dfrac{x^2}{9} + \dfrac{y^2}{4}$，可得 $f_y(x, y) = \dfrac{1}{2}y$，故切線的斜率為

$$f_y(3, 2) = \frac{2}{2} = 1.$$

例題 2 求球面 $x^2 + y^2 + z^2 = 9$ 與平面 $y = 2$ 的交線在點 $(1, 2, 2)$ 之切線方程式.

解 因 $z = f(x, y) = \sqrt{9 - x^2 - y^2}$，則

$$f_x(x, y) = \frac{\partial}{\partial x}(\sqrt{9-x^2-y^2}) = \frac{-2x}{2\sqrt{9-x^2-y^2}} = \frac{-x}{\sqrt{9-x^2-y^2}}$$

可知切線在點 (1, 2, 2) 沿著 x-軸方向的斜率為

$$f_x(1, 2) = \frac{-x}{\sqrt{9-x^2-y^2}}\bigg|_{(1, 2)} = -\frac{1}{2}$$

故所求之切線方程式為

$$\begin{cases} y = 2 \\ z - 2 = -\dfrac{1}{2}(x-1) \end{cases}$$

即

$$\begin{cases} y = 2 \\ x + 2z = 5. \end{cases}$$

偏導數在經濟學上的應用

在經濟學上有一個非常重要之生產函數如下：

$$Q = f(L, K) = aL^b K^{1-b} \tag{8-3}$$

其中 a 與 b 為正常數，且 $0 < b < 1$. 此一生產函數稱為柯布-道格拉斯 (Cobb-Douglas) 生產函數，其中 Q 為產量，L 為勞動要素的投入金額，K 為資本設備的投入，如機器設備及其他生產工具等等. 利用偏導函數可求得

$$\frac{\partial Q}{\partial L} \text{ 與 } \frac{\partial Q}{\partial K}$$

1. $\dfrac{\partial Q}{\partial L}$ 稱為勞動邊際生產力 (marginal productivity of labor)，用以衡量當資本支出固定時，勞動支出變動對產量變動之變化率.

2. $\dfrac{\partial Q}{\partial K}$ 稱為資本邊際生產力 (marginal productivity of capital)，用以衡量當勞動支

出固定時，資本支出變動對產量變動之變化率.

例題 3 某國家經濟研究院發現該國之生產情形可敘述為

$$Q = f(L, K) = 30L^{2/3} K^{1/3}$$

單位，其中 L 表勞動支出，K 表資本支出.
(1) 試計算 f_L 與 f_K.
(2) 當勞動支出與資本支出分別為 64 單位與 8 單位時，其相對應的勞動邊際生產力及資本邊際生產力各為多少？

解 (1) $f_L = \dfrac{\partial}{\partial L} 30L^{2/3} K^{1/3} = 30 \dfrac{\partial}{\partial L} L^{2/3} K^{1/3} = 30 \cdot \dfrac{2}{3} L^{-1/3} K^{1/3} = 20 \left(\dfrac{K}{L}\right)^{1/3}$

$f_k = \dfrac{\partial}{\partial K} 30L^{2/3} K^{1/3} = 30 \dfrac{\partial}{\partial K} L^{2/3} K^{1/3} = 30 \cdot \dfrac{1}{3} L^{2/3} K^{-2/3} = 10 \left(\dfrac{L}{K}\right)^{2/3}$

(2) 勞動邊際生產力為

$$f_L(64, 8) = 20 \left(\dfrac{8}{64}\right)^{1/3} = 20 \left(\dfrac{1}{2}\right) = 10$$

資本邊際生產力為

$$f_K(64, 8) = 10 \left(\dfrac{64}{8}\right)^{2/3} = 40.$$

習題 8-3

1. 求曲面 $2z = \sqrt{9x^2 + 9y^2 - 36}$ 與平面 $y = 1$ 之交線在點 $\left(2, 1, \dfrac{3}{2}\right)$ 之切線方程式.
2. 求曲面 $36z = 4x^2 + 9y^2$ 與平面 $x = 3$ 之交線在點 $(3, 2, 2)$ 之切線方程式.

3. 某國之生產函數為

$$f(L, K) = 60L^{1/3} K^{2/3}$$

其中 L 表示勞動支出，K 表示資本支出.

(1) 當勞動支出與資本支出分別為 125 單位與 8 單位時，其勞動邊際生產力及資本邊際生產力各為多少？

(2) 在 (1) 的情況時，政府為了提高國家的生產力，是否應鼓勵資本投資而非增加勞動支出？

8-4 最佳化

在第五章中，我們已學會了如何求解單變數函數的極值問題，在本節中，我們將討論二變數函數的極值問題. 在三維空間中，二變數函數 $z=f(x, y)$ 的圖形為一曲面，相對極大點 (relative maximum point) 就如同一座山峯的頂點，而相對極小點 (relative minimum point) 就如同山谷的谷底，如圖 8-7 所示.

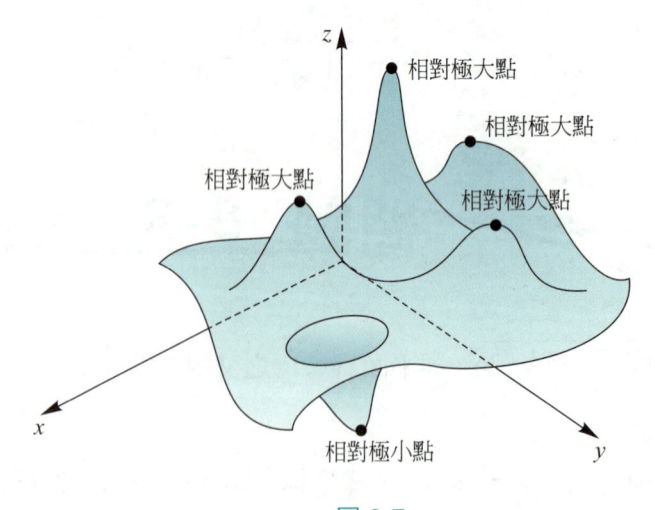

圖 8-7

定義 8-3

令 f 為二變數 x 與 y 的函數.

(1) 若存在以 (x_0, y_0) 為圓心的一圓，使得

$$f(x_0, y_0) \geq f(x, y)$$

對該圓內的所有點 (x, y) 皆成立，則稱 f 在點 (x_0, y_0) 有<u>相對極大值</u>（或<u>局部極大值</u>）.

(2) 若存在以 (x_0, y_0) 為圓心的一圓，使得

$$f(x_0, y_0) \leq f(x, y)$$

對該圓內的所有點 (x, y) 皆成立，則稱 f 在點 (x_0, y_0) 有<u>相對極小值</u>（或<u>局部極小值</u>）.

如圖 8-8 所示，函數 f 有<u>相對極大值</u>與<u>相對極小值</u>.

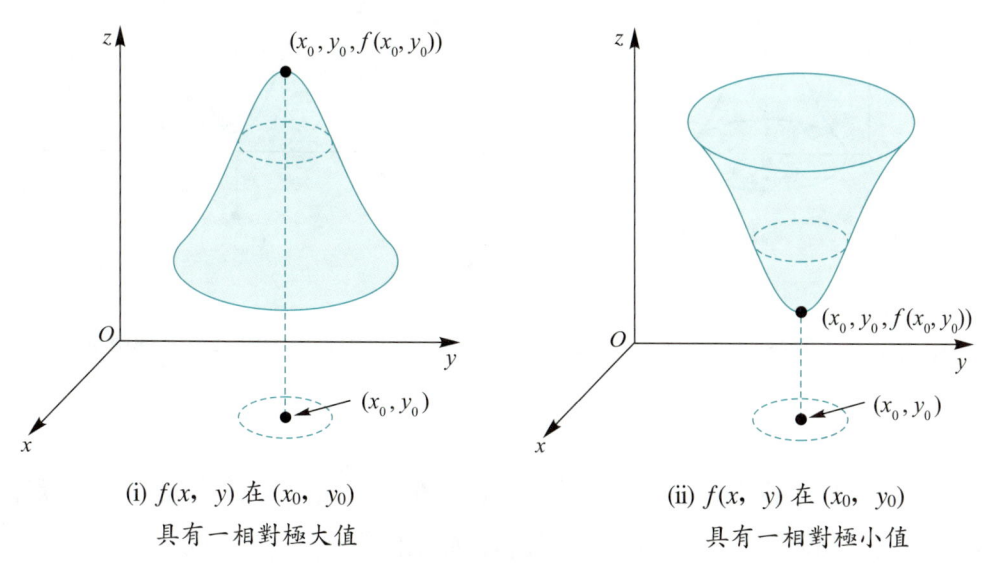

(i) $f(x, y)$ 在 (x_0, y_0) 具有一相對極大值

(ii) $f(x, y)$ 在 (x_0, y_0) 具有一相對極小值

圖 8-8

仿照二變數函數相對極值的定義，我們可定義二變數函數之絕對極大值與絕對極小值．

定義 8-4

令 f 為二變數函數，且點 (x_0, y_0) 在 f 的定義域內．
(1) 若 $f(x_0, y_0) \geq f(x, y)$ 對 f 的定義域內的所有點 (x, y) 皆成立，則稱 $f(x_0, y_0)$ 為 f 的**絕對極大值**．
(2) 若 $f(x_0, y_0) \leq f(x, y)$ 對 f 的定義域內的所有點 (x, y) 皆成立，則稱 $f(x_0, y_0)$ 為 f 的**絕對極小值**．

如圖 8-9 所示．

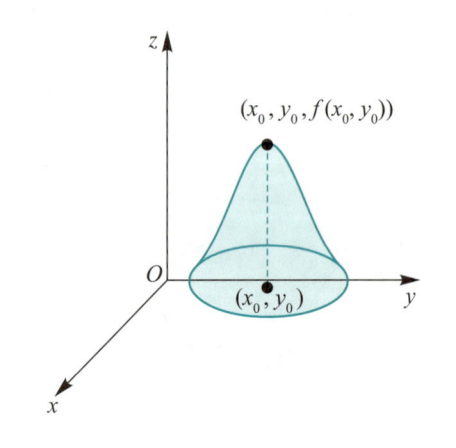

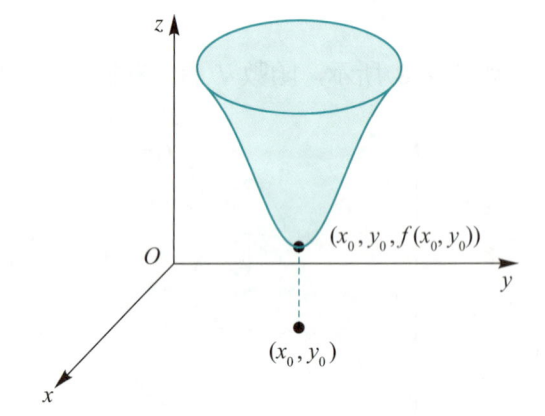

(i) $f(x_0, y_0)$ 為絕對極大值　　(ii) $f(x_0, y_0)$ 為絕對極小值

圖 8-9

在第五章裡，我們曾經討論過函數 $f(x)$ 在 $x=x_0$ 有相對極值之必要條件為 $f'(x_0)=0$．對二個變數之函數 $f(x, y)$ 而言，如果假設 $f(x, y)$ 在 (x_0, y_0) 有相對極大值，則此函數有相對極大值之條件為何？首先設 x 為一常數，即設 $x=x_0$．如圖 8-10 所示，在曲面與平面 $x=x_0$ 之交線 C_1 上，我們有

圖 8-10

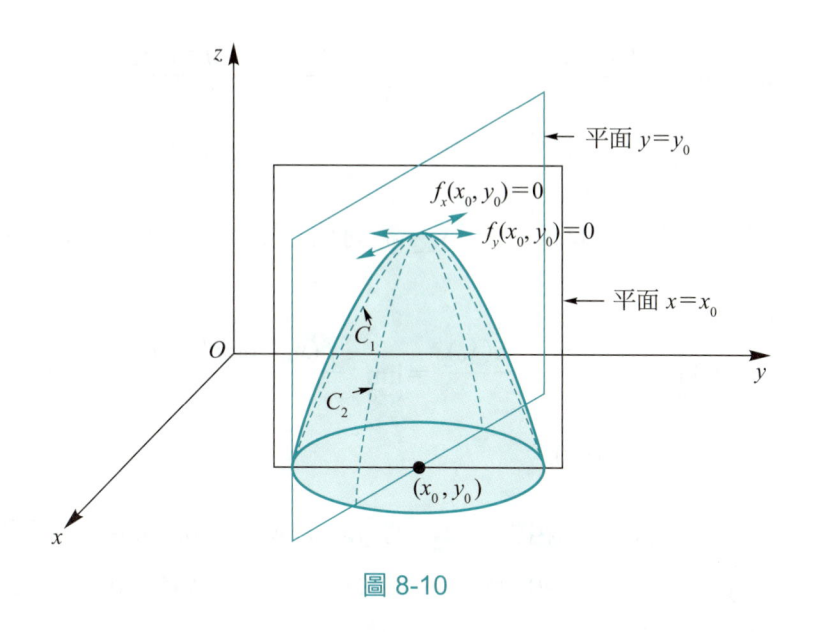

$$f_y(x_0, y_0) = 0 \quad 且 \quad f_{yy}(x_0, y_0) \leq 0$$

同理，在曲面與平面 $y = y_0$ 之交線 C_2 上，我們有

$$f_x(x_0, y_0) = 0 \quad 且 \quad f_{xx}(x_0, y_0) \leq 0.$$

定理 8-2

假設函數 $f(x, y)$ 在點 (x_0, y_0) 有相對極大值或相對極小值，且偏導數 $f_x(x_0, y_0)$ 與 $f_y(x_0, y_0)$ 皆存在，則

$$f_x(x_0, y_0) = f_y(x_0, y_0) = 0.$$

證明 令 $G(x) = f(x, y_0)$，依假設，f 在 $x = x_0$ 有相對極值，且在 $x = x_0$ 為可微分。因此，

$$G'(x_0) = \lim_{h \to 0} \frac{G(x_0+h) - G(x_0)}{h} = \lim_{h \to 0} \frac{f(x_0+h, y_0) - f(x_0, y_0)}{h}$$

$$= f_x(x_0, y_0) = 0$$

同理，令 $H(y) = f(x_0, y)$，則它在 $y = y_0$ 有相對極值，且在 $y = y_0$ 為可微分. 因此，

$$H'(y_0) = \lim_{k \to 0} \frac{H(y_0+k) - H(y_0)}{k} = \lim_{k \to 0} \frac{f(x_0, y_0+k) - f(x_0, y_0)}{k}$$

$$= f_y(x_0, y_0) = 0.$$

於是，若 $f(x_0, y_0)$ 為 f 的相對極值，則 $f_x(x_0, y_0) = f_y(x_0, y_0) = 0$ 與單變數函數類似，而 $f_x(x_0, y_0) = f_y(x_0, y_0) = 0$ 為 f 在點 (x_0, y_0) 有相對極值的必要條件而非充分條件. 若函數 f 在點 (x_0, y_0) 恆有 $f_x(x_0, y_0) = f_y(x_0, y_0) = 0$，或 $f_x(x_0, y_0)$ 與 $f_y(x_0, y_0)$ 之中有一者不存在，則稱 (x_0, y_0) 為函數 f 的臨界點. 但讀者應注意，在臨界點處並不一定有極值發生，使函數 f 沒有相對極值的臨界點稱為 f 的鞍點.

定理 8-3

若 f 在點 (x_0, y_0) 具有相對極值，則 (x_0, y_0) 為 f 的臨界點.

例題 1 若 $f(x, y) = 4 - x^2 - y^2$，求 f 的相對極值.

解 $f_x(x, y) = -2x$，$f_y(x, y) = -2y$，令 $f_x(x, y) = 0$ 且 $f_y(x, y) = 0$，可得 $x = 0$，$y = 0$. 因此，$f(0, 0) = 4$ 為 f 僅有的極值. 若 $(x, y) \neq (0, 0)$，則

$$f(x, y) = 4 - (x^2 + y^2) < 4$$

故 f 在點 $(0, 0)$ 有相對極大值 4，如圖 8-11 所示，4 也是絕對極大值.

圖 8-11

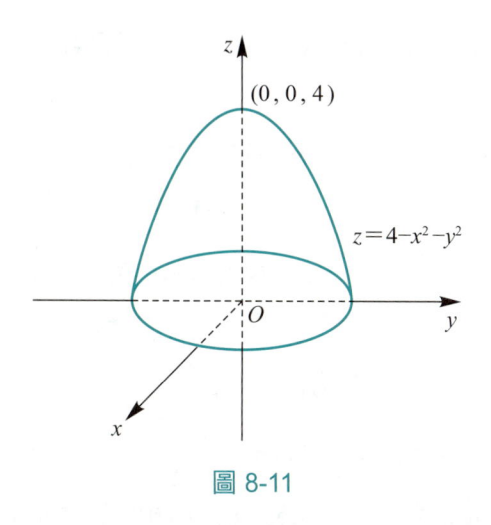

例題 2 若 $f(x, y) = y^2 - x^2$，求 f 的相對極值．

解 由 $f_x(x, y) = -2x = 0$ 與 $f_y(x, y) = 2y = 0$，可得 $x = 0$, $y = 0$．然而，f 在 $(0, 0)$ 無相對極值．若 $y \neq 0$，則 $f(0, y) = y^2 > 0$；並且，若 $x \neq 0$，則 $f(x, 0) = -x^2 < 0$．因此，在 xy-平面上圓心為 $(0, 0)$ 的任一圓內，存在一些點（在 y-軸上）使 f 的值為正，且存在一些點（在 x-軸上）使 f 的值為負．因此，$f(0, 0) = 0$ 不是 $f(x, y)$ 在圓內的最大值也不是最小值，其圖形為雙曲拋物面，如圖 8-12 所示．

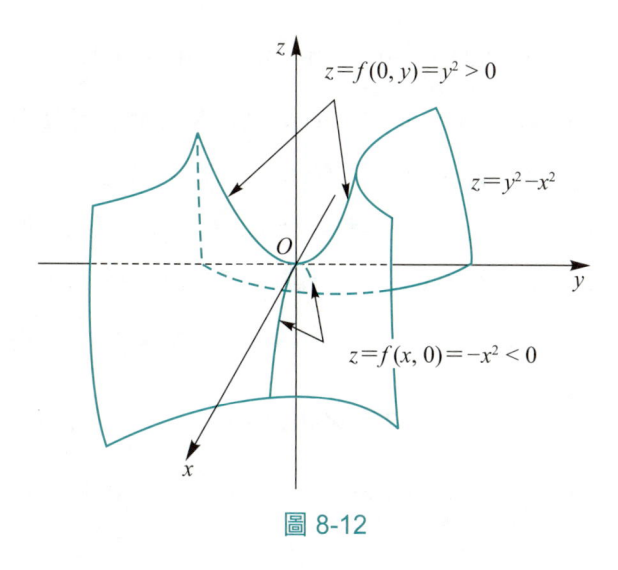

圖 8-12

例題 3 求 $f(x, y) = 2x^2 + y^2 + 8x - 6y + 20$ 的相對極值.

解 因
$$f_x(x, y) = 4x + 8$$
$$f_y(x, y) = 2y - 6$$

故由 $f_x(x, y) = 0$ 與 $f_y(x, y) = 0$, 解得 $x = -2$, $y = 3$. 所以, f 的臨界點為 $(-2, 3)$.

$\forall (x, y) \neq (-2, 3)$, 利用配方法, 可得
$$f(x, y) = 2(x+2)^2 + (y-3)^2 + 3 > 3$$

所以, f 的相對極小值發生在 $(-2, 3)$, 而相對極小值為 $f(-2, 3) = 3$.

在定理 8-2 中, $f_x(x_0, y_0) = f_y(x_0, y_0) = 0$ 係 f 在 (x_0, y_0) 有相對極值的必要條件. 至於充分條件可由下述定理得知.

定理 8-4　二階偏導數判別法

令二變數函數 f 的二階偏導函數在以臨界點 (x_0, y_0) 為圓心的某圓內皆為連續, 又令

$$\Delta = f_{xx}(x_0, y_0) f_{yy}(x_0, y_0) - [f_{xy}(x_0, y_0)]^2$$

(1) 若 $\Delta > 0$ 且 $f_{xx}(x_0, y_0) > 0$, 則 $f(x_0, y_0)$ 為 f 的相對極小值.
(2) 若 $\Delta > 0$ 且 $f_{xx}(x_0, y_0) < 0$, 則 $f(x_0, y_0)$ 為 f 的相對極大值.
(3) 若 $\Delta < 0$, 則 f 在 (x_0, y_0) 無相對極值, (x_0, y_0) 為 f 的鞍點.
(4) 若 $\Delta = 0$, 則無法確定 $f(x_0, y_0)$ 是否為 f 的相對極值.

例題 4 試求 $f(x, y) = x^3 - 4xy + 2y^2$ 之相對極值.

解 $f_x(x, y) = 3x^2 - 4y$, $f_y(x, y) = -4x + 4y$. 令 $f_x(x, y) = 0$ 與 $f_y(x, y) = 0$, 解方程組

$$\begin{cases} 3x^2 - 4y = 0 \\ -4x + 4y = 0 \end{cases}$$

得 $x=0$ 或 $x=\dfrac{4}{3}$. 所以，臨界點為 $(0, 0)$ 與 $\left(\dfrac{4}{3}, \dfrac{4}{3}\right)$.

$$f_{xx}(x, y) = 6x,\ f_{yy}(x, y) = 4,\ f_{xy}(x, y) = -4.$$

(i) 若 $x=0$, $y=0$, 則

$$\Delta = 24(0) - 16 = -16 < 0$$

所以點 $(0, 0)$ 為 f 之鞍點.

(ii) 若 $x=\dfrac{4}{3}$, $y=\dfrac{4}{3}$, 則

$$\Delta = 24\left(\dfrac{4}{3}\right) - 16 = 32 - 16 > 0$$

且

$$f_{xx}\left(\dfrac{4}{3}, \dfrac{4}{3}\right) = 6\left(\dfrac{4}{3}\right) = 8 > 0$$

於是，$f\left(\dfrac{4}{3}, \dfrac{4}{3}\right) = -\dfrac{32}{27}$ 為 f 之相對極小值.

例題 5 求 $f(x, y) = x^2 + y^3 - 6y$ 的相對極值.

解 $f_x(x, y) = 2x$, $f_y(x, y) = 3y^2 - 6$

$$f_{xx}(x, y) = 2,\ f_{yy}(x, y) = 6y,\ f_{xy}(x, y) = 0$$

令 $f_x(x, y) = 2x = 0$ 且 $f_y(x, y) = 3y^2 - 6 = 0$,

可得 $x=0$, $y=\pm\sqrt{2}$

(i) 若 $x=0$, $y=\sqrt{2}$

則 $\Delta = f_{xx}(0, \sqrt{2}) f_{yy}(0, \sqrt{2}) - [f_{xy}(0, \sqrt{2})]^2$
$= 12\sqrt{2} > 0$

$f_{xx}(0, \sqrt{2}) > 0$, 故 f 在點 $(0, \sqrt{2})$ 有相對極小值 $f(0, \sqrt{2}) = -4\sqrt{2}$.

(ii) 若 $x=0$, $y=-\sqrt{2}$,

則 $\Delta = f_{xx}(0, -\sqrt{2}) f_{yy}(0, -\sqrt{2}) - [f_{xy}(0, -\sqrt{2})]^2$
$= -12\sqrt{2} < 0$

故 f 在點 $(0, -\sqrt{2})$ 無相對極值，而 $(0, -\sqrt{2})$ 稱為 f 的鞍點.

例題 6 求 $f(x, y) = 25 + (x-y)^4 + (y-1)^4$ 的相對極值 (若存在).

解

$$f_x = 4(x-y)^3, \qquad f_y = -4(x-y)^3 + 4(y-1)^3$$
$$f_{xx} = 12(x-y)^2, \qquad f_{yy} = 12(x-y)^2 + 12(y-1)^2$$
$$f_{xy} = -12(x-y)^2, \qquad f_{yx} = -12(x-y)^2$$

解方程組

$$\begin{cases} 4(x-y)^3 = 0 \\ -4(x-y)^3 + 4(y-1)^3 = 0 \end{cases}$$

可得 $x = y = 1$. 因此，臨界點為 $(1, 1)$.

因

$$f_{xx}(1, 1) = 0, \qquad f_{xy}(1, 1) = 0, \qquad f_{yy}(1, 1) = 0$$

可得 $\Delta = 0$，故無法判斷 f 在點 $(1, 1)$ 處是否有相對極值.
假設 h 與 k 是任意很小的正數或負數，則

$$f(1+h, 1+k) - f(1, 1) = 25 + [(1+h)-(1+k)]^4 + [(1+k)-1]^4 - 25$$
$$= (h-k)^4 + k^4$$

但是，對任意 h 與 k,

$$(h-k)^4 + k^4 > 0$$

因而 $f(1+h, 1+k) > f(1, 1)$

故函數 f 在點 $(1, 1)$ 處有極小值，其值為 $f(1, 1) = 25$.

例題 7 試求原點至曲面 $z^2 = x^2 y + 4$ 的最小距離.

解 設 $P(x, y, z)$ 為曲面上任一點，則原點至 P 之距離的平方為 $d^2 = x^2 + y^2 + z^2$，我們欲求 P 點的坐標使得 d^2 (d 亦是) 為最小值.

因 P 點在曲面上，故其坐標滿足曲面方程式.

將 $z^2 = x^2 y + 4$ 代入 $d^2 = x^2 + y^2 + z^2$ 中，且令

$$d^2 = f(x, y) = x^2 + y^2 + x^2 y + 4 \quad \cdots\cdots ①$$

可得 $f_x(x, y) = 2x + 2xy, \ f_y(x, y) = 2y + x^2$

$f_{xx}(x, y) = 2 + 2y, \ f_{yy}(x, y) = 2, \ f_{xy}(x, y) = 2x$

欲求臨界點，我們可令 $f_x(x, y) = 0$ 且 $f_y(x, y) = 0$，即

$$\begin{cases} 2x + 2xy = 0 \\ 2y + x^2 = 0 \end{cases}$$

解得 $\begin{cases} x = 0 \\ y = 0 \end{cases}$, $\begin{cases} x = \sqrt{2} \\ y = -1 \end{cases}$, $\begin{cases} x = -\sqrt{2} \\ y = -1 \end{cases}$

(i) $\Delta = f_{xx}(0, 0) f_{yy}(0, 0) - [f_{xy}(0, 0)]^2 = 4 > 0$ 且 $f_{xx}(0, 0) = 2 > 0$

所以 $(0, 0)$ 會產生最小距離，以 $(0, 0)$ 代入 ① 式中，求出 $d^2 = 4$. 故原點與已知曲面之間的最小距離為 2.

(ii) $\Delta = f_{xx}(\pm\sqrt{2}, -1) f_{yy}(\pm\sqrt{2}, -1) - [f_{xy}(\pm\sqrt{2}, -1)]^2 = -8 < 0$

故 $f(x, y)$ 在 $(\sqrt{2}, -1)$ 與 $(-\sqrt{2}, -1)$ 無相對極值，而 $(\sqrt{2}, -1)$ 與 $(-\sqrt{2}, -1)$ 為 f 的鞍點.

例題 8 若 $f(x, y)=x^2+xy+y^2$，且 f 的定義域為具頂點 $(1, 2)$、$(1, -2)$ 與 $(-1, -2)$ 之三角形區域，試求 f 之絕對極值.

解 $f_x(x, y)=2x+y$, $f_y(x, y)=x+2y$

令 $f_x(x, y)=0$ 與 $f_y(x, y)=0$，解聯立方程組

$$\begin{cases} 2x+y=0 \\ x+2y=0 \end{cases}$$

得 $x=0$, $y=0$, 故 $(0, 0)$ 為臨界點.

又 $f_{xx}(x, y)=2$, $f_{yy}(x, y)=2$, $f_{xy}(x, y)=1$

令 $\Delta=f_{xx}(x, y)\,f_{yy}(x, y)-[f_{xy}(x, y)]^2$

當 $(x, y)=(0, 0)$ 時，

$$\begin{aligned}\Delta &=f_{xx}(0, 0)\,f_{yy}(0, 0)-[f_{xy}(0, 0)]^2 \\ &=2\times 2-(1)^2 \\ &=3>0\end{aligned}$$

且 $f_{xx}(0, 0)=2>0$，故 $f(0, 0)=0$ 為 f 之相對極小值.

但因點 $(0, 0)$ 不在 f 之定義域 R 的內部，故在 R 的內部無相對極值.

R 的三個邊界分別為 $x=1$, $y=-2$ 與 $y=2x$, 如圖 8-13 所示.

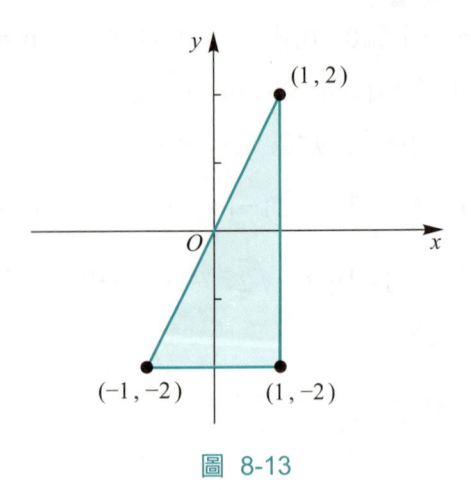

圖 8-13

因在各邊界上，f 可表成單變數函數，故在邊界上之極值可依第五章所述之方法求得，如下：

(i) 在邊界 $x=1$ 上， $f(1, y)=1+y+y^2$

由 $\dfrac{d}{dy}(1+y+y^2)=1+2y$

令 $1+2y=0$ 得 $y=-\dfrac{1}{2}$.

又 $\dfrac{d}{dy}(1+2y)=2>0$，故依二階導數判別法，f 在點 $\left(1, -\dfrac{1}{2}\right)$ 有極小值 $f\left(1, -\dfrac{1}{2}\right)=\dfrac{3}{4}$.

(ii) 在邊界 $y=-2$ 上， $f(x, -2)=x^2-2x+4$

由 $\dfrac{d}{dx}(x^2-2x+4)=2x-2$

令 $2x-2=0$，可得 $x=1$.

又 $\dfrac{d}{dx}(2x-2)=2>0$，故依二階導數判別法，f 在點 $(1, -2)$ 有極小值 $f(1, -2)=3$.

(iii) 在邊界 $y=2x$ 上，$f(x, 2x)=7x^2$，由 $\dfrac{d}{dx}(7x^2)=14x$，可得 $x=0$.

又 $\dfrac{d}{dx}(14x)=14>0$，故依二階導數判別法，f 在點 $(0, 0)$ 有極小值 $f(0, 0)=0$.

在三個頂點處，$f(1, 2)=7$，$f(1, -2)=3$，$f(-1, -2)=7$. 比較上面各值，我們可得絕對極大值為 $f(1, 2)=f(-1, -2)=7$，絕對極小值為 $f(0, 0)=0$.

習題 8-4

試求 1~5 題的相對極值.

1. $f(x, y) = x^2 - 3xy - y^2 + 2y - 6x$

2. $f(x, y) = x^3 + 3xy - y^3$

3. $f(x, y) = \dfrac{4y + x^2y^2 + 8x}{xy}$

4. $f(x, y) = 9xy - x^3 - y^3 - 6$

5. $f(x, y) = e^{-(x^2 + y^2 - 4y)}$

6. 若 $f(x, y) = x^3 + 3xy - y^3$，且 f 的定義域為具頂點 $(1, 2)$、$(1, -2)$ 與 $(-1, -2)$ 的三角形區域，試求 f 之絕對極值.

7. 某電子公司生產手提式與組合式之音響，每週實現之總收益為

$$R(x, y) = -\frac{x^2}{4} - \frac{3}{8}y^2 - \frac{xy}{4} + 300x + 240y \text{ （元）}$$

x 表每週生產並銷售手提式音響之數量，y 表組合式音響之數量，而每週生產這些音響之總成本為

$$C(x, y) = 180x + 140y + 5{,}000 \text{ （元）}$$

此處 x 及 y 與前述具有相同之意義．試問該電子公司每週應生產多少手提式與組合式之音響才能使其利潤最大？

8-5 疊積分

偏積分

類似於偏微分的過程，我們可以定義**偏積分**。若 $F(x, y)$ 為一函數使得 $F_x(x, y) = f(x, y)$，則 **f 對 x 的偏積分**為

$$\int_{h_1(y)}^{h_2(y)} f(x, y)\, dx = F(x, y)\Big|_{h_1(y)}^{h_2(y)} = F(h_2(y), y) - F(h_1(y), y)$$

同理，若 $G(x, y)$ 為一函數使得 $G_y(x, y) = f(x, y)$，則 **f 對 y 的偏積分**為

$$\int_{g_1(x)}^{g_2(x)} f(x, y)\, dy = G(x, y)\Big|_{g_1(x)}^{g_2(x)} = G(x, g_2(x)) - G(x, g_1(x))$$

換言之，在計算 $\int_{h_1(y)}^{h_2(y)} f(x, y)\, dx$ 時，將 y 固定，對 x 積分，而在計算 $\int_{g_1(x)}^{g_2(x)} f(x, y)\, dy$ 時，將 x 固定，對 y 積分。

例題 1 計算 $\displaystyle\int_{-1}^{3}\left(6xy^2 - \frac{x}{3y}\right)dx$.

解　　$\displaystyle\int_{-1}^{3}\left(6xy^2 - \frac{x}{3y}\right)dx$　← 視 x 為積分變數，y 為常數

$$= \left(3x^2 y^2 - \frac{x^2}{6y}\right)\Bigg|_{x=-1}^{x=3} \qquad \text{對 } x \text{ 偏積分}$$

$$= \left(3(3)^2 y^2 - \frac{(3)^2}{6y}\right) - \left(3(-1)^2 y^2 - \frac{(-1)^2}{6y}\right) \qquad \text{應用微積分基本定理}$$

代入 x 的積分上限 ／ 代入 x 的積分下限

$$= \left(27y^2 - \frac{3}{2y}\right) - \left(3y^2 - \frac{1}{6y}\right)$$

$$= 24y^2 - \frac{4}{3y}$$

$$= \frac{4}{3y}(18y^3 - 1). \qquad \text{結果為 } y \text{ 的函數}$$

例題 2 計算 $\displaystyle\int_x^{x^2} y e^{xy^2}\, dy$.

解
$$\int_x^{x^2} y e^{xy^2}\, dy = \int_x^{x^2} \frac{1}{2x} e^{xy^2}\, 2xy\, dy \qquad \text{被積分函數同時乘以因子 } 2x \text{ 與 } \frac{1}{2x}$$

↑ 視 y 為積分變數，x 為常數

$$\frac{\partial}{\partial y} e^{xy^2} = e^{xy^2} 2xy$$

$$= \frac{1}{2x}\int_x^{x^2} e^{xy^2}\, 2xy\, dy \qquad \text{提出 } \frac{1}{2x} \text{ 常數因子}$$

$$= \frac{1}{2x}\left(e^{xy^2} \Big|_{y=x}^{y=x^2} \right) \qquad \text{對 } y \text{ 偏積分}$$

$$= \frac{1}{2x}(e^{x(x^2)^2} - e^{x(x)^2}) \qquad \text{微積分基本定理 代入 } y \text{ 的界限}$$

$$= \frac{1}{2x}(e^{x^5} - e^{x^3}). \qquad \text{結果為 } x \text{ 的函數}$$

疊積分

由於 f 對 y 的偏積分 $\int_{g_1(x)}^{g_2(x)} f(x, y)\, dy$ 僅為 x 的函數，若此函數在 $[a, b]$ 為連續，我們再對 x 積分，而定義**疊積分**如下.

定義 8-5

$$\int_a^b \int_{g_1(x)}^{g_2(x)} f(x, y)\, dy\, dx = \int_a^b \left[\int_{g_1(x)}^{g_2(x)} f(x, y)\, dy \right] dx$$

同理，我們可以考慮下面形式的**疊積分**.

定義 8-6

$$\int_c^d \int_{h_1(y)}^{h_2(y)} f(x, y)\, dx\, dy = \int_c^d \left[\int_{h_1(y)}^{h_2(y)} f(x, y)\, dx \right] dy$$

例題 3 試求疊積分 $\int_{-1}^{1} \int_{-1}^{1} x e^{xy}\, dy\, dx$.

解

$$\begin{aligned}
\int_{-1}^{1} \int_{-1}^{1} x e^{xy}\, dy\, dx &= \int_{-1}^{1} \int_{-1}^{1} e^{xy}\, d(xy)\, dx && \text{內層視 } x \text{ 為常數} \\
&&& \text{且 } x\, dy = d(xy) \\
&= \int_{-1}^{1} \left(e^{xy} \Big|_{y=-1}^{y=1} \right) dx && \text{內層積分先對 } y \text{ 偏積分} \\
&&& \text{微積分基本定理代入 } y \\
&= \int_{-1}^{1} (e^x - e^{-x})\, dx && \text{的界限並得一 } x \text{ 為變數} \\
&&& \text{的定積分}
\end{aligned}$$

$$= e^x + e^{-x} \Big|_{-1}^{1} \qquad \text{求反導數}$$

$$= e + e^{-1} - (e^{-1} + e) \qquad \text{微積分基本定理}$$
$$\text{代入 } x \text{ 的界限}$$

$$= 0.$$

習題 8-5

計算 1～3 題中的偏積分.

1. $\displaystyle\int_{-1}^{3} (3xy - 5e^y)\, dx$
2. $\displaystyle\int_{1}^{4x} x^3 e^{xy}\, dy$
3. $\displaystyle\int_{\sqrt{y}}^{y^3} (8x^3 y - 4xy^2)\, dx$

計算 4～10 題中的疊積分.

4. $\displaystyle\int_{0}^{2}\int_{0}^{1} 4xy\, dx\, dy$
5. $\displaystyle\int_{-1}^{2}\int_{1}^{4} (2x + 6x^2 y)\, dx\, dy$

6. $\displaystyle\int_{0}^{1}\int_{-y}^{y} (x + y^2)\, dx\, dy$

7. $\displaystyle\int_{1}^{2}\int_{x^3}^{x} e^{y/x}\, dy\, dx$ （提示：內層視 y 為積分變數，視 x 為常數，

$$\int_{1}^{2}\int_{x^3}^{x} e^{y/x}\, dy\, dx = \int_{1}^{2}\int_{x^3}^{x} e^{y/x} \cdot x\, d\left(\frac{y}{x}\right)\, dx = \int_{1}^{2}\int_{x^3}^{x} xe^{y/x}\, d\left(\frac{y}{x}\right)\, dx.\text{）}$$

8. $\displaystyle\int_{-3}^{3}\int_{0}^{4x} (y - x)\, dy\, dx$

9. $\displaystyle\int_{-2}^{2}\int_{-1}^{1} ye^{xy}\, dx\, dy$ （提示：內層視 x 為積分變數，視 y 為常數，

$$\int_{-2}^{2}\int_{-1}^{1} ye^{xy}\, dx\, dy = \int_{-2}^{2}\int_{-1}^{1} e^{xy}\, d(xy)\, dy.\text{）}$$

10. $\displaystyle\int_{-3}^{3}\int_{0}^{3} y^2 e^{-x}\, dy\, dx$ (提示：視 x 為常數，先對 y 偏積分.)

8-6 二重積分

關於矩形區域 R 之二重積分

定理 8-5 富比尼定理

若函數 f 在矩形區域 $R=\{(x,\ y)\ |\ a\leq x\leq b,\ c\leq y\leq d\}$ 為連續，則

$$\iint_R f(x,\ y)\, dA = \int_c^d \int_a^b f(x,\ y)\, dx\, dy = \int_a^b \int_c^d f(x,\ y)\, dy\, dx \tag{8-4}$$

符號 $\displaystyle\iint_R f(x,\ y)\, dA$ 稱為函數 f 關於矩形區域 R 之二重積分.

例題 1 試計算 $\displaystyle\iint_R (x+y)\, dA$，其中 $R=\{(x,\ y)\,|\,1\leq x\leq 3,\ -1\leq y\leq 2\}$.

解
$$\iint_R (x+y)\, dA = \int_1^3 \int_{-1}^2 (x+y)\, dy\, dx$$

$$= \int_1^3 \left(xy + \frac{y^2}{2}\right)\bigg|_{y=-1}^{y=2} dx \qquad \text{內層積分視 } x \text{ 為常數對 } y \text{ 偏積分}$$

$$= \int_1^3 \left[(2x+2)-\left(-x+\frac{1}{2}\right)\right] dx \qquad \text{微積分基本定理}$$
$$\text{代入 } y \text{ 的界限}$$

$$= \int_1^3 \left(3x+\frac{3}{2}\right) dx = \frac{3}{2}x^2+\frac{3}{2}x \Big|_{x=1}^{x=3}$$

$$= \left(\frac{27}{2}+\frac{9}{2}\right)-\left(\frac{3}{2}+\frac{3}{2}\right)$$

$$= 18-3 = 15.$$

讀者應注意在應用富比尼定理時，若函數 $f(x, y)$ 可分解為 x 的連續函數與 y 的連續函數之乘積，即 $f(x, y) = g(x)h(y)$，且 $R=\{(x, y) \mid a \leq x \leq b,\ c \leq y \leq d\}$，則富比尼定理可變為

$$\iint_R f(x, y)\, dA = \int_c^d \int_a^b g(x)\, h(y)\, dx\, dy = \int_c^d \left[\int_a^b g(x)\, h(y)\, dx\right] dy$$

將內層積分的 y 視為常數，因而 $h(y)$ 為常數，所以

$$\int_c^d \left[\int_a^b g(x)\, h(y)\, dx\right] dy = \int_c^d \left[h(y) \left(\int_a^b g(x)\, dx\right)\right] dy$$

由於 $\int_a^b g(x)\, dx$ 為常數，所以，f 的二重積分可以寫成兩個單變數積分之乘積，即

$$\int_a^b \left[\int_c^d g(x)\, h(y)\, dy\right] dx = \int_c^d \left[\int_a^b g(x)\, h(y)\, dx\right] dy \qquad (8\text{-}5)$$
$$= \left(\int_a^b g(x)\, dx\right)\left(\int_c^d h(y)\, dy\right).$$

例題 2 求 $\iint_R \dfrac{1+x}{1+y}\, dA$，其中 $R=\{(x, y) \mid -1 \leq x \leq 2,\ 0 \leq y \leq 1\}$.

解
$$\iint_R \frac{1+x}{1+y}\,dA = \int_{-1}^{2}\int_{0}^{1}\frac{1+x}{1+y}\,dy\,dx$$

$$= \left(\int_{0}^{1}\frac{1}{1+y}\,dy\right)\left(\int_{-1}^{2}(1+x)\,dx\right) \qquad \text{富比尼定理}$$

$$= \left(\ln|1+y|\Big|_{0}^{1}\right)\left(x+\frac{x^2}{2}\Big|_{-1}^{2}\right)$$

$$= (\ln 2)\left(2+2+1-\frac{1}{2}\right)$$

$$= \frac{9}{2}\ln 2.$$

關於非矩形區域 D 之二重積分

在討論疊積分與二重積分之關係前，我們先討論如圖 8-14 所示之 xy-平面上的各型區域. 若區域 D 為

$$D=\{(x,\ y)\,|\,a \leq x \leq b,\ \phi_1(x) \leq y \leq \phi_2(x)\}$$

其中函數 $\phi_1(x)$ 與 $\phi_2(x)$ 皆為連續函數，則我們稱它為第 I 型區域. 又若 $D=\{(x,\ y)\,|\,h_1(y) \leq x \leq h_2(y),\ c \leq y \leq d\}$，其中 $h_1(y)$ 與 $h_2(y)$ 皆為連續函數，則稱它為第 II 型區域.

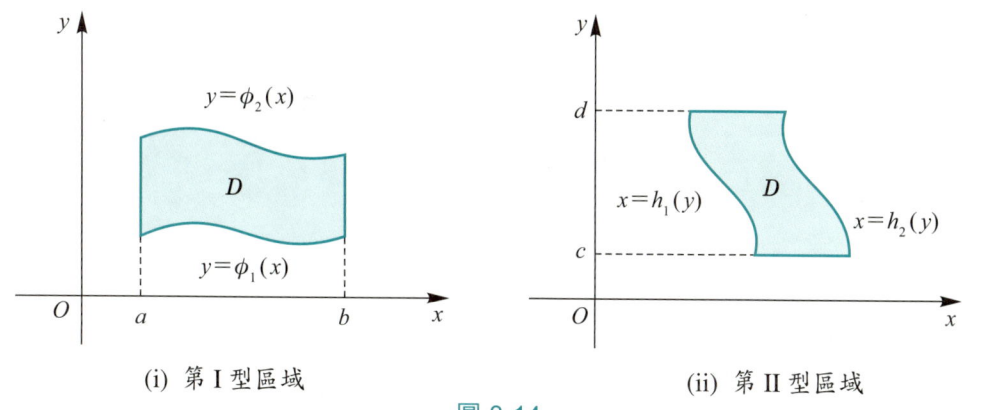

(i) 第 I 型區域　　　　　　　(ii) 第 II 型區域

圖 8-14

定理 8-6

(1) 假設 f 在非矩形區域 D 為連續，若 D 為第 I 型區域，則

$$\iint_D f(x,\ y)\ dA = \int_a^b \int_{\phi_1(x)}^{\phi_2(x)} f(x,\ y)\ dy\ dx.$$

(2) 假設 f 在非矩形區域 D 為連續，若 D 為第 II 型區域，則

$$\iint_D f(x,\ y)\ dA = \int_c^d \int_{h_1(y)}^{h_2(y)} f(x,\ y)\ dx\ dy.$$

例題 3 求 $\iint_D e^{x+3y}\ dA$，其中 D 為由直線 $y=1$、$y=2$、$y=x$ 與 $y=-x+5$ 所圍成的梯形區域.

解 如圖 8-15 所示之梯形區域為第 II 型區域. 於是，

$$\iint_D e^{x+3y}\ dA = \int_1^2 \int_y^{5-y} e^{x+3y}\ dx\ dy = \int_1^2 \left(e^{x+3y}\bigg|_y^{5-y} \right) dy$$

$$= \int_1^2 (e^{5+2y} - e^{4y})\ dy = \left(\frac{1}{2}e^{5+2y} - \frac{1}{4}e^{4y} \right)\bigg|_1^2$$

$$= \frac{1}{2}e^9 - \frac{1}{4}e^8 - \frac{1}{2}e^7 + \frac{1}{4}e^4$$

$$= \frac{e^4(2e^5 - e^4 - 2e^3 + 1)}{4}.$$

图 8-15

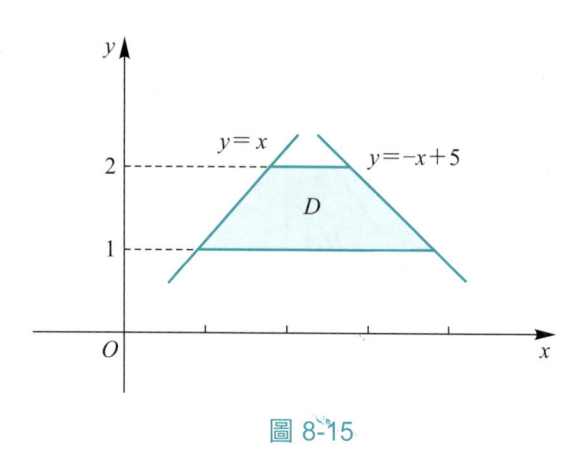

雖然二重積分可利用定理 8-6 來計算．一般而言，選擇 $dy\,dx$ 或 $dx\,dy$ 的積分順序往往與 $f(x, y)$ 的形式及區域 D 有關，有時，所予二重積分的計算非常地困難，或甚至不可能計算；然而，若變換 $dy\,dx$ 或 $dx\,dy$ 的積分順序，或許可能求得易於計算之等值的二重積分．

例題 4 試變換積分的順序計算 $\int_0^{2\sqrt{\ln 3}} \int_{y/2}^{\sqrt{\ln 3}} e^{x^2} dx\,dy$．

解 因所予的積分順序為 $dx\,dy$，故視區域 D 為第 II 型區域．x 的範圍為 $x=\dfrac{y}{2}$ 至 $x=\sqrt{\ln 3}$；y 範圍為 $y=0$ 至 $y=2\sqrt{\ln 3}$．

現在變換積分順序為 $dy\,dx$，y 的範圍為 $y=0$ 至 $y=2x$；x 的範圍為 $x=0$ 至 $x=\sqrt{\ln 3}$，如圖 8-16 所示．所以，

$$\int_0^{2\sqrt{\ln 3}} \int_{y/2}^{\sqrt{\ln 3}} e^{x^2} dx\,dy = \int_0^{\sqrt{\ln 3}} \int_0^{2x} e^{x^2} dy\,dx = \int_0^{\sqrt{\ln 3}} 2x e^{x^2} dx$$

$$= \int_0^{\sqrt{\ln 3}} d(e^{x^2}) = e^{x^2}\Big|_0^{\sqrt{\ln 3}}$$

$$= e^{\ln 3} - e^0 = 3 - 1$$

$$= 2.$$

圖 8-16

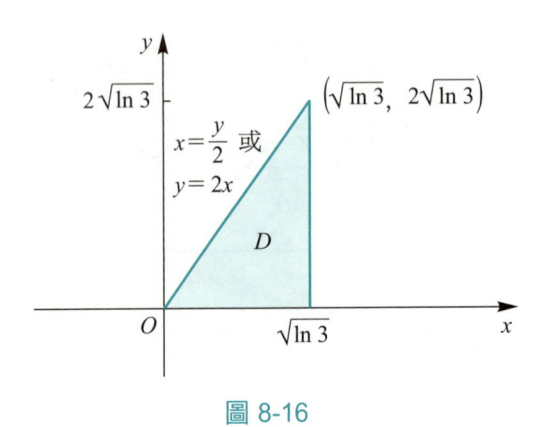

習題 8-6

試求下列 1~6 題之二重積分.

1. $\iint\limits_{R} (2x+y)\, dA$，此處 $R=\{(x,\ y)\,|\,-1 \leq x \leq 2,\ -1 \leq y \leq 4\}$.

2. $\iint\limits_{D} (y-xy^2)\, dA$，此處 $D=\{(x,\ y)\,|\,0 \leq y \leq 1,\ -y \leq x \leq 1+y\}$.

$$\left(\text{提示：} \iint\limits_{D} (y-xy^2)\, dA = \int_{0}^{1}\int_{-y}^{1+y} (y-xy^2)\, dx\, dy\right)$$

3. $\iint\limits_{D} e^{x/y}\, dA$，此處 $D=\{(x,\ y)\,|\,1 \leq y \leq 2,\ y \leq x \leq y^3\}$.

$$\left(\text{提示：} \iint\limits_{D} e^{x/y}\, dA = \int_{1}^{2}\int_{y}^{y^3} e^{x/y}\, dx\, dy\right)$$

4. $\iint_D xy^2 \, dA$，此處 D 為具有頂點 $(0, 0)$、$(3, 1)$ 與 $(-2, 1)$ 的三角形區域．

$\left(\text{提示：積分區域如下圖所示，內層積分為} \int_{-2y}^{3y} xy^2 \, dx.\right)$

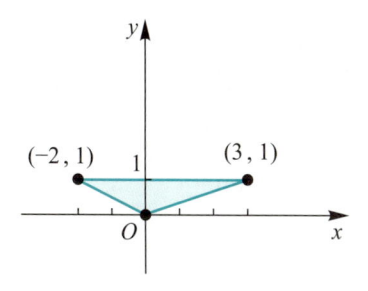

5. $\iint_D \dfrac{y}{1+x^2} \, dA$，此處 D 是由 $y=0$、$y=\sqrt{x}$ 與 $x=4$ 等圖形所圍成的區域．

$\left(\text{提示：} \iint_D \dfrac{y}{1+x^2} \, dA = \int_0^4 \int_0^{\sqrt{x}} \dfrac{y}{1+x^2} \, dy \, dx\right)$

6. $\iint_D (x^2+2y) \, dA$，此處 D 是介於 $y=x^2$ 與 $y=\sqrt{x}$ 等圖形之間的區域．

7. 試變換積分的順序計算 $\displaystyle\int_0^3 \int_{y^2}^9 y e^{x^2} \, dx \, dy$．

8. 試求 $\displaystyle\lim_{n \to \infty} \int_0^1 \int_0^1 x^n y^n \, dx \, dy$ 之值．

本章重點摘要

1. 函數 $f(x, y)$ 的**一階偏導函數** f_x 與 f_y 定義如下：

$$f_x(x, y) = \frac{\partial f}{\partial x} = \lim_{h \to 0} \frac{f(x+h, y) - f(x, y)}{h}$$

$$f_y(x, y) = \frac{\partial f}{\partial y} = \lim_{h \to 0} \frac{f(x, y+h) - f(x, y)}{h}.$$

2. **高階偏導函數**

   函數 $f(x, y)$ 的偏導函數 f_x 與 f_y 的偏導函數 $(f_x)_x$、$(f_x)_y$、$(f_y)_x$、$(f_y)_y$ 稱為 f 的**二階偏導函數**，以下列符號表示之：

$$(f_x)_x = f_{xx} = \frac{\partial f_x}{\partial x} = \frac{\partial}{\partial x}\left(\frac{\partial f}{\partial x}\right) = \frac{\partial^2 f}{\partial x^2}$$

$$(f_x)_y = f_{xy} = \frac{\partial f_x}{\partial y} = \frac{\partial}{\partial y}\left(\frac{\partial f}{\partial x}\right) = \frac{\partial^2 f}{\partial y \partial x}$$

$$(f_y)_x = f_{yx} = \frac{\partial f_y}{\partial x} = \frac{\partial}{\partial x}\left(\frac{\partial f}{\partial y}\right) = \frac{\partial^2 f}{\partial x \partial y}$$

$$(f_y)_y = f_{yy} = \frac{\partial f_y}{\partial y} = \frac{\partial}{\partial y}\left(\frac{\partial f}{\partial y}\right) = \frac{\partial^2 f}{\partial y^2}.$$

3. (1) 曲面 $z = f(x, y)$ 與平面 $y = y_0$ 相交之曲線在點 $P(x_0, y_0, z_0)$ 沿 x-軸方向之切線方程式為

$$\begin{cases} y = y_0 \\ z - z_0 = f_x(x_0, y_0)(x - x_0) \end{cases}$$

   (2) 曲面 $z = f(x, y)$ 與平面 $x = x_0$ 相交之曲線在點 $P(x_0, y_0, z_0)$ 沿 y-軸方向之切線方程式為

$$\begin{cases} x = x_0 \\ z - z_0 = f_y(x_0,\ y_0)(y - y_0) \end{cases}$$

4. 函數 $z = f(x,\ y)$ 極值存在的必要條件

   假設函數 $f(x,\ y)$ 在點 $(x_0,\ y_0)$ 具有相對極值，且偏導數 $f_x(x_0,\ y_0)$ 與 $f_y(x_0,\ y_0)$ 皆存在，則 $f_x(x_0,\ y_0) = f_y(x_0,\ y_0) = 0$。

5. 若 $(x_0,\ y_0) \in D_f$，$f_x(x_0,\ y_0) = 0 = f_y(x_0,\ y_0)$，或 $f_x(x_0,\ y_0)$ 與 $f_y(x_0,\ y_0)$ 中至少有一者不存在，則稱點 $(x_0,\ y_0)$ 為 f 的 臨界點。

6. 函數 f 在點 $(x_0,\ y_0)$ 有一相對極值 $\Rightarrow$ 點 $(x_0,\ y_0)$ 為 f 的一個臨界點。

7. 若點 $(x_0,\ y_0)$ 為 f 的一個臨界點，且 $f(x_0,\ y_0)$ 不為 f 的一個相對極值，則稱 $(x_0,\ y_0)$ 為 f 的 鞍點。

8. 函數 $z = f(x,\ y)$ 極值存在的充分條件

   設 $f(x,\ y)$ 的二階偏導函數在以點 $(x_0,\ y_0)$ 為圓心的某圓內皆為連續，令

   $$\Delta = f_{xx}(x_0,\ y_0)\, f_{yy}(x_0,\ y_0) - [f_{xy}(x_0,\ y_0)]^2$$

   (1) 若 $\Delta > 0$ 且 $f_{xx}(x_0,\ y_0) > 0$，則 $f(x_0,\ y_0)$ 為 f 的相對極小值。

   (2) 若 $\Delta > 0$ 且 $f_{xx}(x_0,\ y_0) < 0$，則 $f(x_0,\ y_0)$ 為 f 的相對極大值。

   (3) 若 $\Delta < 0$，則 f 在 $(x_0,\ y_0)$ 無相對極值，$(x_0,\ y_0)$ 為 f 的鞍點。

   (4) 若 $\Delta = 0$，則無法確定 $f(x_0,\ y_0)$ 是否為 f 的相對極值。

9. 富比尼定理

   若函數 f 在矩形區域 $R = \{(x,\ y) \mid a \leq x \leq b,\ c \leq y \leq d\}$ 為連續，則

   $$\iint_R f(x,\ y)\, dA = \int_c^d \int_a^b f(x,\ y)\, dx\, dy = \int_a^b \int_c^d f(x,\ y)\, dy\, dx.$$

10. 二重積分的計算

    (1) 假設 f 在非矩形 $D = \{(x,\ y) \mid a \leq x \leq b,\ \phi_1(x) \leq y \leq \phi_2(x)\}$ 為連續，其中 g_1 及 g_2 在 $[a,\ b]$ 皆為連續，則

$$\iint_D f(x,\ y)\,dA = \int_a^b \int_{\phi_1(x)}^{\phi_2(x)} f(x,\ y)\,dy\,dx.$$

(2) 假設 f 在非矩形 $D = \{(x,\ y) \mid h_1(y) \leq x \leq h_2(y),\ c \leq y \leq d\}$ 為連續，其中 h_1 及 h_2 在 $[c,\ d]$ 皆為連續，則

$$\iint_D f(x,\ y)\,dA = \int_c^d \int_{h_1(y)}^{h_2(y)} f(x,\ y)\,dx\,dy.$$

自我學習評量

第一章 函數與圖形

下列各題中皆有四個選項，但只有一個選項是正確的，試選出正確的答案.

1. 函數 $g(x) = \sqrt{x + \dfrac{1}{x^2}}$ 之定義域 D_g 為：

   (A) $(-\infty, 0) \cup (0, \infty)$ (B) $(-\infty, \infty)$ (C) $[0, \infty)$ (D) $(0, \infty)$

2. 一台新型電腦之需求方程式與供給方程式分別為 $D(P) = 90 - 3P$ 與 $S(P) = P - 8$，試求其平衡價格：

   (A) 22.00 (B) 49.00 (C) 24.50 (D) 41.00

3. 若函數 $f(x)$ 之圖形如下所示：

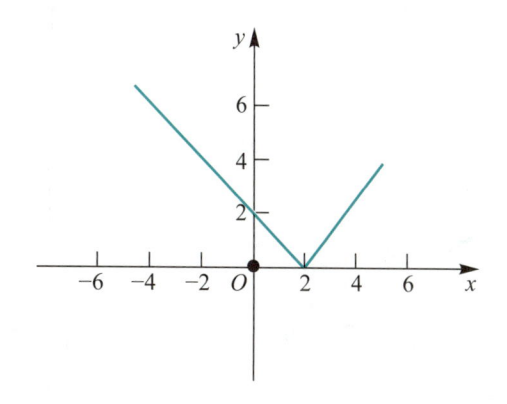

361

則該函數定義為：

(A) $f(x)=|2-x|$　(B) $f(x)=|x+2|$　(C) $f(x)=|1-x|$　(D) $f(x)=x-2$

4. 若 $f(x)=\begin{cases} x-3, & \text{若 } x<2 \\ x^2, & \text{若 } x\geq 2 \end{cases}$，函數 $g(x)$ 定義為將 $f(x)$ 向右移 5 單位再向下移 1 單位，則函數 $g(x)$ 應定義為：

(A) $g(x)=\begin{cases} x-9, & x<7 \\ (x-5)^2-1, & x\geq 7 \end{cases}$　(B) $g(x)=\begin{cases} x-1, & x<7 \\ (x-5)^2-1, & x\geq 7 \end{cases}$

(C) $g(x)=\begin{cases} x-1, & x<7 \\ (x-5)^2+1, & x\geq 7 \end{cases}$　(D) $g(x)=\begin{cases} x-3, & x<7 \\ (x-5)^2+1, & x\geq 7 \end{cases}$

5. 函數 $f(x)=\sqrt{\dfrac{3}{x^2-2x-3}}$ 之定義域為：

(A) $(-\infty, -1)\cup(3, \infty)$　(B) $(-\infty, -1]\cup[3, \infty)$　(C) $[-1, 3]$　(D) $(-1, 3)$

6. 下列之圖形哪些為函數之圖形？

(A)

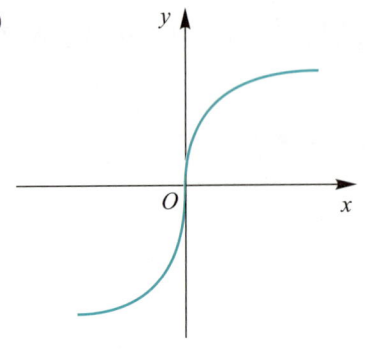

(B)

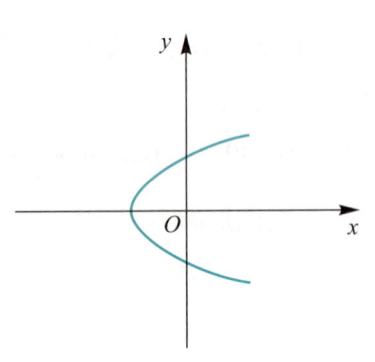

(C)

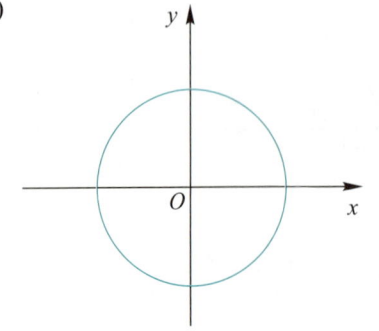

(D)

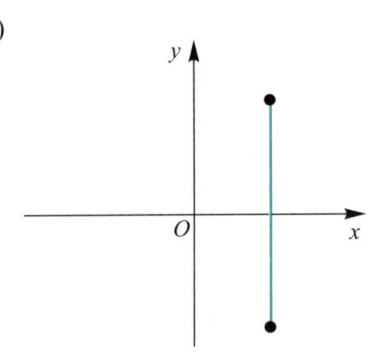

7. 下列的函數圖形哪一個是由 $y=x^2$ 的圖形藉由水平平移與垂直平移而得到的？

(A) $f(x)=(x-2)^2-4$

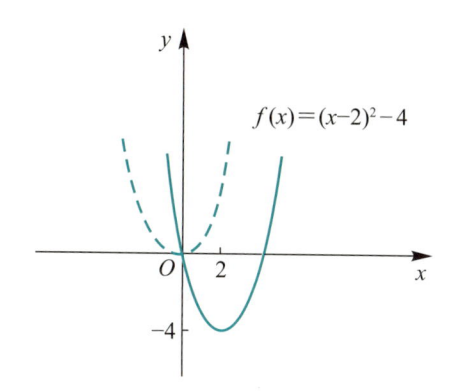

(B) $f(x)=(x-2)^2$

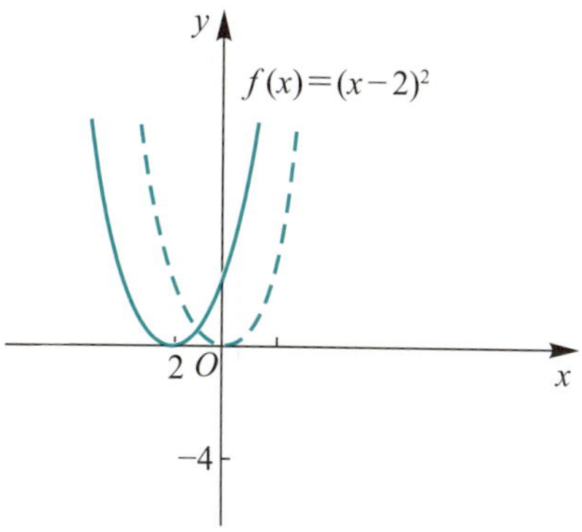

(C) $f(x)=(x+2)^2$

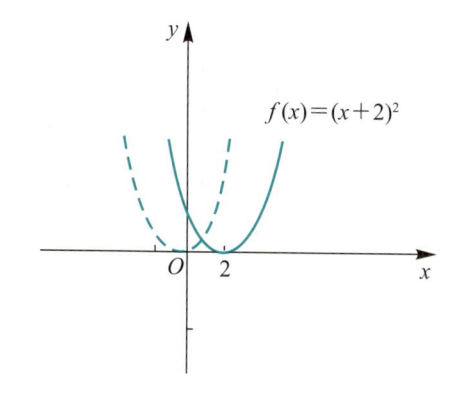

(D) $f(x)=(x+2)^2+4$

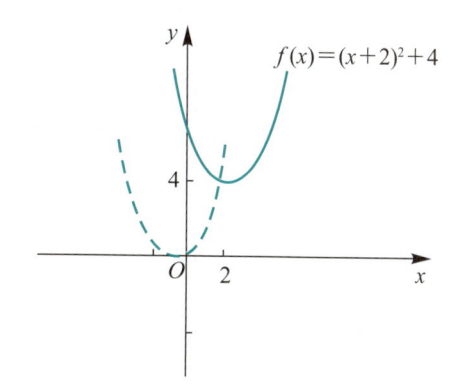

8. 若 $f(x)=x^2-1$，當 $x=2$ 時，$(f \circ f \circ f)(x)$ 之值為：
   (A) 45 (B) 63 (C) 21 (D) 27

9. 設 $f(x)=\dfrac{1}{x}$，$g(x)=\dfrac{4-x}{2+x}$，求所有 x 的值（若存在）使 $f(g(x))=g(f(x))$ 成立.
   (A) 1 (B) -1 (C) 0 (D) 2

10. 下列哪一個圖形是方程式 $|x+y|=1$ 的圖形？

(A)

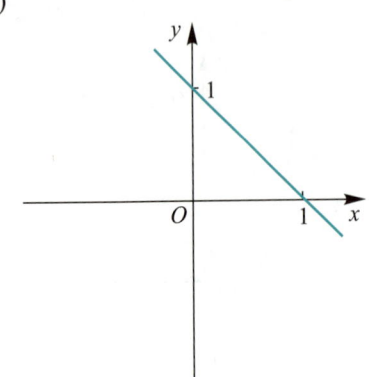

(B)

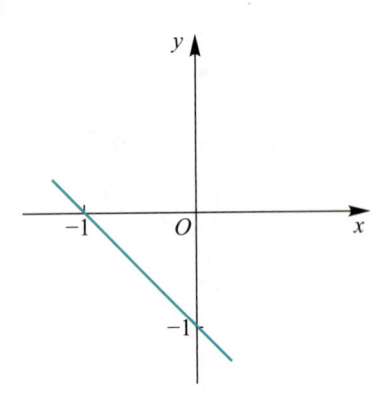

(C)

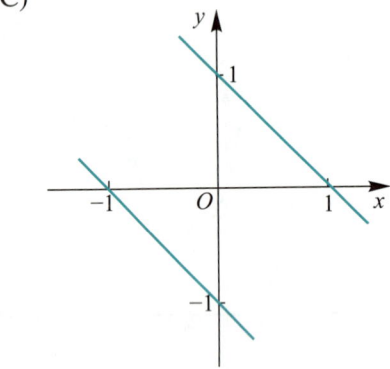

(D)

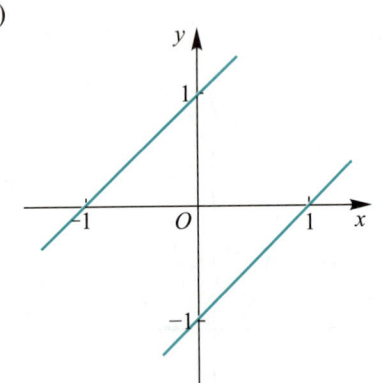

第二章　函數的極限與連續

下列各題中皆有四個選項，但只有一個選項是正確的，試選出正確的答案.

1. $\lim\limits_{x \to 1^+} \dfrac{x^2+x-2}{|x-1|} = ?$

    (A) -3　(B) 不存在　(C) $-\infty$　(D) 3

2. $\lim\limits_{x \to 3} \dfrac{x - [\![x]\!]}{x-1} = ?$　($[\![\ ]\!]$ 表高斯符號)

    (A) 0　(B) $\dfrac{1}{2}$　(C) 不存在　(D) ∞

3. $\lim\limits_{x \to 4} \dfrac{\sqrt{(x-4)^2}}{x-4} = ?$

    (A) 不存在　(B) 1　(C) 0　(D) -1

4. $\lim\limits_{x \to 4} \dfrac{4-x}{5-\sqrt{x^2+9}} = ?$

    (A) $\dfrac{4}{5}$　(B) 0　(C) ∞　(D) $\dfrac{5}{4}$

5. 是否有一數 a 使得 $\lim\limits_{x \to -3} \dfrac{6x^2+ax+a+2}{x^2+x-6}$ 存在？若有的話，a 及此極限值為何？

    (A) $a=14$，極限值$=1.4$　(B) $a=28$，極限值$=1.6$

    (C) $a=17$，極限值$=1.6$　(D) $a=28$，極限值$=1.4$

6. 下列的函數何者在 $x=-1$ 為連續？

    (A) $f(x) = \begin{cases} \dfrac{x^2-1}{x+1}, & x < -1 \\ x^2-3, & -1 \leq x \end{cases}$　(B) $f(x) = \dfrac{x^2-1}{x+1}$

(C) $f(x)=\begin{cases} \dfrac{1}{x-1}, & x<-1 \\ x^2+2x, & -1\leq x \end{cases}$ (D) $f(x)=\begin{cases} \dfrac{x^2-1}{x+1}, & x\neq -1 \\ 4, & x=-1 \end{cases}$

7. 令 $f(x)=\begin{cases} 3x-5, & x<2 \\ (5-2x)^2, & x>2 \end{cases}$，函數 f 在 $x=2$ 不可定義．我們應該如何定義 $f(2)$ 使得 $f(x)$ 在 $x=2$ 為連續？

    (A) $f(2)=0$ (B) $f(2)=1$ (C) $f(2)=-1$ (D) $f(2)=2$

8. 令 $f(x)=\dfrac{x^2+2x-8}{x^2-4}$，則下列之敘述何者正確？

    (A) $x=2$ 與 $x=-2$ 為 $f(x)$ 圖形之垂直漸近線

    (B) $x=-2$ 為 $f(x)$ 圖形之垂直漸近線，$y=1$ 為 $f(x)$ 圖形之水平漸近線

    (C) $x=2$ 為 $f(x)$ 圖形之垂直漸近線

    (D) $x=-1$ 與 $x=1$ 為 $f(x)$ 圖形之垂直漸近線

9. $f(x)=\dfrac{\sqrt{x^2+5x}}{5x+2}$ 圖形之水平漸近線為：

    (A) $y=\dfrac{1}{5}$ (B) $y=-\dfrac{1}{5}$ (C) $y=\dfrac{1}{2}$ (D) $y=-\dfrac{1}{5}, y=\dfrac{1}{5}$

10. $\lim\limits_{x\to -\infty}(\sqrt{x^2+3x}-x)=$?

    (A) $-\infty$ (B) ∞ (C) 0 (D) $\dfrac{1}{2}$

11. $\lim\limits_{x\to 3}\left[\dfrac{x^2-9}{x-3}+\sqrt{x^2+7}\right]=$?

    (A) 10 (B) 2 (C) 22 (D) 不存在

12. 已知 $f(x)=\begin{cases} \dfrac{x^2-1}{x+1}, & \text{若 } x<-1 \\ x^2-3, & \text{若 } -1\leq x \end{cases}$, 求 $\lim\limits_{x\to -1} f(x)=$?

(A) 2　(B) 不存在　(C) -2　(D) 1

第三章 微 分

下列各題中皆有四個選項，但只有一個選項是正確的，試選出正確的答案.

1. 試求曲線 $f(x) = \dfrac{4}{x} - x$ 在 $x=1$ 之切線方程式：

    (A) $y = 5x - 8$　(B) $y = -5x - 8$　(C) $y = -5x + 8$　(D) $y = -x + 8$

2. 若 $y = \sqrt[3]{u}$ 且 $u = x^4 - 3x^3 - 7$，則 $\dfrac{dy}{dx} = ?$

    (A) $\dfrac{4x^3 - 9x^2}{3(x^4 - 3x^3 - 7)^{2/3}}$　　　　(B) $\dfrac{1}{3(x^4 - 3x^3 - 7)^{2/3}}$

    (C) $\dfrac{4x^3 - 9x^2}{3(x^4 - 3x^3 - 7)^{3/2}}$　　　　(D) $\dfrac{4x^3 - 9x^2}{3(x^4 - 3x^3 - 7)^{5/3}}$

3. 令 f 與 g 為函數滿足 $f(1) = 4$、$f'(1) = 3$、$g(1) = 5$ 且 $g'(1) = -2$. 另函數 $h(x) = \dfrac{f(x)}{g(x)}$，求 $h'(1) = ?$

    (A) $-\dfrac{3}{2}$　(B) $-\dfrac{23}{25}$　(C) $\dfrac{7}{25}$　(D) $\dfrac{23}{25}$

4. 若收益函數為 $R(x) = 5x - 0.001x^2$ 且成本函數為 $C(x) = 1.2x + 1040$，試問 x 為何值才能使邊際成本等於邊際收益？

    (A) 3,100　(B) 1,040　(C) 5,310　(D) 以上皆非

5. 若 $h(x) = (x^4 - 2)(x^3 - 1)(x^2 + 1)$，則 $h'(-1) = ?$

    (A) 3　(B) 6　(C) 10　(D) -6

6. 某工廠生產 x 台電腦每週之總成本為 $TC(x) = 200 + \dfrac{20}{x} + \dfrac{x^2}{2}$ (元)，試問每週生產 100 台電腦之邊際成本.

    (A) 大約 99.99 元　(B) 大約 99.97 元　(C) 大約 99.2 元　(D) 大約 99.1 元

7. 下列哪一個函數之圖形在 $x = 0$ 具有一條垂直切線？

(A) $y=|x|$　(B) $y=x^{3/5}$　(C) $y=\dfrac{1}{x}$　(D) $y=4x^{2/5}-2x$

8. 令 $f(x)=\sqrt{|x-4|}$，則下列敘述何者正確？

    (A) $f'_+(4)=-\infty$　　　　　(B) $f'_-(4)=\infty$

    (C) $f(x)$ 在 $x=4$ 連續但不可微分　(D) $f(x)$ 在 $x=4$ 可微分但不連續

9. 當 x 為何值時，函數 $f(x)=\begin{cases} x+2, & x\leq -1 \\ x^2, & -1<x<1 \\ 3-x, & 1\leq x \end{cases}$ 不可微分？

    (A) -1　(B) $-1, 1$　(C) $-1, 0, 1$　(D) 處處可微

10. 令 $f(x)=x^2-3x$，則下列之極限何者代表 $f'(1)$？

    (A) $\lim\limits_{h\to 0}\dfrac{(1+h)^2-3(1+h)+2}{h}$　　(B) $\lim\limits_{h\to 0}\dfrac{(1+h)^2-3(1+h)-2}{h}$

    (C) $\lim\limits_{h\to 0}\dfrac{(1+h)^2-3+3h-3}{h}$　　(D) $\lim\limits_{h\to 0}\dfrac{(1+h)^2-3(1+h)-4}{h}$

11. 試求一直線方程式它切曲線 $y=x^3-x$ 於點 $(-1, 0)$.

    (A) $y=2x+1$　(B) $y=x+2$　(C) $y=3x-1$　(D) $y=2x+2$

12. 若 $f(x)=\dfrac{x}{x-1}$，則 $f^{(n)}(x)=$？

    (A) $n!\,(x-1)^{-(n+1)}$　　　　(B) $(-1)^n n!\,(x-1)^{n+1}$

    (C) $(-1)^n n!\,(x-1)^{-(n+1)}$　　(D) $(-1)^n n!\,(x-1)^{-(n-1)}$

13. 已知 $xy+y^2-1=0$，則 $\left.\dfrac{d^2y}{dx^2}\right|_{(0,-1)}=$？

    (A) $\dfrac{1}{4}$　(B) $-\dfrac{1}{4}$　(C) $\dfrac{1}{2}$　(D) $-\dfrac{1}{2}$

14. $f(x)=\sqrt[3]{x^2-1}$ 在 $a=3$ 之線性近似為：

(A) $2+\dfrac{x}{2}$ (B) $2+x$ (C) $\dfrac{1}{2}+\dfrac{x}{2}$ (D) $1+x$

第四章　指數函數與對數函數的微分

下列各題中皆有四個選項，但只有一個選項是正確的，試選出正確的答案．

1. 下列哪一個圖形是 $y=2^{x+1}$ 的圖形？

   (A)

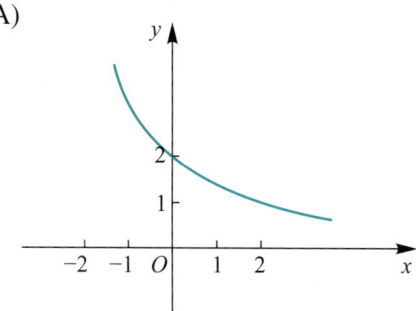

   (B)

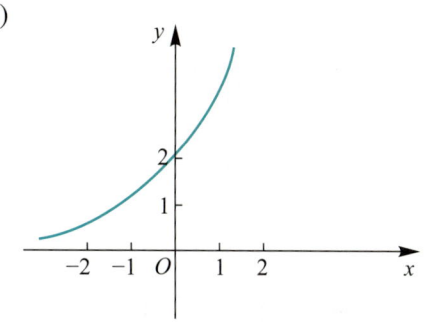

   (C)

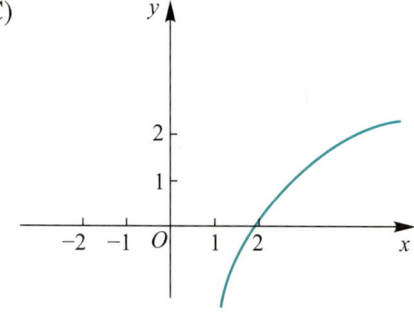

   (D)

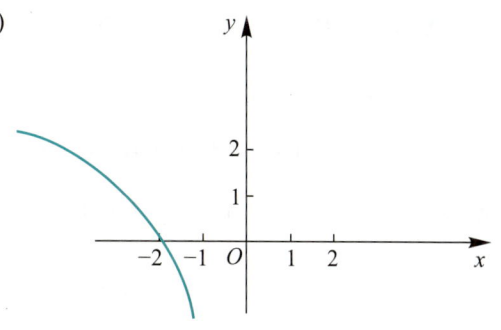

2. 下列哪一個圖形是 $y=-3^{|x|}$ 的圖形？

   (A)

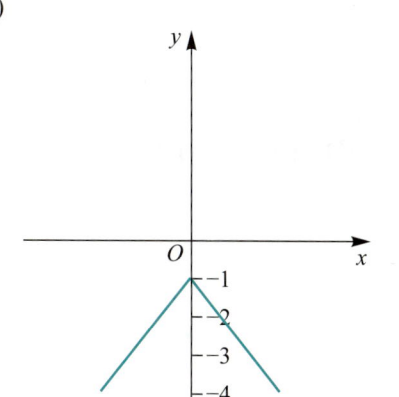

   (B)

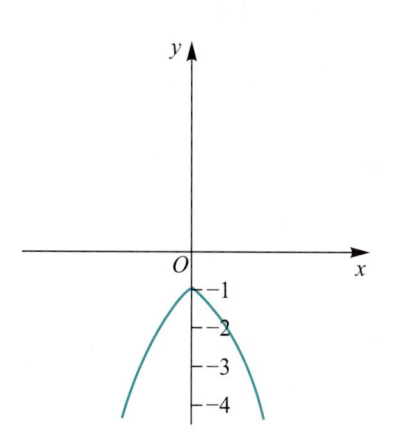

(C)

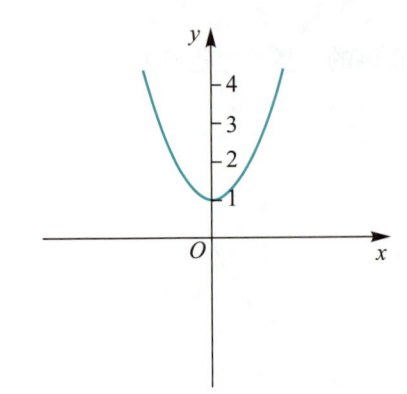

(D)

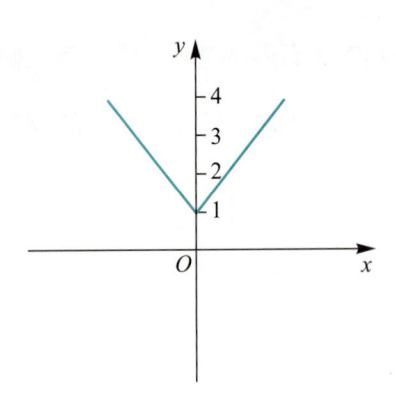

3. $\log_2 e - \log_2 \left(\dfrac{e}{16}\right)$ 之值為：

   (A) e^{-2}　(B) e^{16}　(C) 4　(D) -4

4. $g(x) = \ln(4-x^2)$ 之值域為：

   (A) $(-\infty,\ \ln 4)$　(B) $(\ln 4,\ \infty)$　(C) $[\ln 4,\ \infty)$　(D) $(-\infty,\ \ln 4]$

5. $f(x) = (\ln x)^2,\ x \geq 1$ 之反函數為：

   (A) $f^{-1}(x) = \ln 2^x$　(B) $f^{-1}(x) = \sqrt{x}$　(C) $f^{-1}(x) = \dfrac{1}{\sqrt{x}}$　(D) $f^{-1}(x) = e^{\sqrt{x}}$

6. $\lim\limits_{x \to 0^+} 4^{x+1/x} = ?$

   (A) 4　(B) 0　(C) ∞　(D) $-\infty$

7. 下列哪一個極限值為 e？

   (A) $\lim\limits_{x \to 0} x^{1/x}$　(B) $\lim\limits_{x \to \infty} x^{\ln x}$　(C) $\lim\limits_{x \to 0} (1+x)^x$　(D) $\lim\limits_{x \to 0} (1+x)^{1/x}$

8. $\lim\limits_{x \to -\infty} \dfrac{e^x + e^{-x}}{e^x - e^{-x}} = ?$

   (A) ∞　(B) 1　(C) -1　(D) $-\dfrac{1}{2}$

9. 已知 $f(x)=\dfrac{1}{2}e^{-x}-1$，則下列敘述何者正確？

    (A) $f(x)$ 之圖形有一條斜漸近線 $y=-x$

    (B) $y=\pm 1$ 為 $f(x)$ 圖形之水平漸近線

    (C) $y=-1$ 為 $f(x)$ 圖形之水平漸近線

    (D) $f(x)$ 之圖形無水平漸近線

10. 令 $y=x^{\sqrt{x}}$，則 $\left.\dfrac{dy}{dx}\right|_{x=4}=$?

    (A) $16+4\ln 2$ (B) 8 (C) 16 (D) $8+4\ln 4$

11. 令 $f(x)=2x+\ln x$ 且令 g 為 f 的反函數，則 $g'(2)=$?

    (A) $\dfrac{1}{2}$ (B) $\dfrac{1}{e^2}$ (C) $\dfrac{1}{2\ln 2}$ (D) $\dfrac{1}{3}$

12. 試求 $y=\dfrac{\ln x}{x}$ 之圖形在點 $(e^2, 2e^{-2})$ 之切線方程式.

    (A) $y=\dfrac{1}{e}x+\dfrac{3}{e^2}$ (B) $y=ex+3$ (C) $y=\dfrac{3}{e}x+1$ (D) $y=-\dfrac{1}{e^4}x+\dfrac{3}{e^2}$

13. 若 $y^2+\ln\dfrac{x}{y}-3x+2=0$，定義 $y=f(x)$ 之可微分函數，則 $\left.\dfrac{dy}{dx}\right|_{(1,\ 1)}=$?

    (A) $\dfrac{4}{3}$ (B) -2 (C) $\dfrac{2}{3}$ (D) 2

14. 若 $3y^2-e^{xy}=1$，定義 $y=f(x)$ 之可微分函數，則 $y'=$?

    (A) $\dfrac{ye^{xy}}{xe^{xy}-6y}$ (B) $\dfrac{ye^{xy}}{6y-xe^{xy}}$ (C) $\dfrac{e^{xy}(x+y)}{6y}$ (D) 以上皆非

15. 某日用品的需求函數為 $x=\dfrac{300-p^2}{60}$，p 為何值時需求是富於彈性？

    (A) $p=100$ (B) $p>100$ (C) $p<100$ (D) $p>0$

16. 若 $y=\ln((\ln x^2)^5)$，則 $\dfrac{dy}{dx}=$?

(A) $\dfrac{5}{x\ln x}$ (B) $\dfrac{10}{x\ln x}$ (C) $\dfrac{10}{x+\ln x}$ (D) $\dfrac{10}{\ln(\ln x)}$

第五章　微分的應用

下列各題中皆有四個選項，但只有一個選項是正確的，試選出正確的答案．

1. 若 $f(x)=\dfrac{1}{x}$，$1\leq x<4$，則下列敘述何者正確？

   (A) $f(x)$ 無絕對極大值亦無絕對極小值

   (B) $f(x)$ 有絕對極大值 1 與絕對極小值 $\dfrac{1}{4}$

   (C) $f(x)$ 有絕對極大值 1 但無絕對極小值

   (D) $f(x)$ 無絕對極大值但有絕對極小值 $\dfrac{1}{4}$

2. 若函數 $f(x)=\begin{cases} x^2, & 0\leq x<1 \\ \dfrac{1}{2}, & 1\leq x\leq 2 \end{cases}$，則下列敘述何者正確？

   (A) $f(x)$ 有絕對極小值 0 與絕對極大值 1

   (B) $f(x)$ 無絕對極小值但有絕對極大值 1

   (C) $f(x)$ 有絕對極小值 0 但無絕對極大值

   (D) $f(x)$ 無絕對極小值亦無絕對極大值

3. 下列哪些函數具有極大值？

   (A) $f(x)=x^3$　(B) $f(x)=|x-1|$　(C) $f(x)=x^2$　(D) $f(x)=\begin{cases} x, & 0\leq x\leq 1 \\ 2-x, & 1<x\leq 2 \end{cases}$

4. 函數 $f(x)=|x^2-25|$ 的所有臨界數為：

   (A) 無臨界數　(B) -5，5　(C) -5　(D) 0，-5，5

5. 函數 $f(x)=\begin{cases} x^2-4, & \text{若 } x\leq 2 \\ x^2-8x+12, & \text{若 } x>2 \end{cases}$ 在 $[-1, 5]$ 上的極大值與極小值分別為：

   (A) 2，-4　(B) 0，-2　(C) 0，-4　(D) 2，0

6. 函數 $f(x)=\begin{cases} 2x-1, & 0 \leq x \leq 2 \\ x^2-5x+9, & 2 < x \leq 3 \end{cases}$ 的所有臨界數為：

   (A) $\dfrac{5}{2}$ (B) 2 (C) $\dfrac{5}{2}$, 2 (D) 3

7. 函數 $f(x)=\ln(x^2+2x+3)$ 的臨界數為：

   (A) 1 (B) -1 (C) $\dfrac{1}{2}$ (D) e

8. 函數 $f(x)=x^x$ 的臨界數為：

   (A) e (B) e^{-2} (C) e^{-1} (D) $2e^{-1}$

9. 函數 $f(x)=\dfrac{\ln x}{x}$ 之極大值為：

   (A) e (B) $\dfrac{1}{e}$ (C) $-e^{-1}$ (D) e^{-2}

10. 令 $f(x)=x^2$, $x \in \left[0, \dfrac{1}{2}\right]$，依據均值定理，在 $\left(0, \dfrac{1}{2}\right)$ 中必存有一數 c 使得 $f'(c)$ 等於一特別值 d，則此一 d 值為何？

    (A) 2 (B) 3 (C) $\dfrac{3}{4}$ (D) $\dfrac{1}{2}$

11. 令 $f(x)=10-\dfrac{16}{x}$, $x \in [2, 8]$，試求所有的 c 值 (若存在) 使滿足均值定理之結論．

    (A) 2 (B) -4 (C) 4 (D) $\dfrac{1}{4}$

12. 當 x 為何值時，函數 $f(x)=\dfrac{\ln x}{1+(\ln x)^2}$，由遞減變至遞增？

    (A) $\dfrac{2}{e}$ (B) e (C) $\dfrac{1}{e}$ (D) 0

13. 函數 $f(x)=xe^{-x}$ 在下列哪一個區間為遞增？

(A) $(-\infty, 2]$ (B) $(-\infty, 3]$ (C) $[1, 2]$ (D) $(-\infty, 1]$

14. 若函數 $f(x)=x^2+\dfrac{\alpha}{x}$ 之圖形在 $x=1$ 處有一反曲點，則 α 之值為：

    (A) 0   (B) 4   (C) -1 (D) -2

15. 函數 $f(x)=\ln(x^2+1)$ 的圖形在下列哪一個區間上是凹向上？

    (A) $(-1, 2)$ (B) $(-2, 1)$ (C) $(-2, 2)$ (D) $(-1, 1)$

16. 試求 $y=2x^3-2x^2+5x+1$ 切線之最小斜率為：

    (A) $\dfrac{3}{13}$ (B) $\dfrac{1}{2}$ (C) $\dfrac{6}{5}$ (D) $\dfrac{13}{3}$

17. 兩艘船 A 及 B，由同一點沿互相垂直航線行駛，A 船航速為 6 哩／小時，B 船為 8 哩／小時，請問兩小時後，兩船速度為何？

    (A) 10 哩／小時   (B) 20 哩／小時   (C) 30 哩／小時   (D) 15 哩／小時

18. $\displaystyle\lim_{x\to\infty}\dfrac{e^{-x}}{\ln x}=$?

    (A) 1   (B) 0   (C) e^{-1} (D) $\dfrac{1}{2}$

19. $\displaystyle\lim_{x\to\infty}\dfrac{\ln(1.1)^x}{x^2}=$?

    (A) 1.1   (B) ∞ (C) 0   (D) e

20. $\displaystyle\lim_{x\to 1}\left(\dfrac{1}{x-1}-\dfrac{1}{\ln x}\right)=$?

    (A) $-\infty$ (B) ∞ (C) -1 (D) $-\dfrac{1}{2}$

21. $\displaystyle\lim_{h\to\infty}\left(1+\dfrac{1}{100^h}\right)^{100^h}=$?

    (A) ∞ (B) 1   (C) 0   (D) e

22. $\lim\limits_{x \to \infty} x(e^{1/x} - 1) = $?

    (A) ∞ (B) 0 (C) 1 (D) -1

23. 某電腦製造商生產並銷售 x 台電腦的利潤為 $p(x) = -0.01x^2 + 60x - 500$ 元. 若欲得最大利潤，需生產多少台電腦？

    (A) 3000 台 (B) 4000 台 (C) 5000 台 (D) 2000 台

24. 設生產電話機 x 部的總成本為

    $$TC(x) = x^2 - 2x + 25 \text{ 元}$$

    又電話機售價為 P 元時的需求函數為 $x = D(P) = 30 - \dfrac{P}{4}$. 試問生產多少部電話機時，才會達到最大利潤，其最大利潤應為多少？

    (A) 生產 13 部，最大利潤為 716 元
    (B) 生產 10 部，最大利潤為 500 元
    (C) 生產 12 部，最大利潤為 719 元
    (D) 生產 15 部，最大利潤為 800 元

第六章 不定積分

下列各題中皆有四個選項，但只有一個選項是正確的，試選出正確的答案.

1. 若邊際成本函數為 $C'(x)=2x-6$ 且生產 10 個單位之成本為 50 元，求生產 x 單位之總成本函數 $C(x)$ 為：

    (A) $C(x)=x^2-6x+10$ (B) $C(x)=2x^2-6x+50$

    (C) $C(x)=2x^2+6x+50$ (D) $C(x)=x^2-6x-10$

2. 若 $\dfrac{dy}{dx}=3x^2-2x+4$ 且當 $x=2$ 時，$y=6$，則：

    (A) $y=4$ (B) $y=x^3-x^2+4x+6$ (C) $y=x^3-x^2+4x-6$ (D) $y=6x-2$

3. $\int \left(e^{-3x}+\dfrac{5}{x} \right) dx = ?$

    (A) $-\dfrac{1}{3}e^{-3x}+5\ln|x|+c$ (B) $\dfrac{1}{3}e^{3x}+\ln|5x|+c$

    (C) $e^{3x}+\ln\left|\dfrac{5}{x}\right|+c$ (D) $3e^{-3x}+\ln\left|\dfrac{5}{x}\right|+c$

4. $\int \left(6\sqrt[3]{x^2}-\dfrac{2}{x^5}+\dfrac{1}{6x} \right) dx = ?$

    (A) $\dfrac{18}{5}x^{5/3}+\dfrac{1}{2x^4}+\dfrac{1}{6}\ln|x|+c$ (B) $18x^{5/3}+\dfrac{2}{x^4}+\ln|x|^6+c$

    (C) $18x^{3/5}-\dfrac{2}{x^4}+\ln|x^6|+c$ (D) $\dfrac{1}{6}x^{3/5}+\dfrac{2}{x^4}+\ln\left|\dfrac{1}{6x}\right|+c$

5. $\int \dfrac{x^3}{x^4+2} dx = ?$

    (A) $\ln|x^4+2|+c$ (B) $\dfrac{1}{4}\ln|x^4+2|+c$

(C) $\dfrac{1}{3}\ln|x^4+2|+c$ (D) $\dfrac{x^4}{x^5+2x}+c$

6. $\displaystyle\int x^7 e^{x^8+3}\,dx=$?

   (A) $\dfrac{1}{8}x^8 \cdot e^{x^9+3x}+c$ (B) $x^8 \cdot e^{x^8+3}+c$ (C) $\dfrac{1}{8}e^{x^8+3}+c$ (D) $e^{x^8+3}+c$

7. $\displaystyle\int \dfrac{x\,dx}{\sqrt{x^2+1}}=$?

   (A) $\dfrac{1}{2}\sqrt{x^2+1}+c$ (B) $\dfrac{1}{\sqrt{x^2+1}}+c$ (C) $\sqrt{x^2+1}+c$ (D) $(x^2+1)^{3/2}+c$

8. $\displaystyle\int x^2(x^3+9)^{1/2}\,dx=$?

   (A) x^3+9+c (B) $c(x^2+9)^{3/2}$ (C) $(x^2+9)^{3/2}+c$ (D) $\dfrac{2}{9}(x^2+9)^{3/2}+c$

9. $\displaystyle\int xe^{3x}\,dx=$?

   (A) $\dfrac{e^{3x}}{3}+xe^{3x}+c$ (B) $\dfrac{e^{3x}}{3}+x^2+c$

   (C) $\dfrac{xe^{3x}}{3}+\dfrac{e^{3x}}{3}+c$ (D) $\dfrac{xe^{3x}}{3}-\dfrac{e^{3x}}{9}+c$

10. $\displaystyle\int e^{\sqrt{x}}\,dx=$?

    (A) $2e^{\sqrt{x}}(x+1)+c$ (B) $e^{\sqrt{x}}(x-1)+c$

    (C) $2e^{\sqrt{x}}(\sqrt{x}-1)+c$ (D) $2e^{x^2}+\sqrt{x}+c$

11. $\displaystyle\int (3x^2+1)\ln(x^2+1)\,dx=$?

    (A) $(x^3+x)\ln(x^2+1)+c$ (B) $(x^3+x)\ln(x^2+x)+c$

(C) $(x^3+x)\ln(x^2+1)-\dfrac{2}{3}x^3+c$ (D) $(\sqrt{x}+x)\ln(\sqrt{x}+1)-\dfrac{2}{3}x^2+c$

12. $\displaystyle\int \dfrac{x+3}{x^2+6x}dx=$?

  (A) $\ln|x^2+6x|+c$ (B) $\ln|x+3|+c$

  (C) $\dfrac{1}{2}\ln|x^2+6x|+c$ (D) $\dfrac{1}{2}\ln|x^2|\cdot\ln|6x|+c$

13. $\displaystyle\int \dfrac{dx}{x^2+4x+3}=$?

  (A) $\ln\left|\dfrac{x+3}{x+1}\right|+c$ (B) $\dfrac{1}{4}\ln\left|\dfrac{x+1}{x+3}\right|+c$

  (C) $\dfrac{1}{2}\ln\left|\dfrac{x+1}{x+3}\right|+c$ (D) $-\dfrac{1}{3}\ln\left|\dfrac{x+3}{x+1}\right|+c$

14. 若某曲線的斜率為 $3x^2-1$，則該曲線族的方程式為：

  (A) $y=x^3+c$ (B) $y=x^3-x+c$ (C) $y=3x^2+x+c$ (D) $y=3x^2-x+c$

15. 已知某曲線族之斜率為 $x\sqrt{2-x^2}$，則通過點 $P(1, 2)$ 之曲線方程式為：

  (A) $y=\dfrac{1}{3}(x^2-2)^{3/2}-\dfrac{7}{3}$ (B) $y=\dfrac{1}{3}(2+x^2)^{3/2}+\dfrac{7}{3}$

  (C) $y=-\dfrac{1}{3}(2-x^2)^{3/2}+\dfrac{7}{3}$ (D) $y=(2-x^2)^{1/3}+\dfrac{7}{3}$

16. 已知某曲線族的斜率為 $\dfrac{x+1}{y-1}$，則通過點 $P(1, 1)$ 之曲線方程式為：

  (A) $(x-1)^2+(y-1)^2=4$ (B) $x^2+y^2=2^2$
  (C) $(x+1)^2-(y-1)^2=4$ (D) $(y-1)^2-(x-1)^2=4$

17. 若 $f(0)=1$，且在 $(x, f(x))$ 切線之斜率為 $e^{-x}-3$，則 $f(x)=$?

(A) $f(x)=e^{-x}-3x+3$　　　　　　(B) $f(x)=-e^{-x}+3x-2$

(C) $f(x)=-e^{-x}-3x+2$　　　　　(D) $f(x)=e^{-x}-2x+1$

18. 設某邊際成本函數為 $C'(x)=1.06-0.04x$ 且其固定成本為 100 元，則平均成本為何？

(A) $AC(x)=1.06x-0.02x^2+\dfrac{100}{x}$　　(B) $AC(x)=1.06-0.02x+\dfrac{100}{x}$

(C) $AC(x)=\dfrac{1.06-0.02x}{x}$　　(D) $AC(x)=\dfrac{1.06-0.02x^2}{x}$

19. 設某商品生產 x 單位的邊際成本為 $C'(x)=0.001(0.06x^2-28x)+0.8$ 且其固定成本為 100 元，則總生產成本 $TC(x)$ 為何？

(A) $TC(x)=0.001(0.02x^3-14x^2)+0.8x+100$

(B) $TC(x)=0.001(0.06x^2-28x)+0.8x+c$

(C) $TC(x)=0.001(0.006x^2-28x)+0.8x+1000$

(D) $TC(x)=0.001x\cdot(0.06x^3-28x^2)+0.8x+100$

20. 設邊際收益為 $R'(x)=200-10x-x^2$，則需求函數為何？

(A) $P=200x-5x^2-\dfrac{1}{3}x^3$　　(B) $P=200-5x-\dfrac{1}{3}x^2$

(C) $P=200-10x^2-\dfrac{1}{3}x^3$　　(D) $P=200x^2-10x-\dfrac{1}{3}x^3$

第七章　定積分及其應用

下列各題中皆有四個選項，但只有一個選項是正確的，試選出正確的答案.

1. 假設我們想估計拋物線 $y=x^2$, $0 \leq x \leq 2$ 所圍成區域的面積，若利用四個等長子區間的內接矩形之和去近似，則我們所求得近似面積之最小值為：

    (A) $\dfrac{29}{8}$　(B) 5　(C) 3　(D) $\dfrac{7}{4}$

2. 假設我們想估計拋物線 $y=x^2$, $0 \leq x \leq 2$ 所圍成區域的面積，若利用四個等長子區間的外接矩形之和去近似，則我們所求得近似面積之最大值為：

    (A) $\dfrac{7}{9}$　(B) $\dfrac{15}{4}$　(C) 4　(D) $\dfrac{5}{8}$

3. 令 $f(x)=\dfrac{1}{x}$, $x \in [1, 2]$，將區間分割成四個相等的子區間，如果每一個 x_i^* 為子區間的左端點．試求黎曼和 $\sum\limits_{i=1}^{n} f(x_i^*) \Delta x_i$ 之值．

    (A) $\dfrac{319}{105}$　(B) $\dfrac{319}{420}$　(C) $\dfrac{13}{8}$　(D) $\dfrac{11}{8}$

4. 令 $f(x)=\dfrac{1}{x}$, $x \in [1, 2]$，將區間分割成四個相等的子區間，如果每一個 x_i^* 為其子區間的右端點，試求黎曼和 $\sum\limits_{i=1}^{n} f(x_i^*) \Delta x_i$ 之值．

    (A) $\dfrac{13}{2}$　(B) $\dfrac{533}{210}$　(C) $\dfrac{533}{840}$　(D) $\dfrac{11}{8}$

5. 試利用中點規則取 $n=5$ 去估計 $\int_1^2 \dfrac{dx}{x}$ 之近似值．

    (A) 0.6932　(B) 0.6937　(C) 0.6919　(D) 0.6925

6. 令 $f(x)=x^2-2$, $x \in [0, 2]$．將區間分割成四個相等的子區間．如果 x_i^* 為每一

個子區間的左端點. 試求黎曼和 $\sum_{i=1}^{4} f(x_i^*) \Delta x_i$ 的值.

(A) $-\dfrac{1}{4}$　(B) $\dfrac{9}{2}$　(C) $-\dfrac{9}{4}$　(D) $-\dfrac{9}{2}$

7. 求 $\lim\limits_{n\to\infty} \sum\limits_{i=1}^{n} \left(\dfrac{i}{n}+\left(\dfrac{i}{n}\right)^2\right)\dfrac{1}{n} = $?

(A) $\dfrac{1}{6}$　(B) $\dfrac{5}{6}$　(C) $\dfrac{2}{9}$　(D) $\dfrac{1}{4}$

8. 求 $\lim\limits_{n\to\infty} \sum\limits_{i=1}^{n} 3\left(\dfrac{i}{n}\right)^2\left(\dfrac{1}{n}\right) = $?

(A) 5　(B) 4　(C) 2　(D) 1

9. 求 $\lim\limits_{n\to\infty} \sum\limits_{i=1}^{n} \left(\left(\dfrac{3i}{n}\right)^2+1\right)\dfrac{3}{n} = $?

(A) 10　(B) 9　(C) 18　(D) 12

10. 極限 $\lim\limits_{n\to\infty} \sum\limits_{i=0}^{n-1} \left(1-\left(\dfrac{i}{n}\right)^2\right)\dfrac{1}{n}$ 表示下列哪一個定積分？

(A) $\int_{1}^{2} (x-x^2)\,dx$　(B) $\int_{0}^{n-1} (1-x^2)\,dx$　(C) $\int_{0}^{1} (x-x^2)\,dx$　(D) $\int_{0}^{1} (1-x^2)\,dx$

11. 極限 $\lim\limits_{n\to\infty} \sum\limits_{i=1}^{n} \left(\dfrac{3i}{n}+2\left(\dfrac{i}{n}\right)^2\right)\dfrac{1}{n}$ 表示下列哪一個定積分？

(A) $\int_{0}^{1} (3x+x^2)\,dx$　(B) $\int_{0}^{1} (x+2x^2)\,dx$　(C) $\int_{0}^{1} (3x+2x^2)\,dx$　(D) $\int_{0}^{1} \left(\dfrac{3}{x^2}+\dfrac{2}{x^3}\right)dx$

12. 若 $\int_{0}^{1} f(x)\,dx = 7$ 且 $\int_{0}^{3} f(x)\,dx = 4$，則 $\int_{1}^{3} f(x)\,dx$ 之值為：

(A) 1　(B) 3　(C) 0　(D) -3

13. 若 $\int_0^3 f(x)\,dx=4$、$\int_3^6 f(x)\,dx=4$ 與 $\int_2^6 f(x)\,dx=5$，則 $\int_0^2 f(x)\,dx$ 之值為：

    (A) -3 (B) 3 (C) -1 (D) -2

14. 若 $\int_0^4 f(x)\,dx=4$，$\int_2^6 f(x)\,dx=3$，$\int_0^6 g(x)\,dx=-5$，則 $\int_0^6 [f(x)-4g(x)]\,dx$ 之值為：

    (A) 15 (B) 7 (C) 27 (D) -27

15. 定積分 $\int_2^4 \ln x\,dx$ 可用下列哪一個極限表示？

    (A) $\lim\limits_{n\to\infty}\sum\limits_{i=1}^{n}\left[\ln\left(2+\dfrac{i}{n}\right)\right]\dfrac{2}{n}$
    (B) $\lim\limits_{n\to\infty}\dfrac{2}{n}\sum\limits_{i=1}^{n}\ln\left(2+\left(\dfrac{2i}{n}\right)\right)$

    (C) $\lim\limits_{n\to\infty}\sum\limits_{i=1}^{n}\left[\ln\left(\dfrac{i}{n}\right)\right]\dfrac{2}{n}$
    (D) $\lim\limits_{n\to\infty}\sum\limits_{i=1}^{n}\left[\ln\left(\dfrac{2i}{n}\right)\right]\dfrac{2}{n}$

16. 定積分 $\int_0^1 \sqrt{x}\,dx$ 可用下列哪一個極限表示？

    (A) $\lim\limits_{n\to\infty}\dfrac{1}{n}\sum\limits_{i=1}^{n}\sqrt{\dfrac{i}{n}}$
    (B) $\lim\limits_{n\to\infty}\dfrac{1}{n}\sum\limits_{i=1}^{n}\sqrt{i}$

    (C) $\lim\limits_{n\to\infty}\sum\limits_{i=1}^{n}\sqrt{\dfrac{n}{i}}\,\dfrac{1}{n}$
    (D) $\lim\limits_{n\to\infty}\dfrac{1}{n}\sum\limits_{i=1}^{n}\sqrt{\dfrac{2i}{n}}$

17. 若 $f(x)=\dfrac{1}{2}\int_0^x t^3\,dt$，則 $f'(2)=$ ？

    (A) -24 (B) -12 (C) 8 (D) 4

18. 若 $f(x)=\int_1^{x^2} t^4\,dt$，則 $f''(x)=$ ？

    (A) $2x^7$ (B) $14x^6$ (C) $2x^9$ (D) $18x^8$

19. 若 $\int_0^{x^2} f(t)\,dt = x\ln x$，且 f 為連續函數，則 $f(1)$ 之值為：

(A) 1　(B) 0　(C) $\dfrac{1}{2}$　(D) -1

20. 若 $\int_1^x f(t)\,dt = x^2 - 2x + 1$，則 $f(x) = ?$

(A) $x^2 - 2x + 1$　(B) $\dfrac{1}{3}x^3 - x^2 + x$　(C) $2x - 2$　(D) $x - 1$

21. $\lim\limits_{x \to 0} \dfrac{1}{x^3} \int_0^x \dfrac{t^2}{t^4 + 1}\,dt = ?$

(A) 1　(B) -1　(C) 0　(D) ∞

22. 求 $\int_{-1}^{2} (2 - |x|)\,dx = ?$

(A) 4　(B) $\dfrac{7}{2}$　(C) 1　(D) 0

23. 求 $\int_0^1 \dfrac{e^x}{e^x + 4}\,dx = ?$

(A) $\ln\dfrac{e+5}{5}$　(B) $\ln(e+3)$　(C) $\ln(e+4)$　(D) $\ln\dfrac{e+4}{5}$

24. 求 $\int_e^{e^4} \dfrac{dx}{x\sqrt{\ln x}} = ?$

(A) 0　(B) 2　(C) 3　(D) 1

25. 求 $\int_{-2}^{0} |x+1|\,dx = ?$

(A) $\dfrac{1}{4}$　(B) 0　(C) 1　(D) $\dfrac{3}{2}$

26. 求 $\int_{e}^{e^2} \frac{(\ln x)^2}{x} dx = $?

   (A) $\frac{1}{2}$ (B) $\frac{5}{3}$ (C) $\frac{7}{3}$ (D) 0

27. 求 $\int_{0}^{1} \frac{e^x}{e^x + 1} dx = $?

   (A) $e+1$ (B) $\ln \frac{e+1}{2}$ (C) $\frac{e-1}{2}$ (D) $\ln(e-1)$

28. 求 $\int_{e}^{e^2} \frac{1}{x(\ln x)^2} dx = $?

   (A) -1 (B) 2   (C) $\ln 2$ (D) $\frac{1}{2}$

29. $\int_{-\infty}^{\infty} x e^{-x^2} dx = $?

   (A) e (B) $e^2 - 1$ (C) 發散   (D) 0

30. $\int_{1}^{\infty} \frac{\ln x}{x^3} dx = $?

   (A) $\ln 2$ (B) $\ln 4$ (C) 1   (D) $\frac{1}{4}$

31. $\int_{-\infty}^{1} \frac{dx}{\sqrt{x}} = $?

   (A) 發散   (B) 0   (C) $\frac{1}{2}$ (D) -1

32. $\int_{0}^{e} \frac{dx}{x-1} = $?

   (A) 1   (B) 0   (C) e (D) 發散

33. 試求直線 $y=x$ 與拋物線 $y=x^2-x$ 之間所圍成的面積.

    (A) $\dfrac{4}{3}$　(B) $\dfrac{2}{3}$　(C) 1　(D) $\dfrac{14}{3}$

34. 試求曲線 $y=\ln x$ 與直線 $y=4x-4$ 由 $x=1$ 至 $x=2$ 所圍成區域的面積.

    (A) $3-2\ln 2$　(B) $3+2\ln 2$　(C) $2-2\ln 2$　(D) $2+2\ln 2$

35. 下列圖形所圍成之面積為：

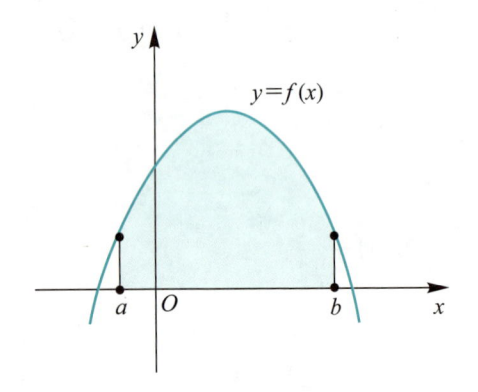

    (A) $\displaystyle\int_a^b f(x)\,dx$　(B) $\displaystyle\int_b^a f(x)\,dx$　(C) $\displaystyle\int_0^b f(x)\,dx+\int_0^a f(x)\,dx$　(D) $\displaystyle\int_0^b f(x)\,dx$

36. 試求曲線 $f(x)=x^2-3x+7$ 與直線 $g(x)=2x+7$ 所圍成區域的面積.

    (A) 55.83　(B) 32.65　(C) 20.83　(D) 16.13

37. 試求曲線 $y=-x^2+8x-15$ 與 x-軸所圍成區域之面積.

    (A) 1.333333　(B) 4　(C) 8　(D) 2.666667

38. 試求曲線 $y=e^x$ 與 $y=e^{-x}$ 介於 $x=0$ 與 $x=\ln 2$ 之間所圍成區域之面積.

    (A) $\dfrac{1}{4}$　(B) $\dfrac{1}{2}$　(C) $\dfrac{1}{3}$　(D) $\dfrac{1}{5}\ln 2$

39. 試求曲線 $y=x^3-x^2-2x+2$ 與直線 $y=2$ 所圍成區域之面積.

    (A) $\dfrac{37}{12}$　(B) $\dfrac{39}{12}$　(C) $\dfrac{3}{5}$　(D) $\dfrac{4}{5}$

40. 試求 $f(x)=\dfrac{x^2+1}{x}$ 在區間 $1 \leq x \leq e^2$ 之平均值.

(A) $\dfrac{e^4+3}{3(e^2-1)}$ (B) $\dfrac{e^4+2}{3(e^2-2)}$ (C) $\dfrac{e^4+3}{2(e^2-1)}$ (D) $\dfrac{e^3+4}{2(e^2+1)}$

41. 若 $f(x)=\dfrac{kx}{x+1}$ 在區間 $1 \leq x \leq 3$ 中之平均值為 8, 則 k 之值為何?

(A) 12.42 (B) 12.30 (C) 12.28 (D) 12.24

42. 試求曲線 $x=2y-y^2$ 與直線 $y=x+2$ 所圍成區域的面積.

(A) $\dfrac{5}{2}$ (B) $\dfrac{11}{2}$ (C) $\dfrac{9}{2}$ (D) $\dfrac{1}{3}$

43. 試求 $f(x)=e^{2x}+e^{-x}$ 在區間 $0 \leq x \leq \ln 2$ 之平均值.

(A) $\dfrac{2}{\ln 2}$ (B) $\dfrac{1}{4}$ (C) $\dfrac{1}{\ln 3}$ (D) e^2-1

44. 試求曲線 $x=-y^2+2y+8$ 與 y-軸及水平線 $y=3$ 下方所圍成區域之面積.

(A) $\dfrac{100}{3}$ (B) $\dfrac{200}{3}$ (C) 100 (D) $50\dfrac{1}{2}$

45. 兩拋物線 $y=x^2-1$ 與 $y=-x^2$ 所圍成共同區域的面積為.

(A) $\dfrac{\sqrt{3}}{4}$ (B) $\dfrac{\sqrt{2}}{4}$ (C) $\dfrac{2\sqrt{2}}{3}$ (D) $\dfrac{\sqrt{2}}{6}$

46. 有一區域係由兩曲線 $y=\dfrac{1}{x}$、$y=x^3$ 與水平線 $y=3$ 所圍成, 則其面積為:

(A) $\dfrac{9}{2}\sqrt[3]{3}-\ln 3$ (B) $\ln 3+\dfrac{3}{4}$ (C) $\dfrac{9}{4}\sqrt[3]{3}-\ln 3-\dfrac{3}{4}$ (D) $\dfrac{9}{2}\ln 3+\dfrac{3}{4}$

47. 由曲線 $y=x^3-6x$ 與直線 $y=-2x$ 所圍成區域的面積為:

(A) 2 (B) 4 (C) 8 (D) 16

48. 直線 $y=\dfrac{7}{2}x+1$ 與曲線 $y=2^x$ 所圍成區域的面積為：

   (A) 大約 10   (B) 大約 10.43   (C) 大約 9.2   (D) 大約 8.1

49. 大維公司之市調部門預估該公司所生產 A 產品的邊際利潤為 $\dfrac{dp}{dx}=-0.02x+12$，p 以元為單位. 試求銷售量由 200 增加到 201 單位時所增加的利潤.

   (A) 8.5 元   (B) 7.99 元   (C) 10.15 元   (D) 7.34 元

50. 大維公司於 4 年期間生產電視機的單位成本 C (C 以元為單位) 為：

$$C=0.005t^2+0.1t+13,\ 0\leq t\leq 48$$

   其中 t 為時間 (以月計)，試估算在 4 年期間的平均單位成本.

   (A) 18 元   (B) 19.24 元   (C) 15 元   (D) 17 元

51. 大偉以 6% 之連續複利投資 5,000 元於某定存帳戶，試求在下一個 10 年期間中，投資的平均值為何？

   (A) 大約 6,873 元   (B) 大約 6,830 元   (C) 大約 6,851 元   (D) 大約 6,766 元

52. 令 $p=D(q)$ 為一需求函數，其中 p 表需求為 q 單位時之單位價格，且令 $p=s(q)$ 為一供給函數，其中 p 為供給者願意供給 q 單位時之價格. $\bar{p}$ 為對應於 $\bar{q}$ 單位之市場價格，如圖所示.

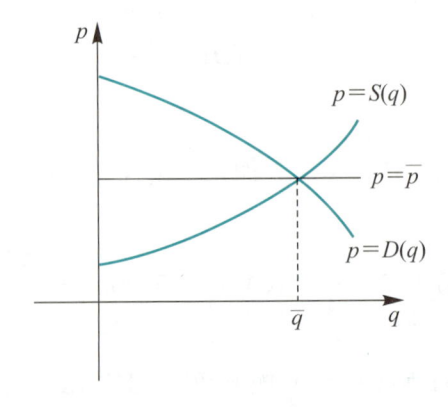

則生產者剩餘為：

(A) $P.S.=\int_0^{\bar{q}} [\bar{p}-S(q)]\,dq$ (B) $P.S.=\bar{p}\bar{q}-\int_0^{\bar{q}} S(q)\,dq$

(C) $P.S.=\int_0^{\bar{q}} S(q)\,dq-\bar{p}\bar{q}$ (D) (A) 與 (B) 皆對

53. 令 $p=D(q)$ 為一需求函數，其中 p 表需求為 q 單位時之單位價格，且令 $p=S(q)$ 為一供給函數，其中 p 為供給者願意供給 q 單位時之價格．$\bar{p}$ 為對應於 $\bar{q}$ 單位之市場價格，如圖所示．

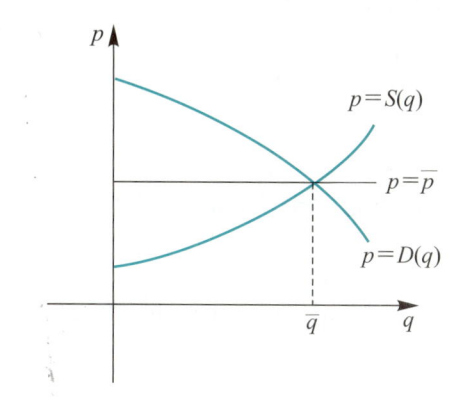

則消費者剩餘為：

(A) $C.S.=\int_0^{\bar{q}} [D(q)-S(q)]\,dq$ (B) $C.S.=\int_0^{\bar{q}} D(q)\,dq-\bar{p}\bar{q}$

(C) $C.S.=\bar{p}\bar{q}-\int_0^{\bar{q}} D(q)\,dq$ (D) $C.S.=\bar{p}\bar{q}-\int_0^{\bar{q}} S(q)\,dq$

54. 某日用品之需求函數與供給函數分別為 $P(x)=32-2x^2$ 與 $S(x)=\dfrac{1}{3}x^2+2x+5$，其中 x 為生產水準．試求供給等於需求點上之消費者剩餘．

(A) $x=4$, $C.S.=40$ 元 (B) $x=3$, $C.S.=36$ 元

(C) $x=5$, $C.S.=50$ 元 (D) $x=2$, $C.S.=70$ 元

第八章　多變數微積分

下列各題中皆有四個選項，但只有一個選項是正確的，試選出正確的答案.

1. 已知函數 $f(x, y) = \dfrac{y}{x^2}$，則：

    (A) 定義域：所有的 $(x, y) \neq (0, y)$. 值域：所有實數
    (B) 定義域：所有的 $(x, y) \neq (0, \ln 1)$. 值域：所有正實數
    (C) 定義域：xy-平面內所有的點. 值域：所有正實數
    (D) 定義域：xy-平面內所有不含 x-軸的點. 值域：所有負實數

2. 已知函數 $f(x, y) = \dfrac{1}{\sqrt{16 - x^2 - y^2}}$，則：

    (A) 定義域：所有 (x, y) 滿足 $x^2 + y^2 > 16$. 值域：$z > \dfrac{1}{4}$

    (B) 定義域：所有 (x, y) 滿足 $x^2 + y^2 \geq 16$. 值域：$z \geq \dfrac{1}{4}$

    (C) 定義域：所有 (x, y) 滿足 $x^2 + y^2 \leq 16$. 值域：$z \leq \dfrac{1}{4}$

    (D) 定義域：所有 (x, y) 滿足 $x^2 + y^2 < 16$. 值域：$z \geq \dfrac{1}{4}$

3. 已知 $f(x, y) = \sqrt{x - y^2}$，則：

    (A) 定義域：所有點在 $x = y^2$ 上或 $x = y^2$ 的左方. 值域：$(-\infty, 0)$
    (B) 定義域：所有點在 $x = y^2$ 上或 $x = y^2$ 的右方. 值域：$[0, \infty)$
    (C) 定義域：所有點在 $x = y^2$ 之左方. 值域：$[\sqrt{2}, \infty)$
    (D) 定義域：所有點在 $x = 0$ 之左方. 值域：$(-\infty, \infty)$

4. 已知 $f(x, y) = \ln(x - y^2)$，則：

    (A) 定義域：所有點在 $x = y^2$ 上或 $x = y^2$ 之左方. 值域：$[\sqrt{2}, \infty)$
    (B) 定義域：所有點在 $x = y^2$ 上或 $x = y^2$ 之右方. 值域：$(-\infty, 0)$

(C) 定義域：所有點在 $x=y^2$ 之右方．值域：$(-\infty, \infty)$

(D) 定義域：所有點在 xy-平面上．值域：$(1, \infty)$

5. 試求 $\lim\limits_{(x, y)\to(1, 1)} \ln|1+x^2y^2|$.

    (A) 2　(B) ln 2　(C) 0　(D) ∞

6. 試求 $\lim\limits_{\substack{(x, y)\to(1, 1)\\x\neq y}} \dfrac{x^2-2xy+y^2}{x-y}$.

    (A) 0　(B) 1　(C) ∞　(D) 不存在

7. 試求 $\lim\limits_{\substack{(x, y)\to(4, 3)\\x-y\neq 1}} \dfrac{\sqrt{x}-\sqrt{y+1}}{x-y-1}$.

    (A) $\dfrac{1}{4}$　(B) 0　(C) $\dfrac{1}{2}$　(D) 不存在

8. 試求 $\lim\limits_{(x, y)\to(0, 0)} \dfrac{x^2y}{x^2+y^2}$.

    (A) 不存在　(B) ∞　(C) $\dfrac{1}{2}$　(D) 0

9. 試求 $\lim\limits_{(x, y)\to(0, 0)} \dfrac{2x^2-y^2}{x^2+2y^2}$.

    (A) $-\dfrac{1}{2}$　(B) $\dfrac{1}{2}$　(C) 不存在　(D) $\dfrac{1}{4}$

10. 若 $f(x, y)=\dfrac{xy}{x^2+y^2}$，則 $\lim\limits_{(x, y)\to(0, 0)} f(x, y)$：

    (A) 存在　(B) 不存在　(C) 等於 0　(D) 等於 $\dfrac{1}{2}$

11. 函數 $f(x, y, z)=\dfrac{1}{x^2+z^2-1}$ 在下列哪一集合中連續？

(A) $\{(x, y, z) | x^2+z^2 > 1\}$ (B) $\{(x, y, z) | x^2+z^2 < 1\}$

(C) $\{(x, y, z) | x^2+z^2 \neq 1\}$ (D) $\{(x, y, z) | x^2+z^2 \neq 0\}$

12. 設 $f(x, y) = \begin{cases} \dfrac{x^2 y^3}{2x^2+y^2}, & 若 (x, y) \neq (0, 0) \\ 1, & 若 (x, y) = (0, 0) \end{cases}$，則下列各敘述何者正確？

    (A) f 在 $(0, 0)$ 連續   (B) f 在 $(0, 0)$ 無定義

    (C) f 在 $(0, 0)$ 不連續   (D) f 在 $I\!R^2$ 中處處連續

13. 設 $f(x, y) = \begin{cases} \dfrac{x^4-y^4}{x^2+y^2}, & 若 (x, y) \neq (0, 0) \\ 0, & 若 (x, y) = (0, 0) \end{cases}$，則下列各敘述何者正確？

    (A) f 在 $(0, 0)$ 無定義

    (B) f 在 $\{(x, y) | x \in I\!R, y \in I\!R\}$ 中連續

    (C) f 在 $\{(x, y) | x=0, y=0\}$ 不連續

    (D) f 在 $\{(x, y) | x=0, y=0\}$ 連續

14. 若 $f(x, y) = \dfrac{x-y}{x+y}$，則 $f_x(1, 2) = ?$

    (A) $\dfrac{2}{9}$ (B) $-\dfrac{2}{9}$ (C) $\dfrac{4}{9}$ (D) $\dfrac{1}{9}$

15. 若 $f(x, y, z) = 3\sqrt{x^2+4y^2+z^2}$，則 $f_z(2, 1, 1) = ?$

    (A) 0 (B) 1 (C) $\dfrac{1}{2}$ (D) -3

16. 若 $f(x, y, z) = 2z \ln(x^2 yz)$，則 $f_x\left(\dfrac{1}{2}, 1, 4\right) = ?$

    (A) 0 (B) $2\ln 2$ (C) 12 (D) 2

17. 若 $f(x, y) = e^{2x+y^2}$，則 $f_{xyy}(0, 0) = ?$

(A) 1　(B) 2　(C) 4　(D) 2e

18. 若 $f(x, y)=x^2 \ln y$，則 $f_{xy}(2, 4)=$?

(A) 1　(B) $\dfrac{1}{4}$　(C) 0　(D) $\dfrac{1}{2}$

19. 若 $f(x, y)=x \ln (1+2x-5y)$，則 $f_{xx}(1, 1)=$?

(A) -3　(B) 4　(C) $\dfrac{1}{3}$　(D) 0

20. 若 $f(x, y)=x \ln (1+2x-5y)$，則 $f_{yy}(1, 1)=$?

(A) $\dfrac{25}{4}$　(B) $\dfrac{1}{9}$　(C) $-\dfrac{25}{4}$　(D) $\dfrac{1}{8}$

21. 若 $f(x, y)=x \ln (6+9x-9y)$，則 $f_{xx}(x, y)=$?

(A) $\dfrac{12+9x-y}{(6+9x-9y)^2}$　(B) $\dfrac{9(12+9x-18y)}{(6+9x-9y)^2}$

(C) $\dfrac{81x+4y}{(6+9x-9y)^2}$　(D) $\dfrac{3x+4y}{(6+9x-9y)^2}$

22. 若 $f(x, y)=\displaystyle\int_x^y (2t+1)\, dt+\int_y^x (2t-1)\, dt$，則 $\dfrac{\partial f}{\partial x}=$?

(A) 2　(B) -4　(C) -2　(D) 1

23. 若 $f(x, y)=\displaystyle\int_x^y \dfrac{e^t}{t}\, dt$，則 $f_x(x, y)=$?

(A) $\dfrac{e^y}{y}$　(B) $-\dfrac{e^x}{x}$　(C) 0　(D) $\dfrac{e^x}{x}$

24. 若 $u=\ln (e^x+e^y+e^z)$，試求 $\dfrac{\partial u}{\partial x}+\dfrac{\partial u}{\partial y}+\dfrac{\partial u}{\partial z}=$?

(A) $3e$　(B) e^2　(C) e　(D) 1

25. 球面 $x^2+y^2+z^2=9$ 與平面 $y=2$ 的交線在點 $(1, 2, 2)$ 之切線方程式為：

(A) $\begin{cases} x=2 \\ x+2z=5 \end{cases}$ (B) $\begin{cases} x=2 \\ y+2z=5 \end{cases}$ (C) $\begin{cases} y=2 \\ x+2z=5 \end{cases}$ (D) $\begin{cases} y=2 \\ 2x+z=5 \end{cases}$

26. 已知函數 $f(x, y)=x^2-2y^2$，則下列敘述何者正確？

(A) $(\sqrt{2}, 1)$ 為鞍點 (B) $(0, 0)$ 為極小點
(C) $(0, 0)$ 為鞍點 (D) $(2, 1)$ 為極大點

27. 已知函數 $f(x, y)=x^2+y^2+xy$，則下列敘述何者正確？

(A) $(2, 1)$ 為鞍點 (B) $(2, 1)$ 為極大點
(C) $(\sqrt{2}, 1)$ 為極小點 (D) $(0, 0)$ 為極小點

28. 已知函數 $f(x, y)=4-x^2-y^2-xy-x$，則下列敘述何者正確？

(A) $\left(-\dfrac{2}{3}, \dfrac{1}{3}\right)$ 為鞍點 (B) $\left(-\dfrac{2}{3}, \dfrac{1}{3}\right)$ 為極大點
(C) $\left(\dfrac{1}{3}, \dfrac{2}{3}\right)$ 為極小點 (D) $\left(\dfrac{1}{3}, \dfrac{2}{3}\right)$ 為鞍點

29. 試求由原點至曲面 $z^2=2xy+2$ 之最短距離．

(A) $\dfrac{1}{2}$ (B) $\dfrac{1}{\sqrt{2}}$ (C) $\sqrt{2}$ (D) $4\sqrt{2}$

30. 試求函數 $f(x, y)=xy$ 之極小值受限制於 $x^2+y^2=2$

(A) $\dfrac{1}{2}$ (B) 2 (C) -2 (D) -1

31. 設 $f(x, y)=x^2y$ 且 $R=\{(x, y)|0 \leq x \leq 1, 0 \leq y \leq 1\}$．令 R 為其本身之分割，且令 $(\bar{x}_i, \bar{y}_i)$ 為 R 之中心．試計算 f 之二重黎曼和．

(A) $\dfrac{3}{4}$ (B) $\dfrac{3}{16}$ (C) $\dfrac{1}{16}$ (D) $\dfrac{1}{8}$

32. 設 $f(x, y)=xy$ 且 $R=\{(x, y)|0 \leq x \leq 1, 0 \leq y \leq 1\}$. 將 R 藉由直線 $x=\frac{1}{2}$ 與 $y=\frac{1}{2}$ 分割成四個子矩形區域，且令 $(\bar{x}_i, \bar{y}_i)$ 為 R_i 之右上角，試計算 f 之二重黎曼和.

    (A) $\frac{5}{8}$ (B) $\frac{3}{8}$ (C) $\frac{9}{16}$ (D) $\frac{1}{2}$

33. 二重積分 $\int_{y=2}^{y=5}\int_{x=3}^{x=4} dx\, dy$ 等於：

    (A) $\int_{y=3}^{y=6}\int_{x=2}^{x=3} dx\, dy$ (B) $\int_{y=3}^{y=4}\int_{x=0}^{x=7} dx\, dy$

    (C) $\int_{x=3}^{x=5}\int_{y=2}^{y=5} y\, dy\, dx$ (D) $\int_{x=1}^{x=4}\int_{y=x+1}^{5} x\, dy\, dx$

34. 試求 $\int_0^2\int_1^e y^2 \ln x\, dx\, dy = ?$

    (A) 0 (B) $\frac{8}{3}$ (C) 2 (D) 4

35. 試計算二重積分 $\iint_R (2xy+y^2)\, dx\, dy$，其中 R 為三角形之頂點 $(0, 0)$、$(2, 0)$ 與 $(1, 2)$.

    (A) $\frac{10}{3}$ (B) $\frac{5}{3}$ (C) 4 (D) $\frac{20}{3}$

36. 試求 $\int_0^1\int_0^1 e^{4x} y^3\, dx\, dy = ?$

    (A) $\frac{1}{16}(e^2-1)$ (B) $\frac{1}{16}(e^4-1)$ (C) $\frac{1}{16}(e^8+1)$ (D) $\frac{1}{16}(e^4+1)$

37. 疊積分 $\int_0^1 \int_{2x}^2 e^{y^2} \, dy \, dx$ 等於：

(A) $\int_2^0 \int_{\frac{1}{2}y}^0 e^{y^2} \, dx \, dy$
(B) $\int_0^1 \int_{\frac{x}{2}}^1 e^{y^2} \, dy \, dx$
(C) $\int_0^2 \int_0^{\frac{1}{2}y} e^{y^2} \, dx \, dy$
(D) $\int_0^1 \int_0^y e^{y^2} \, dx \, dy$

38. 試計算疊積分 $\int_0^1 \int_0^1 x^2 y \, dx \, dy$.

(A) $\dfrac{1}{2}$ (B) $\dfrac{1}{6}$ (C) $\dfrac{1}{3}$ (D) $\dfrac{1}{4}$

39. 試計算疊積分 $\int_0^2 \int_0^3 e^{x-y} \, dy \, dx$.

(A) $(e^2+1)(1-e^3)$ (B) $(e^{-2}+1)$ (C) $e^{-3}+1$ (D) $(e^2-1)(1-e^{-3})$

40. 試計算疊積分 $\int_1^{\ln 8} \int_0^{\ln y} e^{x+y} \, dx \, dy$.

(A) $8 \ln 6 + e$ (B) $8 \ln 8 - 16$ (C) $\ln 4 + e$ (D) $8 \ln 8 - 16 + e$

41. 試計算二重積分 $\iint_R \dfrac{y}{(x+1)^2} \, dA$, $R = \{(x, y) \mid 0 \leq x \leq 1, \ 0 \leq y \leq 1\}$.

(A) $\dfrac{1}{2}$ (B) $\dfrac{2}{3}$ (C) $\dfrac{1}{4}$ (D) $\dfrac{3}{4}$

42. 試計算二重積分 $\iint_R \dfrac{1}{(x+y)^2} \, dA$, $R = \{(x, y) \mid 1 \leq x \leq 2, \ 1 \leq y \leq 2\}$.

(A) $\dfrac{9}{8}$ (B) $\ln \dfrac{9}{8}$ (C) $-\ln \dfrac{1}{2}$ (D) $\ln \dfrac{3}{2}$

43. 試計算二重積分 $\iint_R \dfrac{1+x}{1+y} \, dA$, $R = \{(x, y) \mid -1 \leq x \leq 2, \ 0 \leq y \leq 1\}$.

(A) $\dfrac{9}{2}$ (B) $\ln 2$ (C) $\dfrac{9}{2}\ln 2$ (D) 4

44. 試計算疊積分 $\displaystyle\int_0^1 \int_0^1 xy^2 e^{xy^3}\, dx\, dy$.

(A) $\dfrac{1}{3}e$ (B) $\dfrac{1}{3}(e-2)$ (C) $\dfrac{1}{4}e^2-1$ (D) $\dfrac{1}{3}(e+2)$

45. 試計算疊積分 $\displaystyle\int_1^e \int_0^{\ln x} y\, dy\, dx$.

(A) $\dfrac{e}{2}-1$ (B) $\dfrac{e}{4}$ (C) $e-1$ (D) $2e+1$

46. 下列哪一式子等於 $\displaystyle\int_0^{16} \int_0^{\sqrt{x}} f(x, y)\, dy\, dx$?

(A) $\displaystyle\int_4^0 \int_{16}^{y^2} f(x, y)\, dx\, dy$ (B) $\displaystyle\int_2^0 \int_8^{\sqrt{y}} f(x, y)\, dx\, dy$

(C) $\displaystyle\int_0^4 \int_{y^2}^{16} f(x, y)\, dx\, dy$ (D) $\displaystyle\int_0^8 \int_0^{\sqrt{y}} f(x, y)\, dx\, dy$

47. 試求圓拋物面 $z=x^2+y^2$ 之下，x-軸、y-軸與直線 $x+y=1$ 所圍成平面區域之上的體積.

(A) $\dfrac{1}{4}$ (B) $\dfrac{1}{3}$ (C) $\dfrac{1}{6}$ (D) $\dfrac{1}{2}$

48. 下列哪一個積分等於 $\displaystyle\int_0^2 \int_{x^2}^4 (xy^2+x)\, dy\, dx$?

(A) $\displaystyle\int_0^4 \int_0^{y^2} (xy^2+x)\, dx\, dy$ (B) $\displaystyle\int_0^4 \int_1^{\sqrt{y}} (xy^2+x)\, dx\, dy$

(C) $\displaystyle\int_0^4 \int_0^{\sqrt{y}} (xy^2+x)\, dx\, dy$ (D) $\displaystyle\int_0^2 \int_0^{\sqrt{y}} (xy^2+x)\, dx\, dy$

49. 求 $\int_0^1 \int_0^z \int_0^{y^2} dx\,dy\,dz = ?$

(A) $\dfrac{1}{24}$ (B) $\dfrac{1}{6}$ (C) $\dfrac{1}{36}$ (D) $\dfrac{1}{12}$

50. 求 $\int_1^e \int_1^e \int_1^e \dfrac{1}{xyz} dx\,dy\,dz = ?$

(A) 2 (B) 1 (C) $e-1$ (D) e^2-1

自我學習評量答案

第一章　函數與圖形

1. (D)　**2.** (C)　**3.** (A)　**4.** (A)　**5.** (A)　**6.** (A)　**7.** (A)　**8.** (B)　**9.** (A)　**10.** (C)

第二章　函數的極限與連續

1. (D)　**2.** (C)　**3.** (A)　**4.** (D)　**5.** (B)　**6.** (A)　**7.** (B)　**8.** (B)　**9.** (D)　**10.** (B)
11. (A)　**12.** (C)

第三章　微　分

1. (C)　**2.** (A)　**3.** (D)　**4.** (D)　**5.** (B)　**6.** (A)　**7.** (B)　**8.** (C)　**9.** (B)　**10.** (A)
11. (D)　**12.** (C)　**13.** (B)　**14.** (C)

第四章　指數函數與對數函數的微分

1. (B)　**2.** (B)　**3.** (C)　**4.** (D)　**5.** (D)　**6.** (C)　**7.** (D)　**8.** (C)　**9.** (C)　**10.** (D)
11. (D)　**12.** (D)　**13.** (D)　**14.** (B)　**15.** (B)　**16.** (A)

第五章　微分的應用

1. (C)　**2.** (C)　**3.** (D)　**4.** (D)　**5.** (C)　**6.** (C)　**7.** (B)　**8.** (C)　**9.** (B)　**10.** (D)
11. (C)　**12.** (C)　**13.** (D)　**14.** (C)　**15.** (D)　**16.** (D)　**17.** (A)　**18.** (B)　**19.** (B)
20. (D)　**21.** (D)　**22.** (C)　**23.** (A)　**24.** (C)

第六章　不定積分

1. (A)　**2.** (C)　**3.** (A)　**4.** (A)　**5.** (B)　**6.** (C)　**7.** (C)　**8.** (D)　**9.** (D)　**10.** (C)
11. (C)　**12.** (C)　**13.** (C)　**14.** (B)　**15.** (C)　**16.** (C)　**17.** (C)　**18.** (B)　**19.** (A)
20. (B)

第七章　定積分及其應用

1. (D)　**2.** (B)　**3.** (B)　**4.** (C)　**5.** (C)　**6.** (C)　**7.** (B)　**8.** (D)　**9.** (D)　**10.** (D)
11. (C)　**12.** (D)　**13.** (B)　**14.** (C)　**15.** (B)　**16.** (A)　**17.** (D)　**18.** (D)　**19.** (C)
20. (C)　**21.** (D)　**22.** (B)　**23.** (D)　**24.** (B)　**25.** (C)　**26.** (C)　**27.** (B)　**28.** (D)
29. (D)　**30.** (D)　**31.** (A)　**32.** (D)　**33.** (A)　**34.** (A)　**35.** (A)　**36.** (C)　**37.** (A)
38. (B)　**39.** (A)　**40.** (C)　**41.** (D)　**42.** (C)　**43.** (A)　**44.** (A)　**45.** (C)　**46.** (C)
47. (C)　**48.** (B)　**49.** (B)　**50.** (B)　**51.** (C)　**52.** (D)　**53.** (B)　**54.** (B)

第八章　多變數微積分

1. (A)　**2.** (D)　**3.** (B)　**4.** (C)　**5.** (B)　**6.** (A)　**7.** (A)　**8.** (D)　**9.** (C)　**10.** (B)
11. (C)　**12.** (C)　**13.** (B)　**14.** (C)　**15.** (B)　**16.** (D)　**17.** (C)　**18.** (A)　**19.** (A)
20. (C)　**21.** (B)　**22.** (C)　**23.** (B)　**24.** (D)　**25.** (C)　**26.** (C)　**27.** (D)　**28.** (B)
29. (C)　**30.** (D)　**31.** (D)　**32.** (C)　**33.** (A)　**34.** (B)　**35.** (A)　**36.** (B)　**37.** (C)
38. (B)　**39.** (D)　**40.** (D)　**41.** (C)　**42.** (B)　**43.** (C)　**44.** (B)　**45.** (A)　**46.** (C)
47. (C)　**48.** (C)　**49.** (D)　**50.** (B)

習題答案

第一章

✴ 習題 1-1

1. (1) $(-\infty, -3) \cup (2, \infty)$ (2) $[-3, 1)$

   (3) $\left(1, \dfrac{7}{2}\right)$ (4) $(-\infty, -4] \cup \left[-\dfrac{1}{2}, \infty\right)$

   (5) $\left(1, \dfrac{3}{2}\right)$ (6) $(-\infty, -18] \cup [-10, \infty)$

   (7) $\left(-13, \dfrac{11}{5}\right)$ (8) $(-\infty, -2) \cup (3, \infty)$

2. 略

✴ 習題 1-2

1. $f(1)=2$, $f(3)=\sqrt{2}+6$, $f(10)=23$
2. (1) $D_f = \{x \mid x \in \mathbb{R}\}$ (2) $D_f = \{x \mid x \in \mathbb{R}\}$

   (3) $D_f = \{x \mid x \in \mathbb{R}\}$ (4) $D_f = \left\{x \mid x \geq \dfrac{3}{2}\right\}$

   (5) $D_f = \{x \mid x \in \mathbb{R},\ x \geq 2 \text{ 或 } x \leq -2\}$ (6) $D_f = \{x \mid x \in \mathbb{R}\}$

403

(7) $D_f = \{x \mid x \in \mathbb{R}\}$ (8) $D_f = \{x \mid x \neq 0\}$

(9) $D_f = \{x \mid x \neq 1, \ x \neq 2\}$ (10) $D_f = \{x \mid x \neq -1, \ x \neq 3\}$

(11) $D_f = \{x \mid -2 \leq x \leq 1\} = [-2, \ 1]$

3. (1) 一對一函數   (2) 一對一函數   (3) 非一對一函數

     (4) 非一對一函數   (5) 非一對一函數

4. (1) 非一對一函數   (2) 一對一函數

     (3) 是一對一函數   (4) 非一對一函數

5. $f\left(\dfrac{1}{2}\right) = \dfrac{5}{2}$, $f\left(\dfrac{3}{2}\right) = \dfrac{5}{2}$ **6.** $a = \dfrac{3}{2}$, $b = \dfrac{1}{2}$, $c = 1$

7. (1) 為偶函數，亦為奇函數   (2) 為奇函數   (3) 為奇函數

8. (1) $h+2$ (2) $2(x-1)$ **9.** $\dfrac{-1}{a(a+2)}$

✻ 習題 1-3

1. (1) 為函數圖形.

     (2) 不為函數圖形，但為 $x = h(y)$ 之圖形.

     (3) 不為函數圖形，也不為 $x = h(y)$ 之函數圖形.

2.   **3.**

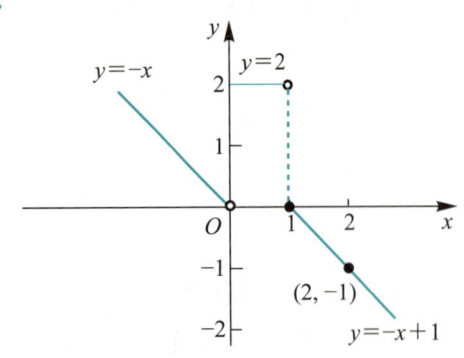

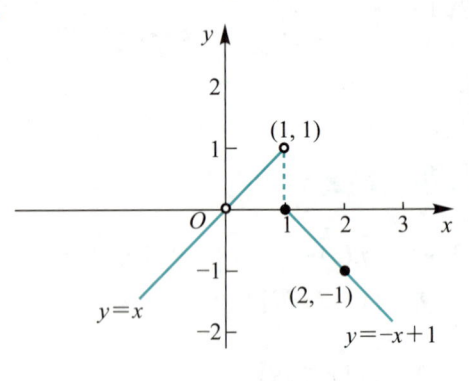

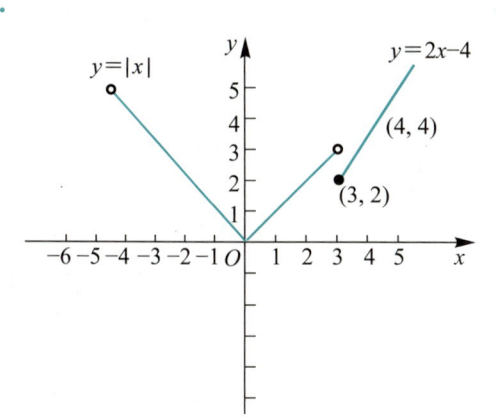

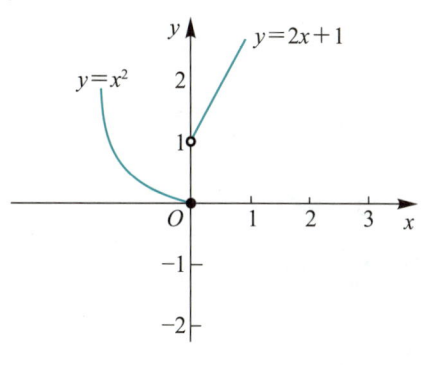

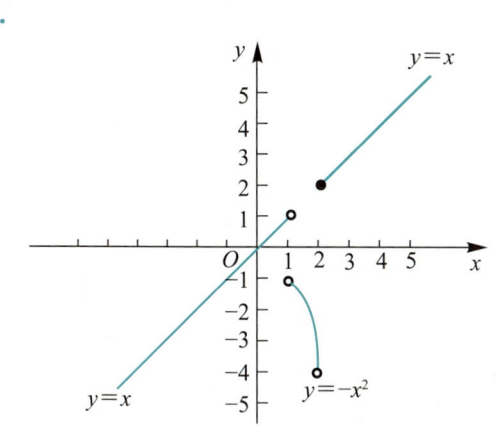

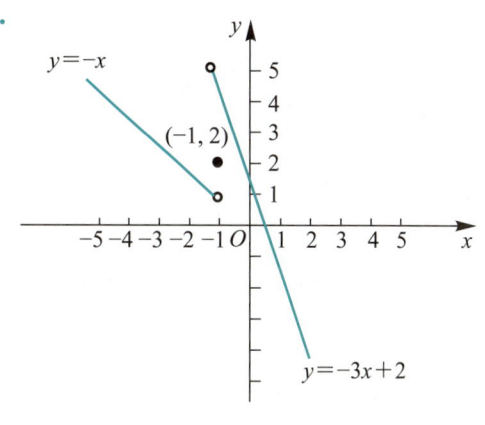

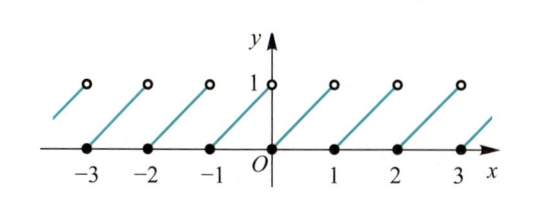

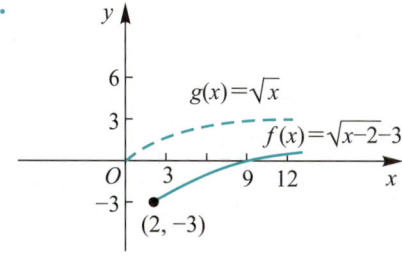

4.

5.

6.

7.

8.

9.

10.

11.

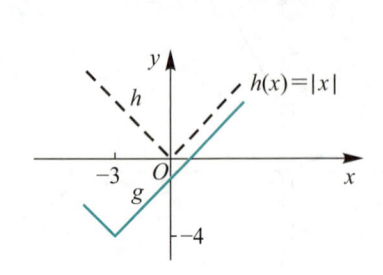

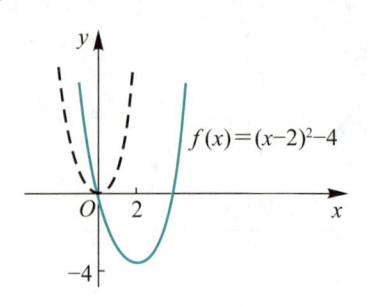

✻ 習題 1-4

1. $4x-y-5=0$ 2. $y=-2x+4$ 3. $5x-2y-4=0$ 4. $y=-\dfrac{2}{3}x-1$

5. 斜率 $m=-\dfrac{4}{5}$，y-截矩為 $\dfrac{4}{5}$ 6. $y=\dfrac{3}{4}x-\dfrac{15}{4}$

✻ 習題 1-5

1. $(f+g)(x)=\dfrac{x-3}{2}+\sqrt{x}$，$x\in[0,\infty)$，$(f-g)(x)=\dfrac{x-3}{2}-\sqrt{x}$，$x\in[0,\infty)$

   $(f\cdot g)(x)=\dfrac{x-3}{2}\cdot\sqrt{x}$，$x\in[0,\infty)$，$\left(\dfrac{f}{g}\right)(x)=\dfrac{x-3}{2\sqrt{x}}$，$x\in(0,\infty)$

2. (1) $(f\circ g)(1)=4$ (2) $(g\circ f)(1)=16$ (3) $(f\circ g)(0)=3$

3. $(f\circ g)(2)=1$，$(f\circ g)(4)=2$，$(g\circ f)(1)=3$，$(g\circ f)(3)=4$

4. (1) $(f\circ g)(x)=\sqrt{7x^2+5}$，$(g\circ f)(x)=\sqrt{7x^2+29}$

   (2) $(f\circ g)(x)=\dfrac{18x^4+24x^2+11}{9x^4+12x^2+4}$，$(g\circ f)(x)=\dfrac{1}{27x^4+36x^2+14}$

   (3) $(f\circ g)(x)=x$，$(g\circ f)(x)=x$

5. 略

6. (1) $f(x)=\sqrt{x}$，$g(x)=x^2+x-1$ (2) $f(x)=x^2$，$g(x)=1-\dfrac{1}{x^2}$

7. $f(x)=\dfrac{x}{x+1}$, $g(x)=x^{10}$, $h(x)=x+3$

✻ 習題 1-6

1. $C(x)=50{,}000+500x$, $\overline{C}(x)=\dfrac{50{,}000}{x}+500$

2. (1) $C(x)=5{,}000+\dfrac{22}{9}x$ (2) $R(x)=8x$ (3) $P(x)=8x-\left(5{,}000+\dfrac{22}{9}x\right)$

   (4) $P(1{,}800)=5{,}000$, $P(900)=0$, $P(450)=-2{,}500$

3. (1) 975,000 元 (2) 4.75 元 4. (1) 100 元 (2) 36 元 (3) 24 元

5. $R(x)=80x-0.2x^2$, 5,580 元 6. $(2{,}500,\ 50{,}000)$ 7. $(7{,}500,\ 75{,}000)$

8. (1) ① 2,000 台 ② 2,900 台 ③ 3,200 台 (2) 300 台／年

9. (1) $y=82{,}500x+850{,}000$

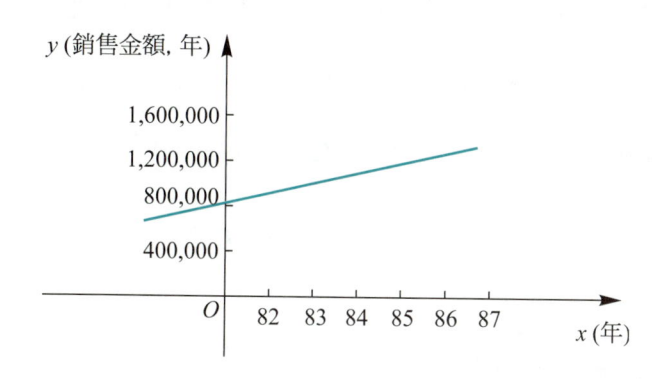

   (2) 1,840,000 元

   (3) 97 年

第二章

✻ 習題 2-1

1. -3 2. $\dfrac{1}{2}$ 3. 15 4. -15 5. 4 6. $\dfrac{1}{2\sqrt{2}}$ 7. 12 8. $\dfrac{1}{2}$ 9. $-\dfrac{1}{x^2}$

10. $-\dfrac{1}{x^4}$　11. $\dfrac{2}{3}$　12. $-\dfrac{1}{16}$　13. -1　14. $f(9)=5$，$\lim\limits_{x\to 9} f(x)=6$

15. $\dfrac{1}{4}$　16. $4x+1$　17. a　18. $\dfrac{x}{\sqrt{x^2+1}}$

✻ 習題 2-2

1. 60　2. 243　3. $\dfrac{3}{8}$　4. 28　5. -2　6. $\dfrac{71}{96}$　7. $\dfrac{32}{3}$　8. 32　9. $\dfrac{1}{6}$　10. -4

11. -2　12. $\dfrac{1}{4}$　13. $-\dfrac{\sqrt{6}}{12}$　14. $-\dfrac{1}{2}$　15. 略　16. 略

✻ 習題 2-3

1. $\dfrac{1}{4}$　2. -1　3. 2　4. 6　5. -6　6. $\dfrac{1}{6}$　7. 0　8. 1　9. $\dfrac{11}{5}$

10. 不存在　11. -1　12. 不存在　13. -1　14. -2

15. $\lim\limits_{x\to 2} f(x)$ 不存在　　　　　16. $\lim\limits_{x\to 2} f(x)=0$

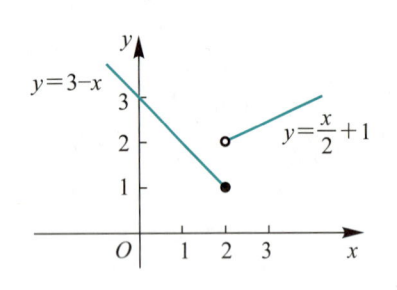

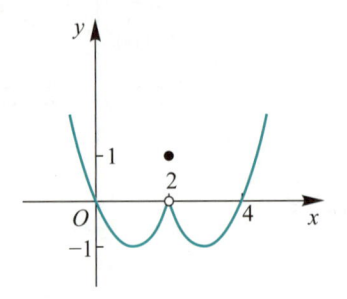

17. (1) 3　(2) -1　　18. (1) $\lim\limits_{x\to 2} f(x)$ 不存在　(2) ① $\dfrac{1}{3}$，② 4　19. 1

✻ 習題 2-4

1. $f(x)$ 在 $x=-1$ 為不連續，因為 $f(-1)$ 無定義.

2. $f(x)$ 在 $x=2$ 為不連續，因為 $f(2)$ 無定義.

3. $f(x)$ 在 $x=2$ 為不連續，因為 $f(2)$ 無定義.

4. $f(x)$ 在 $x=3$ 為不連續，因為 $f(3)$ 無定義.

5. $f(x)$ 在 $x=2$ 為不連續，因為 $f(2)$ 無定義.

6. $f(x)$ 在 $x=1$ 為不連續，因為 $f(1)$ 無定義.

7. $f(x)$ 在 $x=-1$ 為不連續，因為 $\lim\limits_{x \to -1} f(x) \neq f(-1)$.

8. $k=4$ **9.** $f(x)$ 在 $x=1$ 為連續 **10.** $a=0$, $b=1$ **11.** 略 **12.** 略

13. 略 **14.** 略 **15.** $k=4$ **16.** 不連續

✻ 習題 **2-5**

1. $\dfrac{1}{2}$ **2.** 0 **3.** ∞ **4.** -4 **5.** $\dfrac{3}{2}$ **6.** 0 **7.** $\dfrac{3}{2}$ **8.** -5

9. 0 **10.** ∞ **11.** 不存在

12. $x=2$ 為垂直漸近線，$y=\dfrac{3}{2}$ 為水平漸近線.

13. $x=3$ 為垂直漸近線，$y=-2$ 為水平漸近線.

14. $x=-3$、$x=1$ 為垂直漸近線，$y=1$ 為水平漸近線.

15. $x=\dfrac{9}{2}$ 為垂直漸近線，$y=\dfrac{3}{4}$ 為水平漸近線.

16. $x=2$、$x=-2$ 為垂直漸近線，$y=1$、$y=-1$ 為水平漸近線.

17. $x=2$、$x=-2$ 為垂直漸近線，$y=1$ 為水平漸近線.

第三章

✻ 習題 **3-1**

1. $\dfrac{1}{4}$ **2.** $-\dfrac{1}{2}$

3. 切線方程式為 $2x+y-2=0$，法線方程式為 $2x-4y+3=0$

4. $\dfrac{1}{2\sqrt{x-1}}$ 5. $m_1=1$, $m_2=-1$ 6. $\left(\dfrac{1}{2}, \dfrac{17}{4}\right)$ 7. $14x$

8. $-\dfrac{1}{(x-2)^2}$ 9. $-\dfrac{7}{2\sqrt{x^3}}$ 10. 不可微分 11. 略

✱ 習題 3-2

1. $-\dfrac{10}{x^6}+\dfrac{9}{x^4}$ 2. $-\dfrac{2x}{(x^2+5)^2}$ 3. $-\dfrac{8x}{(x^2+5)^3}$

4. $(x^2+1)(x-1)(x+5)\left(\dfrac{2x}{x^2+1}+\dfrac{1}{x-1}+\dfrac{1}{x+5}\right)$ 5. $-\dfrac{4}{(1+2x)^2}$

6. $\dfrac{1}{(1-x)^2}$ 7. $6x(x^2-3)^2(3x^4+1)(7x^4-12x^2+1)$

8. $\dfrac{x(2-3x^2)}{\sqrt{1-x^2}}$ 9. $\dfrac{3x(x^3+4)^2(x^3-3x-8)}{(x^2-1)^4}$ 10. $\dfrac{2x(2x^2+1)}{3\sqrt[3]{(x^4+x^2+5)^2}}$

11. (1) -1 (2) 8 (3) -8 (4) 8 12. $\dfrac{6}{x^4}$ 13. $\dfrac{1}{4x\sqrt{x}}$

14. $\dfrac{4}{(3x-2)^{2/3}}$ 15. $\dfrac{1}{(x^2+1)^{3/2}}$ 16. $\dfrac{2x(x^2-3)}{(1+x^2)^3}$ 17. 160

✱ 習題 3-3

1. $-\dfrac{3}{x^2}$ 2. $6(x^{3/2}+2)(x^{1/2})$ 3. $\dfrac{(x^2-x)(2x+1)}{\sqrt{(x^2+x)^2+1}}$ 4. $-16x^{-5}(x^{-4}+4)^3$

5. $-\dfrac{\sqrt{x}+1}{[1+(\sqrt{x}+1)^2]^{3/2}} \cdot \dfrac{1}{2\sqrt{x}}$ 6. $-\dfrac{1}{(x+3)^2}$

7. $\dfrac{3x^2}{x^6+4x^3+5}$ 8. 2 9. $\dfrac{2x(x^2+1)}{|x^2+1|}$ 10. $\dfrac{x^2+x+1}{|x^2+x+1|} \cdot (2x+1)$

11. 0   **12.** 略   **13.** 略

✱ 習題 3-4

1. (1) $\dfrac{6}{(t+1)^2}$ 千人／每年   (2) 1500 人／每年   (3) 1000 人

  (4) 60 人／每年   (5) 0.3093%／年

2. (1) 10,800 元／年   (2) 17.53%／年

3. (1) 210 億／年   (2) 10%／年   **4.** 略   **5.** $a - \dfrac{c}{x^2}$ **6.** $15-4x$

7. (1) $R(x) = -0.02x^2 + 300x$, $0 \le x \le 15{,}000$

  $P(x) = -0.000003x^3 + 0.02x^2 + 100x - 70{,}000$

  (2) $C'(x) = 0.000009x^2 - 0.08x + 200$

  $R'(x) = -0.04x + 300$

  $P'(x) = -0.000009x^2 + 0.04x + 100$

  (3) $\overline{C}'(x) = 0.000006x - 0.04 - \dfrac{70{,}000}{x^2}$

  (4) $C'(3{,}000) = 41$ 元, $R'(3{,}000) = 180$ 元, $P'(3{,}000) = 139$ 元, 略

8. (1) $\overline{C}(x) = 20 + \dfrac{400}{x}$ (2) $\overline{C}'(x) = -\dfrac{400}{x^2}$ (3) 略

✱ 習題 3-5

1. $\dfrac{dy}{dx} = \dfrac{2x - y}{x - 2y}$ **2.** $\dfrac{dy}{dx} = \dfrac{y^7 - 6x^2 y - 6x^3}{2x^3 - 7xy^6}$

3. $\dfrac{dy}{dx} = \dfrac{1}{\sqrt{x}\,(3\sqrt{y} + 2)}$ **4.** $\dfrac{dy}{dx} = \dfrac{16\sqrt{y-1}}{3x^{1/3}}$ **5.** $\dfrac{dy}{dx} = -\dfrac{(30 + 50x)}{3}$

6. $\dfrac{3}{2}$ **7.** -6 **8.** $\dfrac{d^2 y}{dx^2} = \dfrac{18}{(x-2y)^3}$

9. (1) $f_1(x) = x + \sqrt{x}$，$f_2(x) = x - \sqrt{x}$　(2) $f_1'(x) = 1 + \dfrac{1}{2\sqrt{x}}$，$f_2'(x) = 1 - \dfrac{1}{2\sqrt{x}}$

　　(3) $\dfrac{dy}{dx} = \dfrac{1 + 2y - 2x}{2y - 2x}$　(4) 略　(5) 略

10. $x - 13y + 27 = 0$　11. 略　12. 略　13. $y = 1$

14. $\dfrac{dx}{dp} \approx -139$. 此結果之意義，亦即，當需求量為 $100 \cdot 10 = 1{,}000$ 時，價格每變動 1 元，需求量減少約 1,390.

✻ 習題 3-6

1. (1) $\Delta y = 10x\,\Delta x + 4\Delta x + 5(\Delta x)^2$，$dy = (10x + 4)dx$

　　(2) $\Delta y = 1.282$，$dy = 1.28$，兩者相差 0.002

2. 2.99667　　3. 10.0002

4. (1) $dy = \left(3x^2 - \dfrac{3}{2\sqrt{x}}\right)dx$　　(2) $dy = \dfrac{(1 - 2x^2)}{\sqrt{1 - x^2}}\,dx$

　　(3) $dy = \dfrac{2(1 - x^2)}{(1 + x^2)^2}\,dx$　　(4) $dy = \dfrac{1 - x}{3\sqrt{x}\,(1 + x)^2}\,dx$

5. 0.9833　　6. 125.7 立方厘米　　7. 0.236 立方厘米

第四章

✻ 習題 4-1

1. (1) $D_f = (-\infty,\ 1)$，$R_f = \mathbb{R}$　　(2) $D_g = (-2,\ 2)$，$R_g = (-\infty,\ \ln 4]$

　　(3) $D_F = (1,\ \infty)$，$R_F = \mathbb{R}$　　(4) $D_G = (-1,\ 0) \cup (1,\ \infty)$，$R_G = \mathbb{R}$

2. (1) 1　(2) -1　(3) e^3　(4) 0　(5) 0

✱ 習題 4-2

1. $\dfrac{20x}{x^2+4}$ 2. $8\ln^7(x^4+2x^2+1)\dfrac{4x^3+4x}{x^4+2x^2+1}$ 3. $\dfrac{8(2x+1)}{(x^2+x+1)\ln 5}$

4. $(x^2+1)^2(x^3+2)^3\left(\dfrac{4x}{x^2+1}+\dfrac{9}{x^3+2}\right)$ 5. $\dfrac{2x}{x^2+2}-\dfrac{4x^3+2x}{x^4+x^2+1}$

6. $\dfrac{x-5}{2(x+1)(x-2)}$ 7. $\dfrac{-1}{2\sqrt{x}\sqrt{x-1}}$ 8. $\dfrac{3x^2-1}{\ln 5(x^3-x)}$

9. $\dfrac{x}{\ln 3(x^2-1)}$ 10. $\dfrac{1}{x\ln x}$ 11. $\dfrac{1}{\ln 5}\left(\dfrac{1}{x}+\dfrac{1}{2}\dfrac{1}{x-1}\right)$

12. $\dfrac{y(2x^2-1)}{x(3y+1)}$ 13. $\dfrac{2x}{x^2+y^2-2y}$ 14. $10x+y-21=0$

15. $\dfrac{(5x-4)^3}{\sqrt{2x+1}}\left(\dfrac{15}{5x-4}-\dfrac{1}{2x+1}\right)$

16. $\dfrac{(2x-3)^4(3x+5)^5}{(5x+4)^6}\left(\dfrac{8}{2x-3}+\dfrac{15}{3x+5}-\dfrac{30}{5x+4}\right)$

✱ 習題 4-3

1. $-\dfrac{3e^{1/x^3}}{x^4}$ 2. $\dfrac{e^{2x}+1}{\sqrt{e^{2x}+2x}}$ 3. $\dfrac{e^{2x}-e^{-2x}}{e^{2x}+e^{-2x}}$ 4. $\dfrac{4}{(e^x+e^{-x})^2}$

5. $(\ln 2)(\ln 3)3^x 2^{3^x}$ 6. $\pi(x^2+1)^{\pi-1}(2x)+\pi^{e^x}\ln\pi e^x$

7. $(2^{e^x}e^x+2^{ex}e)\ln 2$ 8. $(x^2+1)^{e^x}\left[\dfrac{2xe^x}{x^2+1}+\ln(x^2+1)e^x\right]$

9. $x^{x^2+4}\left(\dfrac{x^2+4}{x}+2x\ln x\right)$ 10. $x^x(1+\ln x)$

11. $(\ln x)^x\left[\dfrac{1}{\ln x}+\ln(\ln x)\right]$ 12. $\dfrac{dy}{dx}=\dfrac{y}{2^y\ln 2-x}$，若 $2^y\ln 2-x\neq 0$

13. $\dfrac{dy}{dx} = \dfrac{\ln y - \dfrac{y}{x}}{\ln x - \dfrac{x}{y}}$, 若 $\ln x - \dfrac{x}{y} \neq 0$ 14. $\dfrac{dy}{dx} = \dfrac{1 - e^y - ye^x}{xe^y + e^x}$

15. $\dfrac{dy}{dx} = \dfrac{ye^{xy} - 2xy}{x^2 - xe^{xy}}$ 16. $\dfrac{dy}{dx} = \dfrac{\ln 2\,(4^x + 4^{-x}) - x}{y}$

17. $y = (e+3)x - (e+1)$ 18. $y = 3x + 2\ln 2 - 2$ 19. $\ln a$

✱ 習題 4-4

1. 571.72 元   2. 7,166.65 元   3. 4,852.31 元   4. 2,661.01 元

5. (1) 0.2 或 20%   (2) -20 (3) 0.1 或 10%

6. 0.05 或 5%   7. 每年以 13.4% 之相對變化率遞增.

8. (1) 0.012 或 1.2%   (2) 約 15.3 年

9. (1) $E_p = 0.01p$

　(2) 當 $p = 200$ 時, $E_p = 2$, 由於 $E_p > 1$, 故需求富於彈性, 其意義為價格變動 1%, 將使需求變動 2%.

10. (1) 0.33 與 3, 略   (2) $p = 50$, 略

11. 當 $E_p < 1$ 時, 需求不富於彈性, 此發生於 $p < 6$.
　　當 $E_p > 1$ 時, 需求富於彈性, 此發生於 $p > 6$.

12. (1) $E_p = \dfrac{100 - x}{50}$

　(2) $p > 1$ 時, 需求富於彈性; $p < 1$ 時, 需求不富於彈性; $p = 1$ 時, 需求為單一彈性.

第五章

✱ 習題 5-1

1. 遞增區間為 $\left(-\infty, -\dfrac{5}{3}\right]$ 與 $[1, \infty)$, 遞減區間為 $\left[-\dfrac{5}{3}, 1\right]$.

2. 遞增區間為 $[-1, 0]$ 與 $[4, \infty)$，遞減區間為 $(-\infty, -1]$ 與 $[0, 4]$.

3. 遞增區間為 $[-1, 1]$，遞減區間為 $(-\infty, -1]$ 與 $[1, \infty)$.

4. 遞增區間為 $[1, \infty)$，遞減區間為 $[0, 1]$.

5. 遞增區間為 $\left[0, \dfrac{1}{2}\right]$ 與 $[2, \infty)$，遞減區間為 $(-\infty, 0]$ 與 $\left[\dfrac{1}{2}, 2\right]$.

6. 遞增區間為 $\left(-\infty, \dfrac{1}{8}\right]$，遞減區間為 $\left[\dfrac{1}{8}, \infty\right)$.

✽ 習題 5-2

1. 極大值為 2，極小值為 -2.
2. 極大值為 $\dfrac{\sqrt{2}}{4}$，極小值為 $-\dfrac{1}{3}$.
3. 極大值為 $2-\sqrt[3]{4}$，極小值為 -2.
4. 極大值為 $2\sqrt[3]{18}$，極小值為 0.
5. 極大值為 1，極小值為 0.
6. $a=-2$，$b=4$；極小值
7. 相對極大值為 60，相對極小值為 -48.
8. 相對極大值為 -16 與 38，相對極小值為 -38 與 16.
9. 相對極大值為 $f(-3)=0$，相對極小值為 $f(-1) \approx -1.6$.
10. 相對極小值為 $f(1)=1$.
11. 相對極大值為 $f(2)=\dfrac{4}{e^2}$，相對極小值為 $f(0)=0$.

✽ 習題 5-3

1. $f(x)$ 之圖形在 $(-\infty, -1)$ 為上凹，在 $(-1, \infty)$ 為下凹。圖形之反曲點為 $(-1, -70)$.

2. $f(x)$ 之圖形在 $(-\infty, -1)$ 與 $(1, \infty)$ 為上凹，在 $(-1, 1)$ 為下凹。圖形之反曲點為 $(-1, -5)$ 與 $(1, -5)$.

3. $f(x)$ 之圖形在 $(-\infty, -1)$、$\left(-\dfrac{1}{\sqrt{5}}, \dfrac{1}{\sqrt{5}}\right)$ 與 $(1, \infty)$ 為上凹，在 $\left(-1, -\dfrac{1}{\sqrt{5}}\right)$

與 $\left(\dfrac{1}{\sqrt{5}},\ 1\right)$ 為下凹. 圖形之反曲點為 $(-1,\ 0)$、$\left(-\dfrac{1}{\sqrt{5}},\ -\left(\dfrac{4}{5}\right)^3\right)$、

$\left(\dfrac{1}{\sqrt{5}},\ -\left(\dfrac{4}{5}\right)^3\right)$ 與 $(1,\ 0)$.

4. $f(x)$ 之圖形在 $\left(-\infty,\ -\dfrac{\sqrt{3}}{3}\right)$ 與 $\left(\dfrac{\sqrt{3}}{3},\ \infty\right)$ 為上凹, 在 $\left(-\dfrac{\sqrt{3}}{3},\ \dfrac{\sqrt{3}}{3}\right)$ 為下

凹. 圖形之反曲點為 $\left(-\dfrac{\sqrt{3}}{3},\ \dfrac{3}{4}\right)$ 與 $\left(\dfrac{\sqrt{3}}{3},\ \dfrac{3}{4}\right)$.

5. $f\left(-\dfrac{3}{2}\right) = -\dfrac{43}{16}$ 為相對極小值.

6. $f(-1)=4$ 為相對極大值, $f(1)=0$ 為相對極小值.

7. $f(0)=0$ 為相對極大值, $f(1)=-1$ 為相對極小值.

8. $f(0)=0$ 為相對極大值, $f\left(-\dfrac{1}{\sqrt{2}}\right)=-\dfrac{1}{4}$、$f\left(\dfrac{1}{\sqrt{2}}\right)=-\dfrac{1}{4}$ 為相對極小值.

9. $f(e^{-1/2})=-\dfrac{1}{2e}$ 為相對極小值.

10. $f(2)=\dfrac{4}{e^2}$ 為相對極大值, $f(0)=0$ 為相對極小值.

✵ 習題 5-4

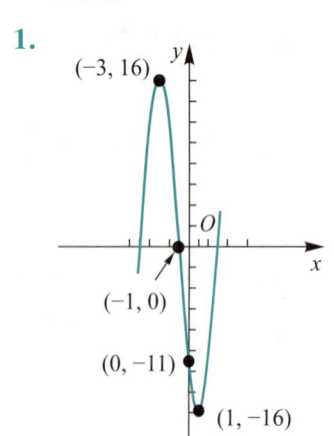

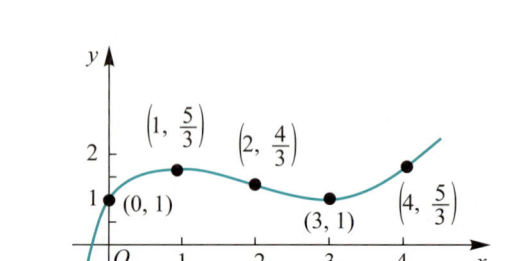

1.

2.

3.

4.

5.

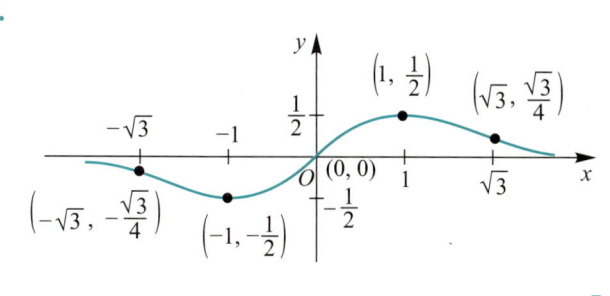

6.

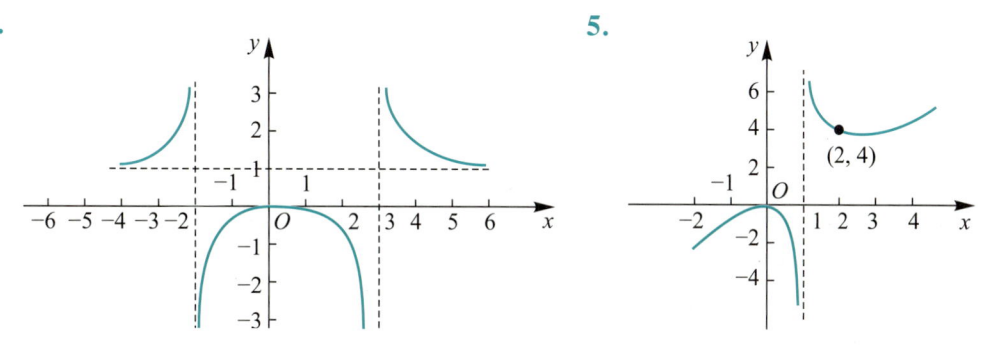

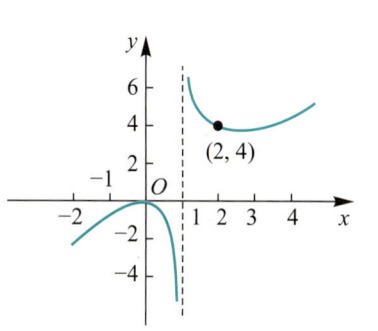

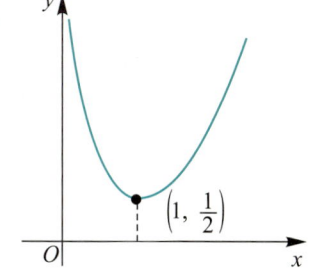

✵ 習題 5-5

1. r^2 **2.** 矩形的尺寸為 $\sqrt{2}\,a \times \sqrt{2}\,b$ 時，其面積為最大.

3. $\dfrac{2\sqrt{3}}{3}r$ **4.** 20 與 -20 **5.** 兩正數皆為 20   **6.** 兩正數皆為 8

7. $(\sqrt{2},\,1)$ 與 $(-\sqrt{2},\,1)$ **8.** 37 棵   **9.** 6,000 支球拍   **10.** 略

✵ 習題 5-6

1. $c = -\dfrac{1}{2}$ **2.** $c = 2$ **3.** $c = 2 - \sqrt{3}$ **4.** $c = 0$ **5.** 不能滿足洛爾定理   **6.** 3.0093

✽ 習題 5-7

1. $\dfrac{13}{3}$ 2. $\ln 2$ 3. $-\dfrac{1}{2}$ 4. 2 5. ∞ 6. 0 7. 0

8. 0 9. -1 10. $-\dfrac{1}{2}$ 11. 1 12. 1 13. 1 14. 1

15. e^a 16. e 17. 1 18. ∞ 19. 1 20. e

第六章

✽ 習題 6-1

1. $2x^3 - 2x^2 + 3x + C$ 2. $2x\sqrt{x} + 4\sqrt{x} + C$ 3. $\dfrac{1}{3}x^3 - 2x - \dfrac{1}{x} + C$

4. $\dfrac{1}{3}x^3 + \dfrac{5}{2}x^2 + x + C$ 5. $\dfrac{2}{3}x\sqrt{x} + 6x + 18\sqrt{x} + C$ 6. $-\dfrac{1}{3(x^3-1)} + C$

7. $-\dfrac{1}{4}\left(1+\dfrac{1}{x}\right)^4 + C$ 8. $-\dfrac{2}{1+\sqrt{x}} + C$ 9. $-\dfrac{9}{4}(1-\sqrt[3]{x})^{4/3} + C$

10. $\sqrt{x^2+4} + C$ 11. $\dfrac{3}{4}x\sqrt[3]{x} + \dfrac{5}{4}$ 12. $\dfrac{5}{9}[\ln(x+1)]^{9/5} + C$

13. $\dfrac{2}{3}(e^{\sqrt{x+1}})^3 + C$

✽ 習題 6-2

1. $-\dfrac{1}{3(x^3-1)} + C$ 2. $\dfrac{3}{20}(1+2x)^{5/3} - \dfrac{3}{8}(1+2x)^{2/3} + C$

3. $\dfrac{3}{7}(x+2)^{7/3} - \dfrac{3}{2}(x+2)^{4/3} + C$ 4. $-\dfrac{9}{4}(1-\sqrt[3]{x})^{4/3} + C$

5. $-\dfrac{2}{9}\left(\dfrac{x^3+1}{x^3}\right)^{3/2} + C$ 6. $-\dfrac{3}{8}(1-2x^2)^{2/3} + C$

7. $\dfrac{4}{9}(4+x\sqrt{x})^{3/2}+C$ 　　　　8. $\dfrac{1}{5}\left(x+\dfrac{8}{3}\right)(2x-3)^{3/2}+C$

9. $\dfrac{x}{\sqrt{2x+1}}+C$ 　10. $\dfrac{1}{20}(2x-1)^{5/2}+\dfrac{1}{6}(2x-1)^{3/2}-\dfrac{3}{4}(2x-1)^{1/2}+C$

✽ 習題 6-3

1. $\dfrac{1}{2}\ln|2x-1|+C$ 　　　　2. $-\dfrac{1}{\ln x}+C$

3. $2\ln|x+1|+\dfrac{2}{x+1}+C$ 　　4. $\dfrac{1}{5}(3+\ln x)^5+C$

5. $-\dfrac{(1-\ln x)^2}{2}+C$ 　　　6. $2\ln 10\sqrt{\log x}+C$

7. $\dfrac{1}{5}[\ln(\ln x)]^5+C$ 　　　8. $-\dfrac{1}{4}[\ln(1-x)^2]^2+C$

9. $\ln|\ln(\ln x)|+C$

10. $\dfrac{(\ln x)^{n+1}}{n+1}+C$，若 $n\neq -1$；$\ln|\ln x|+C$，若 $n=-1$.

✽ 習題 6-4

1. $\dfrac{1}{3}e^{3x+1}+C$ 　　2. $\ln(1+e^x)+C$ 　　3. $3e^{\sqrt[3]{x}}+C$

4. $-\dfrac{1}{4}e^{4/x}+C$ 　　5. $e^x-x-\ln(1+e^{-x})+C$ 　　6. $\dfrac{2}{\ln 10}10^{\sqrt{x}}+C$

7. $\dfrac{x^{\sqrt{3}+1}}{\sqrt{3}+1}+\dfrac{\sqrt{3}^{\,x}}{\ln\sqrt{x}}+C$ 　　8. $-\dfrac{1}{3}\cdot\dfrac{5^{(4-x)^3}}{\ln 5}+C$

✽ 習題 6-5

1. $\dfrac{1}{2} xe^{2x} - \dfrac{1}{4} e^{2x} + C$

2. $\dfrac{2}{3} x^{3/2} \ln x - \dfrac{4}{9} x^{3/2} + C$

3. $x^2 e^x - 2xe^x + 2e^x + C$

4. $\dfrac{1}{4} x^4 \ln x - \dfrac{1}{16} x^4 + C$

5. $x[(\ln x)^2 - 2\ln x + 2] + C$

6. $-\dfrac{1}{2} x^2 e^{-x^2} - \dfrac{1}{2} e^{-x^2} + C$

7. $x^2 \sqrt{x^2 + 1} - \dfrac{2}{3} (x^2 + 1)^{3/2} + C$

8. $\dfrac{3^x}{(\ln 3)^2} (x \ln 3 - 1) + C$

9. $\dfrac{2}{3} (x+1)^{3/2} \left[x - \dfrac{2}{5} (x+1) \right] + C$

10. $\dfrac{(x^2-1)^7}{14} \left[x^2 - \dfrac{(x^2-1)^8}{8} \right] + C$

11. $\dfrac{(x+a)^{n+1}}{n+1} \left[\ln(x+a) - \dfrac{1}{n+1} \right] + C$

12. 略

13. 略

✽ 習題 6-6

1. $C(x) = 10x + 12x^2 - x^3 + 4$

2. $R(x) = 12x - 4x^2 + \dfrac{1}{3} x^3$; $P(x) = \dfrac{1}{3} (6 - x^2),\ 0 \le x \le 6$

3. $R(x) = 9 - \dfrac{3}{x} - 2\ln x$; $p = \dfrac{1}{x} \left(9 - \dfrac{3}{x} - 2\ln x \right)$

4. (1) $C(x) = 40x - 0.02x^2 + 1{,}000$ (2) 1,792 元

5. $P(x) = 35x - 0.2x^3 - 50$

6. (1) $R(x) = 50x - 0.05x^2$ (2) 495 元

7. (1) $C(x) = 30x - 0.02x^2 + 800$ (2) 1,392 元 (3) 1,537.5 元 (4) 145.5 元

✽ 習題 6-7

1. $y = 5{,}000 e^{\frac{\ln 3}{10} t}$, 45,000

2. (1) 39.26 克 (2) 7574.6 年

3. 2010.5 年 **4.** 7.74 克 **5.** 640 元 **6.** (1) 40 (2) 855 (3) 2,000

7. (1) 略 (2) 5，8，11，13，14，17 (3) 18

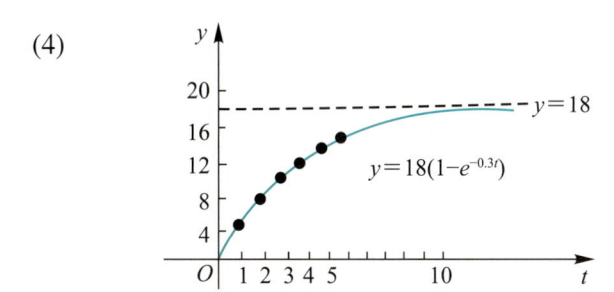

(4)

第七章

✻ 習題 7-1

1. 112 **2.** $U_f(P) = \dfrac{45}{16}$，$L_f(P) = \dfrac{19}{16}$

3. $\dfrac{1}{3}$ **4.** (1) $\dfrac{51}{2}$ (2) $\dfrac{51}{2}$ **5.** (1) $\dfrac{1}{3}$ (2) $\dfrac{1}{3}$

✻ 習題 7-2

1. $\displaystyle\int_0^1 (3x^2 - 5x)\,dx$ **2.** $\displaystyle\int_0^4 2\pi x(1+x^3)\,dx$ **3.** $\displaystyle\int_{-4}^{-3} (\sqrt[3]{x} + 2x)\,dx$ **4.** $\displaystyle\int_1^{12} f(x)\,dx$

5. $\displaystyle\int_0^8 f(x)\,dx$ **6.** $\displaystyle\int_7^{10} f(x)\,dx$ **7.** $\displaystyle\int_0^6 f(x)\,dx$ **8.** $\dfrac{16}{3}$ **9.** 11.25

10. $\dfrac{1783}{96}$ **11.** 15 **12.** $\dfrac{56}{3}$ **13.** $-\dfrac{656}{15}$ **14.** $-\dfrac{1}{3}$ **15.** $\dfrac{2}{3}(\ln 3)^{3/2}$

16. $3\ln|1+\ln 2|$ **17.** $\dfrac{1}{2}(e-1)$ **18.** $-\ln(\ln 2)$ **19.** 2 **20.** $\dfrac{10}{3}$

✻ 習題 7-3

1. $\dfrac{16-8\sqrt{2}}{3}$ **2.** $\dfrac{28}{3}$ **3.** $\dfrac{1}{12}(16\sqrt{2} - 5\sqrt{5})$ **4.** $\dfrac{1}{4}(e^4 - e^2)$

5. $\dfrac{7}{3}$ 6. $\dfrac{1}{4}\ln 10$ 7. 2 8. $2(e^2 - e^{\sqrt{2}})$

✱ 習題 7-4

1. 收斂，3   2. 收斂，$-\dfrac{1}{2}e^{-1}$ 3. 發散   4. 收斂，$\dfrac{1}{2}\ln 2$ 5. 收斂，0

6. 收斂，$\ln 2$ 7. $p > 1$

✱ 習題 7-5

1. 20.8333   2. 3.0833   3. 9   4. $\dfrac{1}{3}$ 5. $2 - 2\ln 2$

6. $\ln 2 + \dfrac{1}{e^2} - \dfrac{1}{e}$ 7. $\dfrac{2 - \ln 2}{2\ln 2}$

✱ 習題 7-6

1. 0   2. 8   3. $\dfrac{38}{15}$ 4. $\dfrac{e^{16} - e}{6}$ 5. $c = \dfrac{769}{225}$ 6. $6\dfrac{1}{3}$ 萬元／每年

✱ 習題 7-7

1. (1)   (2) $C.S. = 6.875$，$P.S. = 9$

2. 5.976 元   3. $C.S. = 79.32$ 千元，$P.S. = 108.660$ 千元

4. $C.S. = \dfrac{8}{3}$ 5. $C.S. = 11.5$，$P.S. = 23$

第八章

✳ 習題 8-1

1. $\{(x, y) \mid y \neq 0\}$ 2. $\{(x, y) \mid y \neq 2x\}$
3. $\{(x, y) \mid x \geq -1, y \neq 0\}$ 4. $\{(x, y) \mid 0 \leq x^2+y^2 < 1\}$
5. $\{(x, y) \mid x^2+y^2 \leq 1, x \neq 0\}$

✳ 習題 8-2

1. $f_x(x, y)=\dfrac{3x}{\sqrt{3x^2+y^2}}$, $f_y(x, y)=\dfrac{y}{\sqrt{3x^2+y^2}}$

2. $f_x(x, y)=\dfrac{2x}{x^2-y^2}$, $f_y(x, y)=-\dfrac{2y}{x^2-y^2}$

3. $f_x(x, y)=-\dfrac{y}{x^2} e^{y/x}$, $f_y(x, y)=\dfrac{1}{x} e^{y/x}$

4. $f_x(x, y)=5^{\sqrt{x^2+y^2}} \ln 5 \dfrac{x}{\sqrt{x^2+y^2}}$, $f_y(x, y)=5^{\sqrt{x^2+y^2}} \ln 5 \dfrac{y}{\sqrt{x^2+y^2}}$

5. $f_x(x, y, z)=(y^2+z^2)^x \ln(y^2+z^2)$, $f_y(x, y, z)=2xy(y^2+z^2)^{x-1}$, $f_z(x, y, z)=2xz(y^2+z^2)^{x-1}$

6. $f_x(x, y, z)=e^z-ye^x$, $f_y(x, y, z)=-e^x-ze^{-y}$, $f_z(x, y, z)=xe^z+e^{-y}$

7. $f_x(x, y, z)=\dfrac{y}{z} x^{y/z-1}$, $f_y(x, y, z)=\dfrac{\ln x}{z} x^{y/z}$, $f_z(x, y, z)=-\dfrac{y}{z^2} x^{y/z} \ln x$

8. $z_{xx}=\dfrac{3(2x^2+y^2)}{\sqrt{x^2+y^2}}$, $z_{xy}=\dfrac{3xy}{\sqrt{x^2+y^2}}$, $z_{yy}=\dfrac{3(x^2+2y^2)}{\sqrt{x^2+y^2}}$ 9. $V_{zzy}=\dfrac{4z^2(3x^2-z^4)}{(x^2+z^4)^2}$

✳ 習題 8-3

1. $\begin{cases} y=1 \\ 3x-z=\dfrac{9}{2} \end{cases}$ 2. $\begin{cases} x=3 \\ y-z=0 \end{cases}$

3. (1) 當資本支出維持 8 單位，勞動支出每增加 1 單位，便有 3.2 單位之產量增加．當勞動支出維持 125 單位，資本支出每增加 1 單位，則產量增加 100 單位．

(2) 該國政府應鼓勵資本支出而非勞動支出．

✽ 習題 8-4

1. $\left(\dfrac{18}{13}, -\dfrac{14}{13}\right)$ 為鞍點，沒有相對極值．

2. $(0, 0)$ 為鞍點，$f(1, -1) = -1$ 為相對極小值．

3. $f(2^{1/3}, 2^{4/3}) = 3 \cdot 2^{5/3}$ 為相對極小值．

4. $(0, 0)$ 為鞍點，$f(3, 3) = 21$ 為相對極小值．

5. $f(0, 2) = e^4$ 為相對極大值．

6. $f(1, 2) = f(1, -1) = -1$ 為絕對極小值，$f(-1, -2) = 13$ 為絕對極大值．

7. 每週生產 208 單位的手提式音響與 64 單位的組合式音響，最大利潤為 10,680 元．

✽ 習題 8-5

1. $12y - 20e^y$ 2. $x^2 e^{4x^2} - x^2 e^x$ 3. $2y^{13} - 2y^8$ 4. 4   5. 234

6. $\dfrac{1}{2}$ 7. $\dfrac{e}{2}(4 - e^3)$ 8. 72   9. 0   10. $9(e^3 - e^{-3})$

✽ 習題 8-6

1. $\dfrac{75}{2}$ 2. $\dfrac{3}{4}$ 3. $\dfrac{e}{2}(e^3 - 4)$ 4. $\dfrac{1}{2}$ 5. $\dfrac{\ln 17}{4}$

6. $\dfrac{27}{70}$ 7. $\dfrac{1}{4}(e^{81} - 1)$ 8. 0